大坝智能建造导论

李庆斌　马睿　安再展　著

中国水利水电出版社
www.waterpub.com.cn
·北京·

内 容 提 要

　　本书是大坝智能建造相关领域的首部著作，重点阐述了大坝智能建造理论、方法、技术与装备的发展，对深化大坝智能建造技术的应用和推广有重要的作用。本书首先总结了大坝智能建造发展脉络，分析了大坝智能建造三个阶段的技术特征、控制目标、理论理念、技术方法、管理模式及重大工程实践案例；接着揭示了大坝建造智能化的三个层次，提出了以智能控制为核心的大坝智能建造理论，并通过重力坝、拱坝、土石坝等典型工程应用举例阐明了智能建造理论的应用场景，为解决大坝建造过程中结构性态评估调控、施工风险预测预警等难题提供了智能化解决方案与范式；最后探讨了未来发展方向与关键技术。

　　本书可供水利、土木等领域从事智能建造理论、技术、方法研究的科研工作者和工程技术人员阅读，亦可供高等院校教师、研究生以及高年级本科生教学参考。

图书在版编目（ＣＩＰ）数据

大坝智能建造导论 / 李庆斌，马睿，安再展著. --
北京 ：中国水利水电出版社，2021.12
　　ISBN 978-7-5226-0359-9

Ⅰ．①大… Ⅱ．①李… ②马… ③安… Ⅲ．①智能技
术－应用－大坝－水利建设 Ⅳ．①TV64-39

中国版本图书馆CIP数据核字(2021)第274332号

书　　名	**大坝智能建造导论** DABA ZHINENG JIANZAO DAOLUN
作　　者	李庆斌　马　睿　安再展　著
出版发行	中国水利水电出版社 （北京市海淀区玉渊潭南路 1 号 D 座　100038） 网址：www. waterpub. com. cn E - mail：sales@mwr. gov. cn 电话：(010) 68545888（营销中心）
经　　售	北京科水图书销售有限公司 电话：(010) 68545874、63202643 全国各地新华书店和相关出版物销售网点
排　　版	中国水利水电出版社微机排版中心
印　　刷	河北鑫彩博图印刷有限公司
规　　格	170mm×240mm　16 开本　16 印张　238 千字
版　　次	2021 年 12 月第 1 版　2021 年 12 月第 1 次印刷
定　　价	**120. 00 元**

前　言

　　水利工程是配置和增强水资源调控能力、加强绿色能源发展的重大工程措施，大坝是水利水电工程建设的核心，其高质高效安全建设与长期高效安全运行关系国计民生。目前，我国是世界上修建高坝最多的国家，其中不少大坝的高度或规模达到世界最高水平。为推动经济社会发展全面绿色低碳转型，实现碳达峰、碳中和目标，持续改善环境质量，提升生态系统质量和稳定性，我国未来将继续谋划并推进一系列重大水利水电工程项目建设。预测到2050年，全球水电装机容量将达2050GW，我国超过500GW，国际能源署（IEA）与国际可再生能源机构（IRENA）指出到2050年全球水电新增装机容量将达到850GW，未来我国及世界的大坝建设将进入新的发展阶段。

　　随着新一代信息技术的高速发展，物联网、大数据、人工智能、云计算、区块链等技术深度融入筑坝领域，为大坝建造智能化提供了新理念、新理论、新方法、新技术、新装备，为大坝智能建造注入了新动力。随着水利工程建设工作的推进，国家主管部门、水利水电工程行业对于支撑水利工程安全运行、水利工程建设的关键问题提出了新的要求，推动高坝"安全、高质、高效、经济、绿色"智能化建设是未来大坝工程领域新的发展趋势。

　　回顾百年筑坝史，我国大坝建造经历了人工化、机械化、自动化、数字化时代，随着新一代信息化技术融入工程建造领域，大坝建设正由数字化转向智能化，也把大坝智能建造推向了发展的新阶段。大坝智能建造先后经历了数字化、数字化网络化、智能化三个阶段，数字化阶段是智能建造的基础，互联网技术与"互联网十"理念作为桥梁推动了数字化向智能化迈进。目前大坝智能建造技术在执行级单元智能取得了显著进展，但在协调级全线智能、组织级全场智能尚处于探索阶段，因此急需梳理大坝智能建造的关键问题与智能控制的逻辑关系，提出以智能控制为核心的大坝智能建造理论，构建大坝智能建造控制系统，进而实现对结构全寿命周期安全性能、整体服役状态、建造过程成本造价实时感知分析、准确定量评估、高效预测预警、智能控制调节，以达到大坝"安全、高质、高效、经济、绿色"的建设目标。

本书针对大坝智能建造关键问题，总结了大坝智能建造发展脉络，梳理了大坝智能建造技术发展的三个阶段，分析了智能建造各阶段技术特征、技术目标、理论理念、技术方法、管理模式及重大工程实践案例，揭示了大坝建造智能化阶段的三个层次，提出了大坝智能建造控制理论，给出其理论结构、控制要素、控制方程、系统组成、优化流程，并通过重力坝、拱坝、土石坝等典型工程应用举例具体演示大坝智能建造理论的运行方式，对智能控制系统智能决策模块和自动控制模块的优化目标、控制指标、优化准则、智能决策方法、效果评估等进行了具体说明，阐明了智能建造控制理论的应用场景，为大坝建造关键问题提供智能化解决方案与范式，最后探讨了大坝智能建造未来发展方向与关键技术。

第1章，系统回顾水利工程建设发展历程及其智能化趋势，由李庆斌、马睿执笔。第2章，明确"智能决策＋自动控制＝智能控制"的定义，并阐述其特征、要素、理论结构，提出基于"感知、决策、控制"的闭环控制系统，为推进水利工程智能化建设提供基础理论和通用系统架构，由李庆斌、马睿执笔。第3章，基于大坝智能建造理论框架，构建大体积混凝土智能控制理论与方法，解决重力坝等大体积混凝土结构施工期温控防裂难题，由李庆斌、马睿执笔。第4章，基于大坝智能建造理论，提出混凝土拱坝温度应力与横缝性态智能控制理论与方法，实现拱坝建设过程中的多目标智能优化，由李庆斌、马睿执笔。第5章，基于大坝智能建造理论框架，构建土石坝压实智能控制理论与方法，解决土石坝智能化建造过程中的压实质量控制关键问题，由李庆斌、安再展执笔。第 6 章，基于大坝智能建造理论框架，通过土石坝工程建设项目构建具备感知、分析、控制功能的监测、检测、控制智能单元体，构建多智能体单元协同联动的决策支持系统，实现建造过程协调级的智能优化决策控制，从执行级、协调级、组织级三个层面实践大坝智能建造理论，探讨论证大坝智能建造理论，为智能建造提供从单体智能、全线智能到全场智能的通用性技术路线，由李庆斌、安再展执笔。第 7 章，梳理目前大坝建造的智能化层次，探讨大坝智能建造的基础理论、关键技术、核心产品未来发展的方向，由李庆斌、马睿执笔。全书由李庆斌统稿。

本书研究工作得到了国家自然科学基金重点项目"基于智能建造的高拱坝全寿命周期安全性能演变"（52130901）、"高拱坝真实性能及其演变"（51339003）和教育部创新团队"大型水电枢纽区灾变机理与安全极限理论"（IRT0930）、国家自然科学基金面上项目"基于强度和变形的混凝土双参数破坏准则研究"（51579134）、河南省水利科技攻关项目（GG201704）、清华大学自主科研计划（20161080079）等科技项目的大力支持。同时，借鉴参考了国内外有关专家的研究成果，在此一并表示致谢！

本书提出了一些较为前沿的研究思路和方向，其中一些观点仅代表著者当前对上述问题的认识，由此，难免存在疏漏和不足之处，敬请读者批评指正。

著者
2021 年 8 月

目 录

第1章
绪论

1.1 大坝的建设与发展

1.1.1 概述

我国面临能源短缺、水资源分布不均匀、水灾害频繁等一系列问题，建设水利工程是配置和增强水资源调控能力、加强绿色能源发展的重大工程措施。"十二五"期间，我国新增水电投产装机容量103GW，年均增长8.1%；"十三五"期间建成长江上游、黄河上游、乌江、南盘江红水河、雅砻江、大渡河六大水电基地，新增水电投产装机容量60GW，2020年水电总装机容量达到380GW；"十四五"期间我国将继续谋划并推进一系列重大水利工程项目建设（石春先，2021），预测2050年全球水电装机容量将达2050GW，我国超过500GW（周建平，2021）。在2021年世界水电大会上，国际能源署（IEA）与国际可再生能源机构（IRENA）指出到2050年全球水电新增装机容量将达到850GW，未来我国及世界的大坝建设将进入新的发展阶段，水电资源仍是具备广大开发前景的绿色能源。2021年习近平指出中国以生态文明思想为指导，贯彻新发展理念，坚持走生态优先、绿色低碳的发展道路，中国将力争2030年前实现碳达峰、2060年前实现碳中和，即"3060目标"，"十四五"时期雅鲁藏布江下游、黄河上游、金沙江上游、金沙江下游、雅砻江流域五个大型清洁能源基地中包括大型水力发电枢纽工程、抽水蓄能电站等将起到重要的作用。水利水电工程对推动绿色低碳发展，实现碳达峰、碳中和目标，持续改善环境质量，提升生态系统质量和稳定性具有重要作用。

　　大坝是水利水电工程最核心的主体建筑物，其安全建设与长期稳定运行是支撑重大水利工程实现其防洪、发电、灌溉、航运、环保等功能的必要条件，目前我国修建的大坝已超过 98112 座，百米以上的水利水电工程中混凝土坝约占 52.6%。同时，我国是世界上修建高坝最多的国家（刘六宴等，2016），随着"西部大开发""西电东送"等战略的实施与推进，我国的高坝建设进入一个快速发展的阶段，其中不少大坝的高度或规模达到世界最高水平，如拉西瓦、小湾、锦屏、溪洛渡、乌东德、白鹤滩等 300m 级特高拱坝（王爱玲等，2015）。

　　随着科学技术的进步与发展，我国提出了"工业 4.0""中国制造2025""互联网＋"等战略，进一步推动了人工智能、云计算、物联网等技术的发展，大坝建设领域也逐步从机械化、自动化、数字化迈向智能化（李庆斌等，2014），智能化技术为实现大坝"安全、高质、高效、经济、绿色"的设计、建造、运维提供了可能的技术途径。2019 年水利部编制了《加快推进智慧水利指导意见》和《智慧水利总体方案》，水利部、住建部等联合发布了《关于推动智能建造与建筑工业化协同发展的指导意见》，上述文件强调水利工程智能应用与综合运维智能应用，对于支撑水利工程安全运行、水利工程建设的关键问题提出了要求；对大坝建设而言，实现智能建造的核心在于系统梳理大坝智能建造的关键问题与智能控制的逻辑关系，提出大坝智能建造的基础性智能控制理论，构建具备"全面感知、智能决策、自动控制"的大坝智能建造控制系统，进而实现对结构全寿命周期安全性能、整体服役状态进行实时感知分析、准确定量评估、高效预测预警、智能控制调节，达到大坝"安全、高质、高效、经济、绿色"的工程建设目标，深化大坝智能建造技术的应用和推广，推动大坝智能建造理论、技术、方法的发展。

1.1.2　大坝建造发展历程

　　人类在发展的历史长河中，从未停止过对筑坝技术的探索和推进。筑坝技术历经数千年的发展，主要可以分为三个发展阶段。第一阶段是古文明时期至 17 世纪之前。我国自春秋战国以来就开始修筑堤坝、运河等水利工程设施，位于安徽寿县的芍陂堤坝（公元前 598 年至公元前 591 年）是我国最早有文字记载的水利工程；公元前 34 年建成的马仁陂土坝至今已有 2000 多年历史。据史料记载，公元前 2900 年古埃及在尼罗河修建了 15m 高的重力坝用于挡水，在此后的数千年中土石料填筑的重力坝一直是最主要的挡水结构（张楚汉等，2011）。第二阶段是 17 世纪到 20 世纪中叶。随着人类科技和文明的进步与发展，水泥基材料的出现和工业技术的发展直接推动了筑坝技术、理论、设备快速发展。尤其是西方国家在 20 世纪初开展了大量的工程实践与理论研究，到 20 世纪中叶时已经形成了包括勘测、设计、建造、施工、运行在内的完整的筑坝理论，提出并发展了不同类型的重力坝、拱坝、土石坝建造体系，初步形成了材料性能试验体系、结构安全分析方法、施工管理体系与设备等。在这个阶段，我国水利工程建设受政治、经济、军事等影响，发展几乎陷入停滞状态。1950 年全世界 15m 以上的高坝为 5196 座，我国仅有 8 座。第三阶段是 20 世纪中叶至今，世界范围内建设了一大批大坝工程。根据美国陆军工程兵团统计，美国全国共建设超过 7.9 万座大坝，仅次于中国；与此同时，苏联等国家也开展了百米级超级大坝工程的建设研究与探索；欧洲国家大力开发水电，挪威等国水电发电量甚至一度达到全国发电总量的 95% 以上。自新中国成立以来，我国修筑了超过 9 万座大坝，筑坝技术经历了人工时代、机械化时代、自动化时代、数字化时代、智能化时代，我国的筑坝技术已然从一穷二白发展到国际领先水平。随着数字信息技术的发展，我国筑坝理论与技术正在蓬勃发展，进一步向智能化迈进。

随着我国社会经济的不断发展，能源的需求将进一步增加。水电作为可再生的清洁能源，得到充分的开发和利用。伴随着水电开发的热潮，众多水利工程的建设不仅有力保障了社会的发展，也极大推动了我国大坝建设技术的进步。目前，我国水电开发集中在西部地区，一大批工程项目，特别是施工环境恶劣、建造难度极高的 200m 级甚至 300m 级高坝，其对"质量、安全、进度、造价、环保"的要求对大坝智能化建造提出了迫切的需求，同时也为大坝智能化建造理念落地提供了广阔的实践应用空间，将引领我国大坝智能建造理论、技术、方法迅速发展，迈向全新的高度。

大坝智能建造理论的建立需要厘清并掌握现有的筑坝理论、技术、设备，在此基础上才能够更加深入地推动智能建造理念的落地。因此本节将着眼于工程技术的发展过程，详细阐述大坝建造技术从人工时代到智能时代的四个发展阶段。大坝建造技术的进阶水平与工业革命的变迁都呈现出较相似的时代特征，以工业社会的进步历程为例，工业革命的变迁可分为蒸汽时代、电气时代、信息时代和智能时代（见图 1.1）。以蒸汽机的广泛使用为代表的蒸汽时代（1760—1840年），见证了机器生产代替手工劳动的第一次工业技术变革。以电力的广泛使用为代表的电气时代（1840—1950 年），促进了电力、钢铁、汽车和化工等新兴产业诞生的第二次工业革命。以信息控制技术为主体的信息时代（1950—2020 年），引领了工业体系的自动化与数字化进程。未来，以智能制造为主导的智能时代（2020—），将充分利用信息通信技术和网络空间虚拟系统－信息物理系统，依托智能工厂、智能生产和智能物流平台，实现工业制造的智能化转型。类似地，我国大坝建造技术的革命性发展阶段大致也可以分为四个时代，即机械化、自动化、数字化和智能化时代。20 世纪 70 年代，大坝建设进入机械化阶段，这一时期的显著特点概括为"机"：机械施工取代人工筑坝，大型成套机械设备保障了重大水利工程的兴建，如葛洲坝水利枢纽工程。20 世纪末，伴随施工装备水平的完善，大坝建设引进计算机监控系统，标志着大坝建设进入自动化时代，这一时期的显著特点概括为"监"：综合机械化水平程度较高，引入计算机综合监控系统的辅助，实现混凝土生产输送浇筑系统的自动监控，有力保障了施工过程的流水线作业模式，进一步提升施工进度，如三峡水利枢纽工程。近年来，随着一批特高大坝的建设，传统的施工手段和施工评价方法已难以胜任，大坝数字化建设呈现出强劲的发展动力，这一时期的显著特点概括为"网"：网络技术、数据库和计算仿真技术的深入发展，引导"数字化施工监测"和仿真分析系统的构建，施工监测的数字化手段实现了工程施工的实时反馈、动态调整，有效提升了施工质量，如糯扎渡（韩建东等，2012）、小湾枢纽工程（马洪琪等，2002；郭享，2005）；再进一步，仿真分析能够重现大坝各个时期的性能状态，跟踪反演，及时评估工程建设过程中的关键问题，保障大坝的建设安全，如溪洛渡水电站工程（张超然等，2019）。此外，在溪洛渡拱坝的建设中，伴随"数字大坝"系统完善的同时，首次引入了智能化建设的理念。在数字化施工质量可控、安全评价可知的基础上，智能化基于多工程建设目标协调优化的目的，创造性提出闭环智能建设理论体系，以实现工程高层次组织级的施工过程智能决策与控制，迈向以智能化为显著特点的大坝建设 4.0 时代，即对设计、施工、运行全过程的安全、质量、进度、造价等多目标进行智能优化调控，实现对施工资源、工艺、成本、质量、安全的实时控制，解决高坝结构设计、温控防裂、性态调控、长期运行等建设过程中的核心问题。

图 1.1　信息革命与大坝建设发展阶段

我国大坝建造经历近百年发展，基本由上述四个典型的阶段组成，各个阶段大坝建造所构成的核心系统、关键要素、关键要素的时代特征、技术特点及演变规律有显著的区别，同时其建设目标和建设过程中的关键问题也不尽相同，下面将结合典型工程案例阐述四个典型时代大坝建造理论、技术、装备、理念的发展，以期更好地理解不同阶段对推动大坝建设向智能化转变的重要作用。

大坝建造系统的演变：人工时代到机械化时代、自动化时代，由单纯的人构成的系统转变为"人－物理系统"（human-physical system，HPS），数字化时代大坝建造由"人－物理系统"转变为"人－信息－物理系统"（human-cyber-physical system，HCPS）。信息系统与物理系统具备知识学习与认知能力是智能化与数字化时代大坝建造系统最显著的变化。

1. 机械化时代

20世纪70年代，众多机械设备开始投入大型水利工程的建设中，机械化施工逐步取代了传统的人工化模式，即"物理（机械）系统"的引入使大坝建造系统转变为"人－物理系统"，建造过程中大量的工作由机械设备替代，极大地提升了施工效率，大型工程摆脱了单纯依靠人力的筑坝方式，加快了工程建设的进度，也锻炼了我国早一批的高水平施工队伍。这一时期的基本特征集中体现在"机"上。具体表现在：①兴建混凝土坝，施工环节多，工程质量难以控制；②施工机械迅速发展，工程已能利用大容量、性能好的施工设备；③人和机械互相配合，以机为主，以人为辅；④合理组织施工工序，统一管理调度。葛洲坝混凝土重力坝是我国大坝建设1.0的典型工程。葛洲坝水利枢纽是长江干流上兴建的第一座大型水利水电工程，具有发电、航运和旅游等综合效益，也是三峡水利枢纽的反调节水库和航运梯级。工程于1971年开始兴建，1981年一期工程建成，第一批机组发电，二期工程于1986年开始并网发电，全部工程于1988年基本竣工。该工程规模宏伟，施工强度大，技术复杂。枢纽主体工程量包括土石方开挖5798万 m^3，土石回填3087万 m^3，混凝土浇筑1042万 m^3。葛洲坝水利枢纽工程配备了一定的技术装备，初步实现了机械化施工。采用的施工设备诸如挖土机、推土机和自卸汽车等，并修建了砂石、拌和、制冷和浇筑系统，以及采用各式起重机、高架门机和皮带传送装置等，大大提高了施工效率。

2. 自动化时代

20世纪末，我国40余年的筑坝实践，为大型水利工程的建设奠定了坚实的基础。随着自动化技术的发展和大型、高效机械设备的配置，工程的建设任务都能顺利完成，工程质量也得到了极大的保障。这一时期，信息技术的发展，为大型水利枢纽工程的建设带来了新鲜的思路。这一时期的基本特征集中体现在"监"上。具体表现在：①综合机械化水平较高，可实现高强度浇筑目标；②引进综合监控系统，监督混凝土生产、输送和浇筑各环节；③施工实时监测，保障了生产过程的规范化、质量化；④施工实现自动化管理，减少人力物力投入；⑤优化工程调度，加快了施工的进度。三峡大坝建设中采用的计算机综合监控系统，标志着我国坝工建设进入自动化时代。长江三峡水利枢纽是开发和治理长江的关键性骨干项目，具有防洪、发电和航运等巨大的综合效益。三峡大坝为混凝土重力坝，坝长 2335m，坝高 181m。工程于 1994 年正式动工兴建，2003 年开始蓄水发电，于 2009 年全部完工。三峡大坝混凝土工程量大、施工强度高、工序复杂、施工设备种类多，混凝土的生产、供应以及浇筑过程的管理十分复杂。"混凝土生产输送计算机综合监控系统"的成功研制，实现了混凝土生产浇筑系统的自动控制，有力保障了施工过程的连续性。

3. 数字化时代

近年来，借力于计算机技术和空间信息技术的迅猛发展，"信息系统"的引入使大坝建造系统由"人—物理系统"转变为"人—信息—物理系统"，建造系统中的人、信息系统、物理系统三大要素均具备感知、分析、控制的能力，尤其是信息系统强大的数据采集、集成、计算、分析能力为建造人员的决策提供了依据，同时也为机械设备的调控提供了优化策略，因此该阶段直接推动了大坝施工模式呈现跨越式转变，为大坝智能建造提供了重要的数据支撑。数字化施工，包括全部施工过程信息的数字化、网络化和可视化。马洪琪等（2011）提出的大坝施工质量实时监控技术，钟登华等（2003）提出的基于 GIS 的大坝施工三维动态可视化仿真方法，都为复杂大型工程施工组织设计提供了科学的理论方法和先进的技术手段，大大提高了水利水电工程设计与施工管理的现代化水平。在数字化监控的基础之上，朱伯芳提出了"数字大坝"概念。其核心思想是大坝施工与安全管理控制将"监测信息"与"施工反馈仿真"紧密结合起来，即借助于施工期的监测数据及全坝全过程仿真分析技术，实时、动态跟踪反演施工期大坝的真实工作性态，实现对大坝施工全过程安全风险的全过程动态安全控制与管理。数字化施工监测在自动监控的基础上向前迈进了一大步，并开创了大型水利工程的数字化建设时代，数字大坝系统进一步完善了数字化理念。这一时期的基本特征集中体现在"网"上。具体表现在：①施工全方位数字化监测，实现施工质量的实时、在线、远程管理和控制；②施工过程可视化、网络化，及时反馈施工进度；③施工全过程自主管理，有力提高工作效率，缩短工期；④开展全坝全过程仿真分析，及时评价工程变形过程特性；⑤监测与仿真联合作用，指导现场施工。糯扎渡心墙堆石坝是我国大坝建设 3.0 的典型代表。糯扎渡水电站是澜沧江流域规模最大的水电工程，具有发电、防洪和供水等综合效益。挡水建筑物为掺砾黏土心墙堆石坝，坝高 261.5m。工程的土石方开挖约 5300 万 m³，土石方填筑约 3400 万 m³，混凝土约 430 万 m³，工程于 2006 年开工，2012 年首台机组发电，2016 年工程竣工。糯扎渡心墙堆石坝建设中（韩建东等，2012），率先启用了"数字化施工"管理系统，系统利用 GPS 技术，对压路机和上坝运输车辆进行了精确定位，从装料、运输、卸料和碾压等各个方面对大坝填筑质量和安全进行实时监控。

4. 智能化时代

目前，溪洛渡"数字大坝"系统搭建完成（樊启祥等，2012），但实际施工现场的资料众多，要完全实现施工管理信息的自动、实时导入还存在一定的困难。同时，"数字大坝"更多体现在数据大坝方面，工程可以对混凝土基础处理、施工和温度控制等数据进行全面搜集、整理和分析，但实时仿真分析的速度跟不上现场施工的进度，不能及时发现工程问题，不能有效指导现场施工，"数字大坝"系统本身还需要不断地完善。智能大坝的定义为：基于物联网、自动测控和云计算技术，实现对结构全生命周期的信息实时在线、个性化管理与分析，并实施对大坝性能进行控制的综合系统（李庆斌等，2014）。智能大坝提出了基于感知、分析和控制的闭环智能化建设理念，并成功应用在溪洛渡大坝的建设过程中，基于感知、分析和控制的闭环智能化建设理念提出和成功应用为推动大坝智能建造理论发展提供了重要的支撑。

基于数字大坝的完善模式，智能化建设进一步提出基于性能控制的监测、仿真和施工控制一体化的建设理念。这一时期的基本特征集中体现在"控"上。具体表现在：①大坝混凝土和基础岩体的全过程质量监控和综合定量评估体系，保障后期施工质量；②精细爆破、数字灌浆、智能振捣和智能温控等关键技术，实现施工全过程的全面精细化控制，减少人为干预；③数字大坝与智能施工控制一体化，深度融合；④构建智能拱坝建设与运行信息化平台，实现大坝工程建设的智能管控；⑤基于感知、分析和控制的闭环智能化建设，实现对大坝性能的控制。

大坝的智能化建造是未来的发展方向，溪洛渡大坝针对温控防裂的世界难题率先进行了智能温控的尝试。溪洛渡大坝智能化建设的初步实践开启了大坝建设的 4.0 时代（李庆斌等，2015）。溪洛渡水电站位于金沙江下游溪洛渡峡谷段，是一座以发电为主，兼有拦沙、防洪和改善下游航运等综合效益的大型水电站。拦河坝为混凝土双曲拱坝，坝高 285.5m。2009 年，三峡集团公司主导建设了溪洛渡"数字大坝"系统。溪洛渡"数字大坝"系统可分为两大部分：施工监测系统和仿真分析系统。施工监测系统总体上包括拱坝建设混凝土施工全过程、灌浆数据在线采集与控制、金属结构施工全过程和安全监测成果共享等四个方面。在对施工监测系统数据进行分析的基础上，仿真分析系统对大坝的整体安全状态、应力状态、开裂风险和施工技术难题等进行分析，对三维地质模型、计算边界条件、网格剖分、应力和应变计算结果等进行收集和展示。施工监测系统是仿真分析系统的基础，施工监测系统收集的海量数据保证了仿真分析结果的可靠性，仿真分析系统是施工监测系统的应用和扩展，两个系统共同为现场施工质量服务。所谓温控智能化，即基于混凝土材料参数的真实性、温度应力仿真的精准性、温度控制标准的精细化，利用先进的信息技术和控制方法，获取大坝混凝土的温度分布及其规律，通过外界控制通水换热的温度、流量和时间等因素，以实现温度应力控制的目标。混凝土通水换热智能温度控制系统，通过埋置的测温装置和温度传感器，实时反馈混凝土内部的温度数据，系统控制装置则分析出大坝混凝土的平均温度，计算出实时调节通水流量，以指令的方式控制智能阀门的开度，从而控制通水流量。

在溪洛渡工程智能化建设实践与探索的基础上，学者们聚焦大坝建造过程中的关键问题，开展了仿真（刘有志等，2021）、碾压（Zhang et al.，2019）、交通（钟登华等，2012）、调度（王飞等，2021）、振捣（钟桂良等，2020）、进度（刘金飞等，2019）、温控（林鹏等，2021）、安检、安监（谭尧升等，2021）等问题的智能化研究工作，相关技术、方法与设备并成功应用于白鹤滩、乌东德、大藤峡、黄登、前坪、双江口等重大水利工程，涵盖了重力坝、拱坝、土石坝工程。目前水利水电工程建设已基本形成机械化、信息化、数字化为主体的建设格局，新一代信息技术、先进标准化工艺、现代工程管理体制的发展，为实现水利工程智能化建设提供了可靠的技术基础，大坝是水利工程施工建设中的核心，深度融合大数据、物联网、云计算、人工智能等技术推动高坝"安全、高效、高质、经济、绿色"智能化建设是未来水利工程领域的发展趋势。

回顾新中国成立以来大坝建设的历程，我国大坝建设大致经历了从人工化到机械化、自动化、数字化和智能化的四次转变，各个阶段工程有显著的区别，同时其建设目标和建设过程中的关键问题也不尽相同。从施工建设水平的提升，到施工管理方式的转变，新一代计算机、网络等技术的应用大大改变了传统的工程建设模式。"数字大坝"系统的建立，促进传统水利工程建设向信息化、网络化方向发展，实现了施工全过程信息化和网络化管理，提高了生产效率。智能大坝的初步实践，创建了大坝智能化建设的理论和技术体系。大坝建设4.0基于智能化建设现状，深度融合工业4.0的智造技术，必将开启大坝建设的全新模式，成为大坝建设的必然趋势。

1.2 智能控制理论与技术的发展

1.2.1 概述

智能控制是具有信息处理、信息反馈、智能控制决策的控制方式，是控制理论发展的高级阶段，采用各种智能化技术实现复杂系统的控制目标，主要用来解决传统控制理论难以解决的具有不确定数学模型、时变性、高度非线性和复杂性的问题。智能控制的实现需要信息技术从软件、硬件、算法、理论等方面系统性支持。大坝建造过程复杂，涉及要素繁多，作用机理复杂，涉及大坝安全、质量、进度的若干关键科学问题均具有高度非线性、复杂性、时变性、不完全性、不确定性等特征，传统的工程措施和分析方法已经达到瓶颈难以解决，而智能控制理论则提供了有力的技术支撑。因此，本节将简要介绍智能控制理论的发展历程，智能控制的定义、特点、分类、理论体系与应用，同时，还将介绍大数据、云计算以及应用广泛的人工智能优化算法，以便读者能够快速系统地掌握智能控制理论及其在大坝建造领域的应用。

1.2.2　智能控制

1. 智能控制发展历史

智能控制的产生与发展源于自动控制。自动控制技术在 20 世纪 40—80 年代发展迅速，初期学者们主要基于频域理论模型开展了线性控制和非线性控制机理研究，20 世纪 60 年代开始，自动控制理论与系统发展迅速，并被用于过程控制和航空航天领域，其中包括状态空间法等理论创新，典型的代表作有钱学森、宋健等学者编写的《工程控制论》。此后的 20 年间最优化、自适应、自组织、自学习等概念被提出和应用，并形成了一系列经典理论如反馈控制论、大系统理论等，但是总体而言此时的控制主要还是基于确定的数学模型进行参数估计与优化调整，基于这类自动控制方式构建的系统必须依据严苛的假设、构建精确的数学模型，对于包含不确定性要素的系统、数学模型难以构建系统，或具有时变性、复杂性、非线性的系统难以达到控制目标，因此面临诸多的困难与挑战。

人工智能技术的发展推动了自动控制向智能控制发展。20 世纪 60 年代傅京孙将人工智能的启发式推理规则应用于控制系统，并于 1971 年提出了人工智能与自动控制共同构成的智能控制二元结构体系

(Fu et al.，1974)。1967 年，利昂兹（Lendes）等首次提出了"智能控制"一词，然后受限于当时计算机技术等的限制，智能控制理论发展较为缓慢（蔡自兴等，1994）。近 30 年来随着信息技术的不断发展，智能控制领域也得到了高速的发展，专家控制、模糊控制、神经网络控制、遗传算法控制、网络控制等智能控制方法被提出，形成了各类智能决策支持系统、故障诊断系统、优化规划系统等，从控制问题的层级而言，智能控制可以分为组织级、协调级与执行级，萨里迪斯（Saridis）等学者认为智能控制能够提供最高层级的控制，此后，蔡自兴等学者们提出了分层控制、分级规划等理论，发展了大量组织级与协调级的决策支持系统，并在各种领域广泛应用，特别是航空航天与工业制造领域。

2. 智能控制的基本构成、特点、一般结构与分类

智能控制的基本构成在于两个核心因素，即智能决策和自动控制，因此，智能控制即设计一个控制器（或系统），使之具有学习、抽象、推理、决策等功能，并能根据环境信息的变化做出适应性反应，从而实现基于信息处理与反馈的智能决策，并在无人干预的情况下自主驱动机器完成控制目标。智能控制主要用来解决传统方法难以解决的具有不确定的数学模型、高度非线性和复杂的任务要求特点的被控对象的控制问题。

智能控制具有三个明显的特点：其一，面对具有较高的复杂性、高度的非线性、时变性、不确定性等特点的问题，传统控制方法无法获取明确的数学物理模型，因而无法实现其控制目标，而智能控制则应用人工智能技术实现对知识的学习和推理，进而实现对非数学物理广义模型的求解。其二，高层次组织级规划决策是智能控制的核心，而组织级的控制必须依据系统内外部信息的动态变化对多对象、多目标、多要素、多过程进行规划和决策，进而实现广义问题的优化求解；同样地，对于底层执行级执行机构亦可采用智能控制。其三，智能决策和自动控制是组成智能控制的两大核心，可在此基础上融合其他学科如计算机科学、运筹学、系统科学、数值计算理论等解决不同的控制问题，即智能控制与不同学科深入融合可以构建创新性的多元

理论结构体系，具有广泛的应用前景。简而言之，智能控制基于多学科灵活交叉融合发展实现不确定数学物理模型求解、多层级广义问题规划优化决策。

基于智能控制理念构建的智能控制系统分类是多样化的，基于智能控制系统的作用原理大体可以分为专家控制系统、模糊控制系统、学习控制系统、神经控制系统、递阶控制系统、仿生控制系统、网络控制系统、分布式控制系统、集成智能控制系统、组合智能控制系统等，上述控制系统为复杂问题的求解优化提供了有效的工具，不同系统的适用性和特征各不相同，针对不同的问题构建合适的智能控制系统是实现优化目标的关键，本书第3至第6章中会详细阐述如何基于问题构建智能控制系统。对于上述智能控制系统，有兴趣的读者可根据需要查阅智能控制相关的书籍。

3. 智能控制结构理论体系

正如上述提到的智能控制具有多学科、多领域交叉的特点，其结构理论体系直接决定了其组成要素、各要素逻辑关系、作用机理以及其最终的控制方式与控制效果。因此，有必要对智能控制的结构理论体系做简要介绍。

1971年傅京孙提出了人工智能（artificial intelligent）和自动控制（automation control）的二元交集结构，由上述两者共同构成智能控制（intelligent control）。1977年萨里迪斯在此基础上融入了运筹学提出了三元结构（Saridis，1979），并从优化、学习、记忆、启发、规划、调度、管理、协调、动态反馈等角度详细阐述了三者之间的关系，同时还提出了分级控制的概念，即由人工智能起控制作用的组织级、人工智能与运筹学控制的协调级，智能控制系统的最底层执行级组成分级智能控制系统，这对于实现大坝建造过程中的高层级目标优化具有重要的意义。蔡自兴等学者在此基础上引入了信息论，发展了四元结构体系。

可以看出人工智能与自动控制是智能控制最基本的控制要素，同时可以依据其控制问题、控制目标、控制对象对智能控制理论体系进行拓展，这为智能控制与不同学科交叉融合提供了广阔的空间，展现了智能控制理论的通用性与可扩展性，对于实现大坝智能建造有重要的意义。

目前，智能控制理论、技术、设备、理念广泛应用于水利工程、过程控制、机器人制造、自动驾驶、安全监控、指挥调度等涉及国计民生的各个领域，未来还将有广阔的发展和融合空间。

1.2.3　智能化通用技术

通过构建具备"全面感知、智能决策、自动控制"的智能控制系统可以发现大数据、云计算、物联网、人工智能等技术从软件、硬件、算法、信息传递、数据管理等方面提供了有力的支持，综合应用上述技术和闭环控制理念研发的智能控制设备被广泛用于解决执行级、协调级和组织级的控制问题，以下对上述技术做简要的介绍。

1. 大数据与云计算

在智能化时代建造过程中，各类要素、行为产生了海量数据。大数据是一种规模大到在获取、存储、管理、分析方面大大超出了传统数据库软件工具能力范围的数据集合，具有海量的数据规模、快速的数据流转、多样的数据类型和价值密度低四大特征。云计算（cloud computing）是分布式计算的一种，指的是通过网络"云"将巨大的数据计算处理程序分解成无数个小程序，然后，通过多部服务器组成的系统进行处理和分析这些小程序得到结果并返回给用户。云计算是继互联网、计算机后在信息时代又一种新的革新，云计算是信息时代的一个大飞跃，未来的时代可能是云计算的时代，虽然目前有关云计算的定义有很多，但总体上来说，云计算的基本含义是一致的，即云计算具有很强的扩展性和需要性，可以为用户提供一种全新的体验，云计算的核心是可以将很多的计算机资源协调在一起，因此，使用户通过网络就可以获取到无限的资源，同时获取的资源不受时间和空间的限制。

从技术上看，大数据与云计算密不可分。大数据需要采用分布式架构对海量数据进行挖掘分析，云计算则为大数据的分布式存储、访问、处理提供了技术支撑。综合而言，大数据与云计算为实现高效的智能决策提供了强大的数据基础和计算能力。

2. 物联网

物联网（Internet of Things，IOT）是指通过各种信息传感器、射频识别技术、全球定位系统、红外感应器、激光扫描器等装置与技术，实时采集任何需要监控、连接、互动的物体或过程，采集其声、光、热、电、力学、化学、生物、位置等各种需要的信息，通过各类可能的网络接入，实现物与物、物与人的泛在连接，实现对物品和过程的智能化感知、识别和管理。物联网是一个基于互联网、传统电信网等的信息承载体，它让所有能够被独立寻址的普通物理对象形成互联互通的网络。物联网为实现全面感知提供了软硬件支撑，使得各类各层次信息能够有效整合融通，为实现多层级的智能控制打下了基础。

3. 人工智能及其控制技术

人工智能技术及其构成的智能控制技术理论广泛应用于制造、建造领域，其中应用较为广泛的有专家系统、模糊控制以及以神经网络、深度学习等机器学习算法为核心的控制系统，下面将对这些技术做简要介绍。

专家系统是一个具有大量的专门知识与经验的程序系统，它应用人工智能技术和计算机技术，根据某领域一个或多个专家提供的知识和经验，进行推理和判断，模拟人类专家的决策过程，以便解决那些需要人类专家才能处理好的复杂问题。简而言之，专家系统是一种模拟人类专家解决领域问题的计算机程序系统。

模糊控制是一种针对非线性系统的控制方法。它以模糊集理论、模糊语言变量和模糊控制逻辑推理为基础，其研究对象一般是难以建立精确数学模型的系统，能够模拟人的思维行为方式，开展模糊推理和模糊决策，实现被控对象的智能控制。

神经网络是一种不依赖于高精度模型、在线计算简单且易于实现的优化控制算法。该算法具有联想记忆能力、自学习适应能力、并行信息处理能力、非线性函数逼近能力和良好的容错能力等优点。深度学习可以看作是深层次的神经网络，由于它可以获得深层次的特征表示，从而可以避免人工选取特征的繁冗和高维数据带来的维数灾难。深度学习在图像处理、语言识别等方面有无可比拟的优势。宽度学习与深度神经网络不同，采用单隐层结构，可以横向扩展，同时可以实现增量学习，能够避免花费大量时间训练滤波器和层间的连接参数，其逼近性优、算法快，有利于实现高效决策。多智能体系统主要解决竞争与合作并存条件下的系统协同，该概念和系统适用于工程建造过程中的建造约束条件与建造目标之间的博弈优化决策问题。遗传算法具有很高的鲁棒性和并行性，并且不受连续性、单峰等假设的限制，能够有效地解决全局优化问题，但是由于其收敛速度慢、算法运算量较大的缺点，应用还较为滞后。自适应动态规划主要由动态系统、执行函数和评价函数三个部分共同组成，该方法还具有基于人工神经网络以任意精度逼近非线性函数的特征，通过单个阶段的计算来拟合动态规划过程中一段时间的代价函数，能够有效解决动态规划计算中的维数灾难问题，为多变量、非线性、复杂系统的最优控制提供了一种新兴的、切实可靠的理论指导。数据驱动控制还处于起步阶段，并且与大数据和云计算密切相关。

4. BIM 与 DIM

建筑信息模型（Building Information Modeling，BIM）技术是一种应用于工程设计、建造、管理的数据化工具，通过对建筑的数据化、信息化模型整合，在项目策划、运行和维护的全生命周期过程中进行共享和传递，使工程技术人员对各种建筑信息作出正确理解和高效应对，为设计团队以及包括建筑、运营单位在内的各方建设主体提供协同工作的基础，在提高生产效率、节约成本和缩短工期方面发挥重要作用。大坝信息系统（Dam Information Modeling，DIM）是以三维数字化平台为核心，全面继承管理勘测设计成果、集成智能化生产控制系统与专业化服务子系统，将运用先进的科学技术，把大坝建设和运行过程通过标准化、数字化、信息化、自动化、可视化系统集成形成智能化，最终建成智能大坝（iDam）。DIM 是结合 BIM 应用模式与工业 4.0 的理念与特点发展而来的，其成功应用于溪洛渡、乌东德、白鹤滩等特高拱坝建设中，并据此构建了大坝智能化建设平台

iDam，实现了设计、施工过程的智能化管理。

1.3 大坝智能建造研究进展

1.3.1 概述

我国仍然面临能源短缺、水资源分布不均匀、水灾害频繁等一系列问题，水利水电工程具备防洪、发电、灌溉、航运等功能，能够为社会经济发展提供优质的清洁能，能够有效防灾减灾保障人民生命财产安全，能够有效调配水资源促进区域经济协调发展，大坝是水利水电工程枢纽的核心建筑物，其安全、高效、高质量建设和长期安全稳定运行关系国计民生。目前，我国是世界上修建高坝最多的国家，其中不少大坝的高度或规模达到世界最高水平，如拉西瓦、小湾、锦屏、溪洛渡、乌东德、白鹤滩等300m级特高拱坝。为推动经济社会发展全面绿色低碳转型，实现"3060"碳达峰、碳中和目标，持续改善环境质量，提升生态系统质量和稳定性，我国"十四五"期间将继续谋划并推进一系列重大水利工程项目建设，2020年水电总装机容量达到380GW。预测到2050年，全球水电装机容量将达2050GW，我国超过500GW，未来我国的高坝建设将进入新的发展阶段。

纵观历史，筑坝理论与技术随着工业革命的发展而进步，包括人工智能、物联网、大数据、云计算等技术在内的新一代信息技术为大坝智能化建设注入了新的动力，信息技术与筑坝理论深度融合推动形成了智能建造新理念、新理论、新技术、新方法、新装备。近年来水利部、住建部等相继发布了智能建造发展的指导意见和方案，对于支撑水利工程安全运行、水利工程建设的关键问题提出了新的要求，推动高坝"安全、高质、高效、经济、绿色"智能化建设是未来大坝工程领域新的发展趋势。

回顾百年筑坝史，我国大坝建造经历了人工化、机械化、自动化、数字化时代，随着新一代信息化技术融入工程建造领域，大坝建设正由数字化转向智能化，也把大坝智能建造推向了发展的新阶段。

大坝智能建造先后经历了数字化、数字化网络化、智能化三个阶段（见图 1.2），数字化阶段是智能建造的基础，互联网技术与"互联网＋"理念作为桥梁推动了数字化向智能化迈进。目前，建造要素、建造模块、建造流程、建造工艺等通过网络信息集成平台实现了设计、建造、运维、科研、咨询等参建各方共享协同，人－信息－物理系统（HCPS）中的三大要素互联互通、协调控制，实现了全坝全生命周期性态评估与调控的安全建设目标。

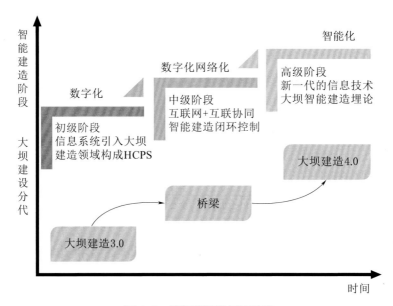

图 1.2 智能建造发展三阶段

本节将系统分析现有研究成果，梳理大坝智能建造技术发展的不同阶段，详细阐述智能建造各阶段技术特征、技术目标、理论理念、技术方法、管理模式及典型工程案例，分析智能建造理论发展的两条脉络。

1.3.2 数字化阶段

1. 主要特征

数字化阶段的主要特征是：①融合计算、通信、控制等信息技术，发展了数字化监控设备、建模方法、仿真技术、信息管理平台等；②实现了水利工程专业知识在"人－信息－物理"系统内的迁移与数据化表达；③实现了大坝关键建造过程的监测、分析、控制与管理。

具体而言，新中国成立以后兴起了水利工程建设的热潮，到20世纪90年代末，实现了大规模机械化与自动化筑坝技术，形成了以"人－物理系统"为核心特征的传统建造体系，该阶段机械设备替代人力极大地提升了筑坝的效率。随后得益于计算、通信、控制技术的发展，信息系统被引入大坝建造中，形成了以"人－信息－物理系统"为核心的智能建造框架，开启了智能建造的第一阶段——数字化阶段（见图1.3）。

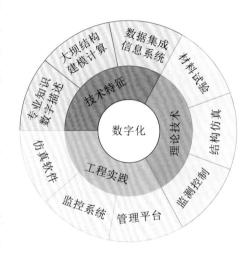

图1.3 数字化阶段

数字化阶段的建设目标在于建造过程人员物资状态、材料性能、结构性态、施工工艺、流程进度等可知、可控，进而保证大坝工程质量与施工安全。

2. 研究进展

为了实现上述建设目标，首先要对设计、建造、运营过程中各类要素进行数字化的描述与表征，要素的数字化描述即将大坝建造专业知识（如结构设计、材料性能演变规律、施工控制技术、仿真分析方法、安全监测理论、建造工艺流程等）数学物理模型化，实现了由人与信息系统、物理（设备）与信息系统的知识构建与传递，为分析与控制提供了数据基础。具体而言，数字化阶段研究主要集中在材料性能试验、结构仿真分析方法、数字监测与控制理论、信息化管理平台等四个方面。其中材料性能试验从宏观、细观、微观等层次揭示了筑坝材料热力学、变形、渗透、耐久等性能的演变规律，并构建了数学物理模型为智能建造过程中材料性能的优化调控提供了理论依据；仿真计算理论与技术的发展实现了不同荷载组合、复杂边界条件、动态施工过程中结构应力、变形、渗流、温度场的准确高效分析，为分析结构工作性态、检验设计方案、跟踪施工过程、评估运行状态等提供了有效手段，为大坝智能建造全过程实时跟踪分析与决策优化提供了技术支持；针对大坝材料与结构监测需求，依据水利工程安全监测理论研发了各类数字化传感器，构建了大坝高精度的时空监测体系，实现了监测设备、施工机械、物料性能、结构状态等多种要素关键数据的自动化采集，系统化的监测数据为大坝智能建造过程的优化调控提供了决策依据，并在此基础上推动了信息化管理平台的建设。

3. 典型工程案例

工程实践中水利专业知识融合传感、通信、计算等技术推动了建模仿真理论、数字监控理论与设备、数据信息集成平台的发展，学者们开发了以 SAPTIS、MARC、ABQUS 等为代表的仿真分析软件，以数字温度计、应力应变计、GPS 定位装置、混凝土生产输送监控系统等为代表的数字化监控设备，以 Microsoft Project、PERT 等软件为代表的集成管理平台，以 BIM 为核心的三维可视化建造平台。通过三峡、小湾工程等对数字化阶段的质量、进度、安全等监控建设理念、技术、装备、管理体系进行了实践和验证。

综上，数字化是大坝智能建造的开端和基础，数字化阶段形成了以"人—信息—物理系统"为核心的智能建造框架，融合信息技术与水利工程专业知识开展了三要素之间的知识迁移与数据化表达研究，发展了数字化监控设备、建模方法、仿真技术、信息管理平台等，推动了施工人员、机械设备、物料资源、建造过程、工艺流程等的数字化定义、监测、分析与控制，实现了大坝工作性态可知、关键建造过程可控，为大坝智能建造走向闭环控制奠定了重要基础。

1.3.3 数字化网络化阶段

1. 主要特征

数字化网络化阶段的主要特征是：①融合互联网技术与"互联网+"理念，形成了"感知、分析、控制"的智能建造闭环控制理念；②实现了

"人－信息－物理"系统各要素之间的互联互通、集成管理、协调控制；③实现了大坝设计－建造－运行全过程、全要素、全流程准确、高效、精细、动态、协调控制与管理。

2. 研究进展

数字化网络化阶段从理念、产品、管理模式三个维度推动了大坝智能建造的发展（见图1.4）。在大坝建设领域，李庆斌等提出了"感知－分析－控制"的闭环控制理念，闭环控制理念的引入为"人－信息－物理系统"的智能建造框架各要素赋能，实现双闭环控制，其一，各要素自身实现闭环控制，用以解决施工建造中诸如如材料生产、温控、

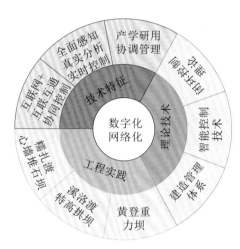

图1.4　数字化网络化阶段

振捣、养护、监测等执行层面的具体问题；其二，实现各要素之间的闭环控制，用于解决诸如人员物资调度管理、进度协调管理、全过程质量监测评估、全过程结构性态调控等涉及质量、进度、安全的协调控制关键问题。朱伯芳等在"数字监控"的基础上发展了温度应力控制决策支持系统解决混凝土坝温控防裂的难题（朱伯芳等，2008；张国新等，2015），其核心在于融合在线监测与仿真技术实现建造过程中大坝性态的实时分析和调控；马洪琪和钟登华等基于互联网、测控及坝工技术实现施工过程数据实时采集、质量实时监控、物料设备动态调度与进度优化控制（钟登华等，2015）。

3. 典型工程案例

樊启祥等（2016）依托溪洛渡水电站工程对闭环控制理念与智能建造理论进行了重大工程实践，通过互联网、物联网、数据库、传感器等技术构建了涵盖施工全过程的实时化信息数据库，针对生产、运输、振捣、通水、灌浆等核心环节研发了具备监控、预测、预警及控制功能的关键系统，提出了"一个中心、两个支撑、三个支柱"的智

能建造管理模式，并建成了大坝协同业务工作平台，建成了首座300m级无缝特高拱坝，这是大坝智能建造技术发展的里程碑。钟登华等（2019）将数字监控与闭环控制理念完整应用于糯扎渡水电站工程，在土石料性能调控、物料运输调度控制、碾压质量实时监控评估、施工状态可视化与信息集成等方面取得了重要进展，对碾压筑坝领域智能化建造有重要的推动作用。在闭环控制理念与智能建造理论的支撑下我国还建成了大岗山、长河坝、龙开口、黄登、双江口等数字大坝。

综上，网络化推动了大坝智能建造与管理模式的重要转变，数字化网络化阶段"感知－分析－控制"的闭环控制理念提出为大坝智能建造的"人－信息－物理系统"赋能，实现要素互联互通双闭环反馈调控，同时基于重大水利工程完整应用数字化、数字化网络化阶段成果，实现了大坝设计－建造－运行全过程、全要素、全流程的准确、高效、精细、动态、协调控制与管理，催生了"数字大坝"这一里程碑式的产品，为大坝智能建造向智能化阶段迈进提供了坚实的基础。

1.3.4 智能化阶段

大坝智能建造进入智能化阶段，为更好地掌握大坝智能建造技术发展，首先要明确该阶段的技术特征，以及由此产生的解决建造难题思维模式与理念的转变，在此基础上要回归、总结大坝智能建造理论的发展，明确核心目的、准确定义、基本特征、先进理念、生产要素、关键技术、管理模式及工程应用。

1. 主要特征

智能化阶段的主要特征是：①融合人工智能等新一代信息技术，发展了"智能决策＋自动控制"的智能控制技术；②实现了"人－信息－物理"系统及各要素的智能感知、智能分析、智能控制、智能管理；③协同解决了大坝设计、施工、运维全过程多目标优化调控管理的难题，实现了大坝"安全、高质、高效、经济、绿色"的建设目标。

需要特别指出，在大数据、云计算、物联网、人工智能等新一代信息技术的驱动下，"人－信息－物理"系统中三要素感知、分析、控制能力有了空前的提高，尤其是信息系统和物理系统具备了知识学习、推理、认知等能力，为解决复杂系统的建造难题提供了途径（见图1.5）。

2. 研究进展

（1）智能建造理念转变。由于大坝建造属于复杂系统工程，真实建造过程各要素特征的差异

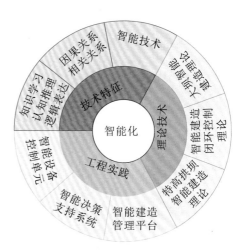

图1.5　智能化阶段

显著、时空性能演变机制复杂导致采用传统显式数学物理模型建模表征、求解分析困难，因而无法满足智能建造准确化、精细化的控制目标和高质量建设要求，而智能化阶段人工智能、深度学习、大数据分析等技术具备知识认知、学习、推理的能力，为求解大坝工程中非数学物理广义模型、多目标优化决策、多要素协同实时控制提供了技术支撑，对大坝智能建造而言，"人－信息－物理"系统各要素的感知、分析、控制能力在智能化技术的支持下向智能体转变，各要素信息协调、共享控制的层级也向多智能体闭环联控转变，尤其是信息系统和物理系统具备了知识学习与认识能力，促进了人机深度结合、学科交叉创新、群体智能协同，进而为解决高度复杂、高度非线性、时变性、不确定性建造难题提供了途径，这也是智能化阶段与数字化网络化阶段最显著的区别。同时，智能化技术的引入直接推动了解决智能建造问题的方式从基于牛顿定律揭示机理寻找因果关系，转变为通过海量数据揭示要素之间强相关关系。传统方法以牛顿定律为典型代表，通过观察、实验等手段以简洁的数学表达形式揭示物理机理，从因果关系的角度解决大坝建造过程中确定性问题，诸如通过材料试验揭示性能演变机理等。而智能技术的引用则可以海量数据驱动的方法寻找建造要素的相关关系，进而解决大坝建造执行、协调、组织等层级的关键问题，诸如材料参数智能反演、大坝状态智能监测调控、设

备智能控制、材料生产智能管理、工作性态智能调控等。

（2）智能建造理论发展。大坝智能建造理论的发展有两条脉络。

图 1.6 闭环控制理念及其发展

第一，李庆斌等在溪洛渡水电站工程实践的基础上首次将"感知－分析－控制"闭环控制理念引入大坝智能建造领域，在大坝建设 4.0 中明确了大坝智能建造的定义（见图 1.6）；樊启祥在金沙江大型水电工程实践的基础上提出了"智能建造闭环控制理论"，完善了智能建造的定义，发展了"全面感知、真实分析、实时控制、持续优化"智能建造闭环控制理念；谭尧升等依托白鹤滩水电站工程提出了特高拱坝智能建造定义，完整应用了"全面感知、真实分析、实时控制"的智能建造闭环控制理念，基于该理念清华大学、中国水利水电科学研究（简称"中国水科院"）院、武汉英思工程科技股份有限公司、天津大学等开发了相应的碾压、喷雾、温控、监控、交通、缆机、浇筑、养护等智能化的设备与装置；樊启祥等基于智能大坝建设理念，发展了一套完整的智能建造管理模式，从工程管理协同管理的角度完善了智能建造的内涵；智能建造进入新阶段，李庆斌等系统梳理了大坝智能建造与智能控制的关系，提出了大坝智能建造理论，详细阐述了大坝建造智能控制的核心概念与特征，提出构建"多维度信息全面感知、多目标智能决策优化、多要素实时控制"的智能控制系统，用于解决大坝建造过程中结构服役状态调控、全寿命周期安全性能评估、施工风险预测预警、成本造价控制等具有不确定性、时滞性、非线性、复杂性等特征的传统方法难以完备解决的难题。

第二，钟登华等在糯扎渡等数字大坝实践基础上针对建造过程中信息感知、分析、控制等方面的短板，提出了融合先进智能技术与建造技术的智能建造理论，并从信息感知、分析、反馈控制三个方面阐述了智能建造的特征，明确了信息智能感知、智能分析、智能馈控的闭环运行体系，并在此基础上发展了智能仿真、智能交通、智能碾压、智能振捣、智能监控、可视化等技术。

（3）智能建造技术升级。包括互联网、物联网、移动互联网等在内的"互联网＋"平台、大数据、云计算、人工智能等新一代技术是推动智能建造发展的核心驱动力。

1）物联网为实现全面感知提供了软硬件支撑，使得各类各层次信息能够有效整合融通，为实现多层级的智能控制打下了基础。

2）大数据与云计算为实现高效的智能决策提供了强大的数据基础和计算能力。

3）人工智能及其控制技术如专家系统、模糊控制、神经网络、深度学习、多智能体控制、遗传算法、自适应动态规划等广泛应用于大坝防裂控裂、冷却通水、安全监测、参数反演、碾压优化、进度仿真、结构仿真、数据挖掘等方面。

4）BIM推动了DIM的发展，DIM是结合BIM应用模式与工业4.0的理念与特点发展而来的，其成功应用于溪洛渡、乌东德、白鹤滩等特高拱坝建设中，并依据此构建了大坝智能化建设平台iDam，实现了设计、施工过程的智能化管理。

5）新一代信息技术还推动了数字孪生及平行智能等技术的发展。信息系统的引入开启了大坝智能建造的时代，与此同时"人－物理系统"中两个要素与信息系统发生联系，形成了"人－信息系统"和"信息－物理系统"，而数字孪生技术正是用于解决该系统的各要素分析、控制、管理的途径。数字孪生技术的核心在于虚拟与现实在时空交互，实现建造过程的感知、分析、控制、预测、预警、管理等，大坝建造领域中数字大坝、智能大坝等的发展理念与数字孪生技术核心一致，智能大坝也体现了数字孪生的涵义。在此基础上，考虑到人、材料、结构、环境等复杂性，不确定性，开放性与随机性，大坝建造的系统实际上属于社会物理信息系统（cyber‐physical‐social system，CPSS），这也是大坝建造过程中控制难题产生的关键原因之一。

为解决复杂建造系统要素状态精确感知、智能决策、实时控制与持续优化等问题，集人工系统、计算试验、平行执行于一体的平行技术体系应运而生。实现虚拟与现实的交互、平行驱动和平行执行，突破人类认知鸿沟和建模鸿沟的基本问题（刘昕等，2017），其核心在于推动小数据到大数据，大数据到数据智能，突破数字孪生的概念，实现双反馈大闭环控制，进而引导智能，其具有启发性、学习性，具有深度智能的特性，是未来大坝智能建造潜在的发展方向。

综合而言，通过数字化、网络化、智能化技术，采用闭环控制的智能建造理念构建具备智能感知、智能分析决策、智能控制、智能管理功能的建造系统和平台，解决大坝设计、施工、运维、管理中的难题，对于实现"安全、高质、高效、经济、绿色"的智能建造工程目标，深化大坝智能建造技术的应用和推广提升水利工程价值有重要意义。

3. 典型工程案例

闭环控制理念奠定了大坝智能建造的理论基础，学者们对大坝智能建造概念、理论、装备、平台、技术做了基础性、系统性的深入研究，依托重大工程实践，发展完善了基于闭环控制理论的智能建造理论，并构建了企业级的智能化管理模式，推动了智能化技术在水利工程领域的广泛应用，有效解决了仿真、碾压、交通、调度、振捣、进度、温控、检测、安监、管理等方面的管控难题，并成功应用于白鹤滩、乌东德、大藤峡、前坪等重大水利工程，涵盖了重力坝、拱坝、土石坝工程等工程智能化建设的各个方面。

通过对混凝土重力坝、高拱坝、土石坝等工程实践中智能建造关键问题的研究表明，对大坝建造而言，智能控制的核心任务是根据系统内外部信息的动态变化对多对象、多目标、多要素、多过程进行规划和决策，进而实现广义问题的优化求解达到混凝土重力坝、高拱坝、土石坝建造过程中质量、进度、安全、造价等高层次工程建设目标；同样地，对于底层执行级执行机构亦可采用智能控制，相应地依据功能的不同学者们也进行了广泛的研究和探索。在感知层面，构建了混凝土、土石料等生产、运输、性能等的智能监控系统，采用人工智能技术构建了各类参数反演系统，融合物联网等技术研发了材料生产、浇筑、服役全过程监控、振捣、压实、灌浆等质量评估系统；基于先进的监测技术、完备的风险理论分析和成熟的计算机技术提出的大坝动态预警预报机制、人员设备智能识别调度方法、智能化巡检等，可智能化地动态分析处理监测数据。在规划决策层面，研发了土石坝压实智能决策模块、混凝土施工质量控制智能决策模块、混凝土温控防裂智能决策、施工进度智能决策模块、缆机调度智能决策模块、现场交通调度智能决策模块、成本造价智能决策模块等。在执行层面，研发了多种智能控制系统，金沙江白鹤滩拱坝工程广泛应用各类智能化的控制系统，其中智能通水系统由智能控制软件、智能控制柜、集成式一体流温控制柜、管道内部温度测量装置、混凝土数字测温系统等组成，为不同浇筑仓提供个性化的温控策略，实现混凝土最高温度可控、温控过程可调、温控措施可优化，实现基于时间和空间的温度梯度分布和变化的全过程智能化控制，达到温控全过程精准化、实时动态监控、预警及智能调控；智能喷雾系统由控制、喷雾、送风、供水、过滤和旋转升降等单元组成，根据现场气温实时自动调整喷雾机的开启状态及喷雾强度，控制仓面环境在合理的范围实现喷雾的人工操作到远程智能控制的转变；智能灌浆系统由智能灌浆专家系统、智能制浆站和智能灌浆单元组成，实现制浆和配浆、灌浆压力和流量控制、数据记录与处理的全过程智能化施工；智能振捣系统通过对仓面平仓车、振捣车、手持式振捣棒的位置与工作状态的实时监控实现对影响施工质量和效率的主要施工参数进行跟踪反馈，具备状态描述、异常诊断、层级预警等功能；前坪工程中应用了基于闭环反馈控制和 RTK－GPS 导航技术的智能碾压系统，该系统具有自动导航功能，行驶轨迹控制精度高，且能实现远距离遥控，可以有效避免目前碾压施工过程中发生的漏碾、交叉、重复碾压等现象。未来，随着各种软硬件技术的发展，智能化的控制装备发展也会日趋完善，为大坝智能化建造提供更多的支撑。

可以看出，在数字化、网络化、智能化技术的推动下，学者们全面开展了大坝智能建造理论、技术、方法、设备方面的研究，并通过重大工程不断验证、发展、完善理论技术体系，推动了大坝智能建造理念转变、理论革新、方法进步与技术突破，催生了大坝智能化建造的设备、系统与产品，构建了创新智能化管理体系，推动了大坝智能建造技术广泛应用。

1.4　智能化技术在大坝建设领域的主要应用

1.4.1　概述

大坝是水利水电工程最核心的主体建筑物，其安全建设与长期稳定运行是支撑重大水利工程实现其防洪、发电、灌溉、航运、环保等功能的必要条件。我国是世界上修建高坝最多的国家，据 2017 年《全国水利发展统计公报》，我国现有水库 98795 座，水库总库容约 9035 亿 m^3，其中大型水库 732 座，中型水库 3934 座，小型水库 94129 座。我国现有水电站 46758 座，规模以上水电站中，大、中、小型水电站数量分别为 142 座、477 座和 21571 座。当前，我国筑坝技术处于世界领先水平，已建的三峡大坝（高 181m）、锦屏一级混凝土双曲拱坝（高 305m）、水布垭混凝土面板堆石坝（高 233m）和龙滩碾压混凝土重力坝（高 216m），在建的乌东德拱坝（高 270m）、白鹤滩拱坝（高 289m）均代表了当今世界筑坝技术最高水平。

国际大坝委员会规定，坝高大于 15m 或者坝高 5～15m 但库容大于 300 万 m^3 的坝为大坝。据此定义，截至 2014 年，我国共有大坝 40183 座，从坝型分布规律来说，我国大坝坝型以土坝为主，占比达 81.77％，堆石坝占 2.20％，混凝土坝占 5.02％，砌石坝占 10.47％，其他坝型占比为 0.54％。坝高 50m 以上的已建大中型水库中，混凝土坝占 25.90％；坝高 70m 以上的已建大中型水库中，混凝土坝占 38.90％；坝高 100m 以上已建、在建的近 200 座高坝中，混凝土坝占 52.60％。水库大坝越高，采用混凝土坝型的比例越高。从坝高分布来看，我国 30m 以下大坝 33698 座，占比达 83.90％；30～60m 的大坝有 5643 座，占比为 14.00％；200m 以上高坝有 20 座，占全世界 200m 以上高坝的 21.60％。

　　总体而言，我国大坝具有总数多、分布广、空间差异大、土石坝占比大、坝型种类多、高坝特高坝数量多、混凝土拱坝和重力坝占比大的特点。随着"西部大开发""西电东送"等战略的实施，我国的高坝建设进入一个快速发展的阶段，因此大坝安全建设任务繁重，对大坝建造的质量、进度、安全、环保、经济提出了更加严苛的要求，因此为达到大坝"高质、高效、安全、经济、绿色"的建设目标，学者们充分探索智能化技术及其在大坝建造领域的应用，推动大坝智能建造理论、技术、方法的发展。

　　大坝建造过程中的关键问题也可以形象地通过二八定律来说明。通过理论分析、试验研究、数值模拟等技术可以掌握并揭示影响大坝性态的80%的因素，另外20%则是由于工程建造过程中的不可预测或概率性事件、要素等产生的影响，这种情况下传统的范式难以解决，因此则需要借助人工智能技术以数据的方式协助处理不确定性、非线性、时变性的问题及其造成的波动，进而协助我们实现更深层次的控制。因为传统方法在技术边界的限制已经不可能完备地解决实际的工程难题，因此智能控制协助我们实现的深层次控制可以达到四两拨千斤的效果。

　　基于我国大坝建设的特点、需求与发展现状，本节将重点介绍我国混凝土重力坝、混凝土高拱坝以及土石坝的发展历史、特点、建设难点、传统建造方法面临的挑战与智能化建造技术的探索应用与进展，探讨并阐述智能控制理论在三种坝型建造过程中解决关键科学问题的技术路线。

1.4.2　重力坝智能化建设

　　重力坝是世界上最古老的坝型之一，重力坝由于其对地形地质条件适应性强、安全可靠性高、设计施工便捷等特点被广泛应用。近代以来随着混凝土材料的推广应用，世界范围内建造了大量的混凝土重力坝，作为一种典型的大体积混凝土结构，在复杂荷载、强约束作用与材料热力学响应特性的影响下，混凝土重力坝在建造过程中产生了大量危害结构安全的温度裂缝，对工程质量、进度、安全和长期稳定运行造成了重大影响，无坝不裂就是混凝土重力坝建造过中最真实的写照，如何防止温度裂缝产生始终是重力坝施工建造过程中最重要的研究课题之一。

20 世纪是世界范围内混凝土重力坝建设的高峰期，美国修建了一系列百米级的重力坝，如沙斯塔坝（183m）、大古力坝（168m）、德沃夏克大坝（219m）等，瑞士、法国、德国等欧洲国家修建的大迪克桑斯坝（285m）、菲默儿支墩坝、奥列弗大坝等，苏联修建的百米级大坝，如克拉斯诺亚尔斯克重力坝、马马康宽缝重力坝、托克托古尔坝等。修建过程中大量工程都面临严峻的防裂控裂难题，在严酷的环境条件下，由于对温控防裂问题机理认识不足，工程措施缺失导致诸多工程在大坝表面、内部、廊道、坝基等部位均出现了大量危害性温度裂缝，位于西伯利亚的克拉斯诺亚尔斯克重力坝产生了数千条裂缝。我国早期修建的柘溪支墩大头坝、龙羊峡重力坝、青铜峡大坝、观音阁水库大坝在施工期也出现了不同程度的温度裂缝。目前，根据水利部大坝安全管理中心的调查数据，截至 2014 年中国有将近 5000 座不同类型的混凝土大坝，百米以上的 200 座高坝中有 52.6％为混凝土坝，因此研究并突破混凝土重力坝温控防裂问题具有极为重要的意义。

为解决混凝土重力坝无坝不裂的难题，学者们对温度荷载及其作用机理与控制方法、理论、技术、设备开展了大量研究工作，主要研究集中在温度荷载破坏机理试验研究、冷却通水技术、仿真分析方法、数字监控技术四个方面。温度荷载破坏机理试验为从根本上解决混凝土温控防裂问题提供了理论依据；冷却通水技术为混凝土坝温控防裂提供了有效的控制手段，也为实现温度荷载智能调控提供了可能的途径；仿真分析方法为实现大坝智能建造过程中的全过程温度应力分析提供了有力手段和工具；数字监控技术的发展能够确保大坝建造过程中各要素的连续高效采集，对于评估建造过程中要素变化引起的结构、材料特性评价、预测、预警有重要的意义，同时能够为要素控制提供决策依据，为实现闭环反馈控制提供支撑，为大坝智能建造过程中的大体积混凝土结构温控防裂问题提供新解决途径。

以上简要介绍了温控防裂技术、理论、工具、设备的发展与工程应用，并阐述了其在实现大坝智能建造过程中的作用与意义，以便读者更容易理解本书所提出的大坝智能建造理论的应用方法。可以看出，虽然温控防裂技术已经形成了一个涵盖材料、结构、施工要素等方面的完整体系，并且进入了大坝建造数字化时代，但尚不能完全满足大坝建设 4.0 时代要求的"高质、高效、安全、经济、绿色"的建设目标。智能化时代要在数字化时代的基础上融合现场真实数据感知与实时仿真分析，通过应用人工智能技术等技术实现对具有复杂时变特性与非线性特征的大体积混凝土结构温度应力进行精准、实时的智能化调控，在建造过程中充分发挥材料性能、保障结构安全性与施工进度，同时实现安全、高效、高质的建设目标，从根源上解决温控防裂难题。

1.4.3 高拱坝智能化建设

拱坝作为一种重要的坝型（见图 1.7），以结构轻巧、线条光滑、体形优美、自适应能力强和超载安全系数大而著称，由于其体形、安全性、适应性方面的优势被广泛应用。在狭窄河谷修建拱坝既经济又安全，在坝址和坝高相同的条件下，拱坝体积仅为重力坝的 $1/5 \sim 1/2$。坝越高，拱坝的优势也就越明显。截至 2017 年，全世界已建、在建高度超过 200m 的大坝有 65 座，其中拱坝 31 座，占 47.7%。我国已建、在建坝高超过 200m 的大坝有 27 座，其中拱坝 15 座，占 55.6%。在河谷地区，拱坝是经济性与安全性都较优的一种坝型。随着筑坝技术的发展，拱坝成为刚性坝中先进的坝型之一。目前，我国是目前世界上修建特高拱坝（坝高＞200m）最多的国家，特别是在我国水能资源丰富的西南地区修建了多座 300m 级特高拱坝。为了进

图 1.7 拱坝工程示意图

一步推进绿色清洁能源发展，促进社会经济平衡发展，我国还将建设多座高拱坝。由于筑坝区地质条件复杂、工程规模巨大，我国建造拱坝的难度极高，通过深度应用智能化建造技术保障拱坝安全、高效建造已经成为必然趋势。我国在溪洛渡、乌东德、白鹤滩等大坝建设过程中已经开展了大量智能化建造技术的探索和验证。

拱坝属于典型的大体积混凝土结构，在温度荷载作用下极易开裂，尤其是特高拱坝基础复杂、水推力巨大、应力水平高、安全稳定要求极高，其施工期温控防裂问题被认为是特高拱坝建设最具挑战的三大难题之一。拱坝横缝灌浆质量决定拱坝能否顺利成拱，横缝适时张开且开度满足灌浆要求对于保证拱坝施工进度、整体性、安全性有至关重要的作用。简而言之，坝块温控防裂与横缝工作性态直接影响拱坝施工期"安全、质量、进度"，因此，要实现拱坝"安全、高质、高效"建设，就要同时解决施工期坝块温度应力与横缝性态调控的难题。

国内外诸多拱坝工程由于温控措施缺失、横缝设置不合理在建设期和运行期产生了大量贯穿性的温度裂缝，对工程质量、进度、安全产生了极大的影响。温度应力是造成拱坝开裂最主要的原因，温度荷载产生的应力通常占总荷载的50%以上，部分工程甚至可以达到80%以上。在国外，美国野牛嘴拱坝由于未设置横缝结构产生大量贯穿性裂缝；我国响水拱坝、安徽陈村重力拱坝、小湾拱坝等在施工期产生了大量温度裂缝，对工程安全和进度造成了很大的影响，温度裂缝的修复付出了巨大的经济和时间成本。类似的工程案例还有很多，时至今日仍有诸多工程面临严峻的温控防裂压力，拱坝温控防裂的难题尚未完全攻克。但是，随着诸多工程的实践，温控防裂技术手段也在不断向前发展，与筑坝技术发展相似，也可以分为四个典型时代：首先是人工时代，混凝土温控依赖人工经验，现场温度控制目标、指标、手段均不明确，控制效果和精度极差；其次是自动化时代，自动监测设备与仿真分析方法逐步推广应用，为温控防裂提供了理论支撑和控制依据，并在工程实践中形成了包括最高温度、温降速率等在内的温控曲线作为现场的控制指标和依据；然后是数字化时代，在工程实践的基础上提出了数字监控的概念，融合仿真与现场监控数据实现了温度应力的现场反馈控制，为温控防裂提供了更加有效和准确的技术手段，并在此基础上发展了数字大坝等理念，大坝温控防裂的控制因素也从温度扩展到应力、变形、渗透等方面；最后是智能化时代，基于感知一分析一控制的闭环控制理念被引入大坝建造系统中，李庆斌等指出温控智能化的三大基石是混凝土材料参数的真实性、温度应力仿真的精准性、温度控制标准的精细化，在此基础上，智能化的冷却通水系统研发被广泛应用于溪洛渡、乌东德等特高拱坝的建设中。乌东德水电站采用"全面感知、真实分析、自动调控、精准控制"4个环节控制施工期通水过程，是智能通水理念落地的成功案例。

可以看出，虽然上述研究均以温度为目标进行控制，但尚不能完全协同解决温度致裂和拱坝横缝适时张开问题。综合应用智能控制理论、仿真分析工具、冷却通水技术提出合适的温控策略，实现对拱坝施工期全过程不同部位温度应力和横缝性态的准确调控是破解这一难题的途径。

1.4.4 土石坝智能化建设

土石坝作为一种当地材料坝，施工速度快，造价低，相对于其他坝型对地质条件要求低，因此被广泛使用。近年来随着我国水电建设重心向西南地区发展，工程面对的地质力学条件更加复杂，在此情况下土石坝更能充分发挥其优势。目前有一大批在建和待建的土石坝工程，其中既有超过300m的超大型工程，如双江口大坝（坝高314m）和如美大坝（坝高315m）；也有数量众多的中小型土石坝，如云南某山区小型土石坝占其大坝总数90%。可以看出，无论是工程规模还是工程数量，土石坝都在我国将来的大坝建设中占据重要地位。

土石坝施工管理与控制也经历了机械化、自动化和数字化三个重要阶段。20世纪40年代前，受限于生产力及管理水平，大坝建设主要依靠人工力量，此阶段内大坝具有建设高度有限、建设质量较差、失事率较高等特点。随着近代工业革命发展，机械生产力得以迅猛发展，以机械化施工替代人工建设成为当时大坝建设的必然趋势，大坝建设机械化阶段随之到来。但该阶段内施工设备落后，管理水平低下，难以高效进行大坝建设。现代化施工机械和传感器的普遍应用，标志着大坝建设进入了自动化阶段。这一阶段中，大坝建设水平得到了进一步的发展，大坝建设信息的自动化监测和信息化管理为数字大坝的到来奠定良好的技术基础。随着计算机技术与施工管理水平的发展，以及物联网技术的广泛应用，钟登华与马洪琪开创性地提出了数字大坝理论（钟登华等，2015），并将数字大坝理论成功应用于糯扎渡、大岗山、溪洛渡、长河坝等多个大型水利水电工程大坝建设的实践中，推动我国大坝建设进入数字化阶段。数字大坝通过实时、自动采集工程施工信息，实现了大坝工程建设质量、进度、安全等信息的数字化管理，并建立相应的施工信息实时动态监控系统，为大坝建设精细化控制与管理提供了技术支撑。以数字大坝为理论基础，形成了以信息采集、信息分析及反馈控制为核心的土石坝数字化碾压体系。在碾压施工信息的采集环节，数字化碾压借助先进的空间定位技术和激振力监测技术对施工机械进行实时监控，并通过自主通信网络将采集的定位数据和振动状态数据发送到数据服务中心进行实时分析处理。碾压施工机械配备高精度定位设备，同时安装的激振力监测设备可对车辆振动状态进行实时分析。在碾压施工信息分析环节，数字化碾压主要借助统计分析判断碾压参数是否合格，如仓面的碾压比率、平均碾压厚度、碾压轨迹状态和超速情况等。同时，以碾压参数和部分料源数据为输入，建立压实质量评价模型，用于仓面压实质量的事后评价。数字化碾压借助自主研发的碾压施工质量实时监控系统，将碾压施工信息实时展示在二维界面上，并对异常的碾压施工状态进行实时报警。在数字化碾压施工反馈控制方面，管理人员通过碾压施工实时监控系统反馈的报警信息，通知碾压施工人员进行整改；或通过二维车载导引系统进行实时报警。在数字大坝理论指导下，土石坝数字化碾压形成了集信息采集、信息分析和施工控制于一体的闭环体系，该体系稳定可控，提高了施工效率，保证了施工质量，在土石坝建设过程中发挥了巨大的作用。

综合而言，土石坝建设中最主要的环节之一是堆石料的填筑压实。一方面，堆石料压实质量直接决定大坝安全。据统计，导致土石坝事故发生的原因中，土石坝压实质量问题占 38.5%。压实质量不合格会导致坝体发生不均匀沉降、渗漏和滑坡等问题，甚至会导致溃坝等严重事故的发生，如我国河南省甘涧水库土坝由于坝料压实质量不达标导致沉降过大而垮坝，美国的提顿土石坝也是由于坝料压实不达标继而造成坝体渗漏问题最终溃坝。另一方面，堆石料压实效率直接影响工程投资和建设周期。以河南省前坪水库为例，土石坝投资占总投资的 40%，坝体填筑施工工期占总工期的 60%。在道路工程中压实也占有相当大的比重，如高速公路路面施工投资占总投资 20%～50%。提高堆石料压实效率可以有效减少工程投资，缩短建设期，工程的提前投产也会带来可观的社会经济效益。同时水利工程与道路等工程不同，其在建设中还需要考虑水文条件的影响，如洪水期前必须达到某一高程等，否则会对工程安全和工期造成严重影响，因此土石坝建设中时间节点控制更加重要，为了确保工程按期完工和施工期的安全，有必要提高堆石料的压实施工效率。

因此，压实质量和压实效率问题一直是土石方工程建设中关注的重点，自振动压路机应用于工程建设中，振动压实技术也在不断发展。为了克服传统施工方法的缺点，国内外研究者通过振动轮的动力特性评估土石料的压实质量，实现土石料压实质量连续监控；通过结合 GPS 和 GIS 等技术，实现振动压路机行驶轨迹和行车速度等碾压参数的监控；通过将两种技术相结合，发展出了连续压实控制（continuous compaction control，CCC）技术，但在水利工程建设中的应用相对较少。同时一些压路机生产商也相继研发出配套的振动压实设备。目前该技术在国外公路建设领域有较为成熟的应用，在国内，关于土石方压实监控系统方面的研究也取得了一定成果。钟登华、邓学欣、范云等国内学者在土石坝填筑施工全过程监控理论、实时监控系统研发、土石料质量检测系统开发、碾压机械研制等方面的研究取得了进展，并广泛应用于土石坝工程、南水北调干渠建造工程中，有效提高了施工质量。以上研究使土石料压实从机械化阶段发展到了自动化、数字化阶段。这个阶段以"监"为主，主要是对压路机工作状态和土石料压实质量进行监测，便于施工管理和分析，较少涉及对压实过程的主动控制。随着物联网、云计算和人工智能等技术的发展，人类社会开始从数字化时代进入智能化时代，土石料压实技术也得到进一步发展。美国联邦高速公路管理局（FHWA）在CCC技术基础上，加入自动反馈控制（automatic feedback control，AFC）系统，提出"智能压实"（intelligent compaction，IC）这一概念。根据这一概念，振动压路机可以根据当前压实状态调整振动状态，反馈控制振动碾压参数。这一过程不仅可以对压实质量进行监测，还可以主动提高压实效率。

随着大坝建设进入智能4.0时代，智能温控等智能化技术已在溪洛渡等混凝土坝中得到初步应用，但土石坝碾压施工整体上还处于以"监"为主的自动化、数字化阶段，没有达到以"控"为主的智能化阶段，可以部分实现压实质量监测，但无法主动优化压实过程，提高压实效率，土石坝智能建造技术亟需发展。为了进一步提高土石坝施工水平，保障压实质量，提高压实效率，需要对堆石料振动压实进行深入研究，提出振动压实过程优化方法，相应研究成果将对我国土石坝建设及相关工程具有重要意义。

1.4.5　其他应用

全面智能感知、高效智能分析、实时智能决策的闭环智能控制理念深度融合并贯穿于高坝设计、施工、运行的全过程是实现智能建造的关键。设计过程中考虑材料性能、结构效应、施工要素等因素的综合智能调控，施工—运行过程中通过动态边界条件的实时分析和真实性态演化机理分析提出一套具备问题高效定位、机理准确识别、指标正确评估、快速智能决策、高效性态调控、风险预测预警的闭环智能控制理论。简而言之，全面准确感知大坝材料性能、结构性态、施工要素是实现智能建造的前提；发展以数据驱动和机理驱动相结合的多目标智能优化方法是实现智能建造的核心；将全面智能感知、高效智能决策、实时自动控制的闭环智能控制理念深度融合并贯穿于大坝设计、施工、运行的全过程是实现智能建造的关键，因此学者们还在智能建造理论、方法、技术与设备等方面开展了广泛的研究，具体如下。

（1）多维度信息感知技术。全面准确感知大坝材料性能、结构性态、施工要素是实现智能建造的前提。安全监测是高坝建设过程中的数据感知的重要渠道，21世纪初我国修订了混凝土坝监测技术标准，并对监测设计工作进行专项审查，安全监测技术、手段、设备得到了较为全面的发展。要实现大坝智能建造则需对全坝全生命周期的各类要素及数据进行采集，但传统的安全监测手段存在两大问题：其一，其监测感知手段有限，通常以"点"的形式布设传感器对局部区域的变形、温度、渗压等进行有限测量，对高坝施工而言浇筑仓是保证结构满足设计要求的最基本单元，仓面人员、设备、材料、进度、质量、气象环境等多维要素组成的施工空间以及随其变化的状态直接影响着大坝整体的安全、质量和进度，因此传统的监测设备、理念、方法不能满足智能建造多尺度、全方位、多层次的监测感知需求；其二，高坝施工现场要素繁多复杂，布设传统的监测装置，尤其是基于有线传输协议的监测设备，其布设对现场施工干扰严重，同时其测量的时效性、高效性、准确性也容易受到现场施工干扰，无法实现全生命周期的自主监测监控，对大坝性能影响最为关键的早期浇筑施工阶段的感知监测尤为薄弱。因此急需打破传统感知手段的时间、空间限制构建适用于智能建造的感知体系，通过应用物联网、无线网络、图像识别、机器学习等先进的信息技术实现大坝全生命周期信息网络自动构建、协同工作、施工全要素信息实时获取，为精准分析、准确调控大坝工作性态提供数据支撑。

（2）智能感知算法。围绕大坝施工、运行期的关键问题，结合感知和认知在智能传感网、脑机一体化等新方向的应用，研究传感网、脑机融合和视听觉等智能协同感知与认知的计算理论与方法，具体包括基于语义增强的感知信息的编码、存储与搜索的优化算法，建立感知信息的智能分析和控制验证平台，适应大坝建设中物联网、智能机器人、智能结构和安全监控等方面的应用需求。智能监测数据特征提取分析理论和数学模型，通过对应变、变形等监测资料的分析、解析、提炼和概括，可以掌握坝的运行状态、保证大坝安全运行，也可以检验设计成果、监控施工质量和认识坝的各种物理量变化规律。如动力反应特征、非线性特征、时间—频率分析、数据自动修复分析、异常数据的分析回归等。通过对各项监控数据的调研与相关理论推导分析，提出一套适用于大坝的关键监控指标体系，包括混凝土温度、应力、横缝开合度等信息的监控指标，代表性监测点的选择，可以实现智能化地动态分析数据，及时确定存在潜在安全风险的区域、时间、原因等。面向未来流域智能大坝协调控制对网络高速海量通信需求，研究业务动态感知测量方法与业务聚合及演化的统计特征、复杂业务行为表征及建模，探索业务上下文关联与协同通信机制；研究异构网络资源认知和协同调度方法，建立网络资源虚拟化理论和服务动态适配机制；建立计算通信理论框架和服务能力容限计算方法，提出跨网资源高效利用并显著提升参建各方用户体验的新型网络体制。这些理论方法都应满足峡谷地区复杂的环境需求。

（3）智能感知关键技术。大坝建造信息智能感知是决策控制的基础，而智能传感器则是实现关键。智能传感器系统是一门现代综合技术，是当今世界正在迅速发展的高新技术，至今还没有形成规范化的定义。智能传感器的功能是通过模拟人的感官和大脑的协调动作，结合长期以来测试技术的研究和实际经验而提出来的。在大坝现场其关键技术包括本身的故障诊断与通信，智能传感器的优势，是能从过程中收集大量的信息以减少宕机时间及提高通信质量。对于一种真正的"智能"（机器视觉）传感器，它应该不需要使用者懂得机器视觉。智能传感器可对其运行的各个方面进行自动监控，包括摄像头的污浊，超容忍限或不能开关等。智能传感器是一个相对独立的智能单元，它的出现使原来对硬件性能的苛刻要求有所减轻，而靠软件帮助可以使传感器的性能大幅度提高。大坝智能监测数据反馈的综合集成技术，包括三维大坝地基的地理信息，利用 GIS 技术、地质统计方法、人工智能方法、计算机图形学等先进技术实现工程地质信息的三维可视化管理与查询；实现任意剖切的地质可视化分析；并实现三维地质构造图、剖面图的多形式输出。具体包括：坝址区地质信息三维数学模型的建立；坝址区地质信息三维可视化模型的建立及可视化分析；坝址区地质信息的可视化快速管理、查询与输出；地基工程开挖与处理可视化分析；施工期工程地质信息的更新、调整及其三维可视化分析等；还包括对应力、变形、位移、温度、加速度、渗透、开合度等监测量的智能传感监测技术，可实时反馈各种物理量变化规律，从而对拱坝的施工、运行期的全过程、全生命周期控制、保证大坝长期安全稳定。

（4）多目标智能优化决策理论方法。发展以数据驱动和机理驱动相结合的多目标智能优化决策方法是实现智能建造的核心。智能控制的核心在组织级的高层控制，即如何在大坝建造过程中实现"高质、高效、安全、经济、绿色"的建设目标是智能控制决策模块关注的重点，需要强调的是智能控制系统的设计重点不在于常规的控制器，而在于智能机模型或计算智能算法上。实现高坝结构性能高效分析是实现多目标智能优化决策的关键，基于数学物理机理驱动的数值仿真技术和基于数据相关性驱动的人工智能技术是两种重要的手段。数值仿真方法机理清楚、可解释性强，机器学习方法能够揭示复杂要素之间的相关性、效率高。因此通过深度融合以数据驱动和机理驱动的分析方法，提出智能决策分析方法是实现多维度、多目标高效智能分析决策的技术途径。

将全面智能感知、高效智能决策、实时自动控制的闭环智能控制理念深度融合并贯穿于大坝设计、施工、运行的全过程是实现智能建造的关键。拱坝设计过程中考虑材料性能、结构效应、施工要素等综合因素，并通过具有较高安全裕度的安全系数作为其安全性能的控制指标，并以此作为依据对具体施工过程进行标准化的控制，例如针对高拱坝施工期最关键的温控防裂问题，基于安全系数划分不同区域，并设计相应的温控曲线，这种设计方法能够降低施工过程中的开裂风险，虽然该种方法整体上具有较高的安全裕度，但并不能根据材料、结构在施工、运行过程中边界条件的变化和产生的突发问题及时、精准、个性化地优化调控，因而不能够适应智能化建设中的多目标实时优化控制的建设需求。因此急需开展具备全面智能感知、高效智能分析、实时智能决策功能的闭环智能控制理论研究，从而对设计、施工、运行全过程的安全、质量、进度多目标实时优化智能调控，实现对施工资源、工艺、成本、质量、安全的实施控制，解决高坝结构设计、温控防裂、性态调控、长期运行等建设核心问题。

（5）多要素实时智能控制技术。多目标智能优化决策提供的控制策略需要由自动控制结构具体实施，由于智能决策模块从组织级给出系统化的控制策略，则其执行级的被控对象、被控指标、被控要素可能是多样的，因此需要明确被控对象，并根据具体的控制问题构建具备自适应实时反馈控制的自动控制系统。例如在大坝建造过程中针对混凝土生产、温控、监测、振捣、压实、衬砌、喷雾等具体问题研发的智能控制装置。并在此基础上开展多智能体联合协同控制的更高层次理论及应用研究。

1.4.6　小结

通过对混凝土重力坝、高拱坝、土石坝智能建造关键问题的探讨表明，对大坝建造而言，智能控制的核心任务是根据系统内外部信息的动态变化对多对象、多目标、多要素、多过程进行规划和决策，进而实现广义问题的优化求解达到混凝土重力坝、高拱坝、土石坝建造过程中质量、进度、安全、造价等高层次工程建设目标；同样地，对于底层执行级执行机构亦可采用智能控制，相应地依据功能的不同学者们也进行了广泛的研究和探索。在感知层面，构建了混凝土、土石料等性能的智能监控系统，采用人工智能技术构建了各类参数反演系统，融合物联网等技术研发了材料生产、浇筑、服役全过程监控、振捣、压实、灌浆等质量评估系统；基于先进的监测技术、完备的风险理论分析和成熟的计算机技术提出的大坝动态预警预报机制，可智能化地动态分析处理监测数据。在规划决策层面，研发了土石坝智能压实智能决策模块、混凝土施工质量控制智能决策模块、大体积混凝土温控防裂智能决策、施工进度智能决策模块、缆机调度智能决策模块、现场交通调度智能决策模块、成本造价智能决策模块等。在被控对象控制的执行层面，研发了智能喷雾系统、智能灌浆系统、智能振捣系统、基于闭环反馈控制和 RTK-GPS 导航技术的智能碾压控制系统等。随着各种软硬件技术的发展，智能化的控制装备发展也会日趋完善，为大坝智能化建造提供更多的支撑。

1.5 本书主要研究内容

目前工程实践中智能化技术的应用主要基于传统设计、施工、运行标准，对部分数据的反演分析、对特定问题进行事后分析、对部分施工环节进行有限控制，具有较大的局限性，大多用于实现应用层的特定被控对象的控制上，适用于大坝设计、施工、运行全生命周期的高层次组织级的基础性、系统化智能建造理论、方法、技术尚不完备，制约了大坝建造智能化的进程。具体而言，依据智能化程度可分为执行级、协调级和组织级三个层次，目前大坝智能建造技术在执行级单元智能取得了显著进展，协调级全线智能、组织级全场智能也随着智能化建造理论、技术、装备迅速发展与广泛应用取得了一定的进展。首先是执行级的智能，即针对施工建造管理的具体问题，如养护、调度、温控、碾压等，研发具备感知分析控制功能的装置或设备，构成诸如应用模糊 PID 技术构建的智能温控，以 BP 神经网络、遗传算法、微粒群优化、R-CNN 等算法为核心的智能监控，以及智能喷雾等智能控制单元；第二是协调级的智能，综合考虑安全、质量、进度、安全、经济等核心建造要素，融合运人工智能、运筹学、信息论构建智能决策优化的理论和系统解决非线性控制、多目标决策、不确定性调控的大坝建造难题，实现建造主线多要素、多目标、多对象的优化与调控，提供智能优化策略，进而实现全线智能，诸如大体积混凝土温度应力智能控制系统、混凝土拱坝温度应力与横缝性能智能控制系统、施工进度智能仿真系统、智能碾压支持决策系统、智能成本分析控制系统等；第三是组织级的智能，即在单元智能、全线智能的基础上，采用多智能体联合协同控制理论，形成大坝建造全过程多智能体协作施工最优方案，闭环控制动态优化，共同实现全场智能化施工建造。目前，诸如土石坝无人碾压施工等领域已经开启了初步的实践，未来全场智能将有更大的发展空间。总体而言，大坝智能建造理论与应用目前主要还集中在执行级的智能化，协调级与组织级智能化仍有很大的发展空间，是未来大坝智能建造研究的主要方向，同时大坝智能建造需要综合考虑三个层次实现顶层智能化设计。因此，本书将系统梳理并阐述大坝智能建造的关键问题与智能控制的逻辑关系，提出以智能控制为核心的大坝智能建造理论，构建具备"全面感知、智能决策、自动控制"的智能建造控制系统，并通过应用举例说明大坝智能建造理论在大坝建造中的应用，需要特别指出，本书基于当前研究进展重点阐述执行级、协调级的智能化建设成果，并结合实际工程简要介绍组织级的智能化建设探索。

第1章，系统回顾水利工程建设发展历程及其智能化趋势；第2章，明确"智能决策＋自动控制＝智能控制"定义，并阐述其特征、要素、理论结构，提出基于"感知、决策、控制"闭环控制系统，为推进水利工程智能化建设提供基础理论和通用系统架构；第3章，基于大坝智能建造理论框架，构建大体积混凝土智能控制理论与方法，解决重力坝等大体积混凝土结构施工期温控防裂难题。第4章，基于大坝智能建造理论框架，提出混凝土拱坝温度应力与横缝性态智能控制理论与方法，实现拱坝建设过程中的多目标智能优化。第5章，基于大坝智能建造理论，构建土石坝压实智能控制理论与方法，解决土石坝智能化建造过程中的压实质量控制的关键问题；第6章，基于大坝智能建造理论框架，通过土石坝工程建设项目构建具备感知、分析、控制功能的监测、检测、控制智能单元体，构建多智能体单元协同联动的决策支持系统，实现建造过程协调级的智能优化决策控制，从执行级、协调级、组织级三个层面实践大坝智能建造理论，探讨论证大坝智能建造理论为智能建造提供的从单体智能、全线智能到全场智能的通用性技术路线；第7章，梳理目前大坝建造的智能化层次，探讨大坝智能建造的基础理论、关键技术、核心产品未来发展的方向。

第 2 章
大坝智能建造理论

2.1　概述

为推动社会经济全面向绿色低碳转型发展，实现"3060"碳达峰、碳中和目标，持续改善环境质量，提升生态系统质量和稳定性，我国"十四五"期间将继续谋划并推进一系列重大水利工程项目建设，2020年水电总装机容量达到380GW。预测到2050年，全球水电装机容量将达2050GW，我国超过500GW。同时，2021年世界水电大会指出到2050年世界水电装机容量将增加一倍，即850GW，以便在保障河流生态健康的前提下推进水电在未来清洁能源中的作用，实现碳排放净零目标。未来世界范围内包括抽水蓄能电站在内的大坝建设将进入新的发展阶段，大规模的大坝建造需求对于支撑水利工程安全运行、水利工程建设的关键理论、技术、方法、装备提出了新的要求，推动大坝"安全、高质、高效、经济、绿色"智能化建设是未来大坝工程领域新的发展趋势，在新一代信息技术的驱动下大坝建造智能化成为必然。

物联网、大数据、人工智能、云计算、区块链等新一代信息技术、融合数据驱动与机理驱动的新理念、智能控制的新方法推动了大坝智能建造技术的发展，同时催生了对大坝智能建造基础理论的需求，系统构建完整、通用的大坝智能建造基础理论具有重要意义。大坝建造系统是由人、信息系统、物理系统（HCPS）组成的复杂系统，建造过程中涉及质量、进度、安全等关键问题，诸多要素协调、合作、博弈、竞争，具有显著的时变性、非线性、不确定性等特征，采用传统的控制技术难以实现精准、高效调控。智能控制是一种集信息处理、信息反馈和智能决策于一体的控制方法，通过使用人工智能、运筹学、自动控制等技术实现复杂非线性系统的控制，为解决大坝建造过程中 HCPS 要素的协调控制提供了有力的技术支撑。实现大坝建造过程的智能控制需要软件、硬件、算法、理论等方面的支持，包括互联网、物联网、移动互联网等在内的"互联网＋"平台、大数据、云计算、人工智能等新一代技术是构建智能控制系统和推动智能建造发展的核心驱动力。

对大坝建设而言，全面准确感知大坝材料性能、结构性态、施工要素是实现智能建造的前提；发展以数据驱动和机理驱动相结合的多目标智能优化调控方法是实现智能建造的核心；将全面智能感知、高效智能决策、实时自动控制的闭环智能控制理念深度融合并贯穿于大坝施工建造的全过程是实现智能建造的关键，可以看出大坝智能建造的核心是实现智能控制，即对建造材料性能、结构性态、施工要素状态实施全过程、全方位、多层次的智能优化调控，动态优化以达到智能建造目标。

如上所述，大坝智能建造的核心是智能控制，智能控制是智能建造理论的核心和基础，基于智能控制构建的智能控制系统是连接智能建造理论与重大工程实践的桥梁。虽然近年来智能控制理论与技术发展迅速，但其对于大坝智能建造的关键作用尚未被明确定义。同时工程实践中智能化技术的应用主要基于传统设计、施工、运行标准，对部分数据的反演分析、对特定问题进行事后分析、对部分施工环节进行有限控制，具有较大的局限性，大多用于实现应用层的特定被控对象的控制上，适用于大坝施工建造的高层次组织级的基础性、系统化智能建造理论、方法、技术尚不完备，制约了大坝建造智能化的进程。本书已经在 1.3 节总结了大坝智能建造的发展趋势和关键技术，本章将面向大坝智能建造关键问题，基于通用的智能控制理论与技术的发展、特征，结合大坝建造的目的、特性与难题，从智能决策和自动控制这两个核心因素出发，提出以智能控制为核心的大坝智能建造理论，构建具备"全面感知、智能决策、自动控制"的智能建造控制系统，对大坝智能建造理论、基本控制理念、控制目标、控制单元、控制系统进行系统阐述；后续章节将通过应用举例与工程实例系统化地论证大坝智能建造理论为不同类型大坝工程智能建造提供的从单体智能、全线智能到全场智能的通用性技术路线。

2.2 以智能控制为核心的大坝智能建造理论

正如 2.1 节所述，对大坝建设而言，全面准确感知大坝材料性能、结构性态、施工要素是实现智能建造的前提；发展以数据驱动和机理驱动相结合的多目标智能优化调控方法是实现智能建造的基础和核心；将全面智能感知、高效智能决策、实时自动控制的闭环智能控制理念深度融合并贯穿于大坝施工建造的全过程是实现智能建造的关键。大坝智能建造理论的核心是实现智能控制，即对建造材料性能、结构性态、施工要素状态实施全过程、全方位、多层次的智能优化调控，动态优化以达到智能建造目标。因此，本节将提出以智能控制为核心的大坝智能建造理论，并从大坝建造智能控制的定义、特征及理论结构解构大坝智能建造理论。本章所提出的大坝智能建造理论充分考虑了建造中涉及的质量、进度、安全、成本、绿色的五大核心要素，总结和梳理了大坝建造过程中的特点、难题以及建造过程中各要素的可控性，并通过多目标智能优化的途径对各要素进行综合感知、分析、调控以实现大坝的智能建造。其中智能控制是智能建造理论的核心和基础，基于智能控制构建的智能控制系统是连接智能建造理论与重大工程实践的桥梁。在大坝智能建造理论框架下，构建具备"自主感知与认知信息、智能组织规划与决策任务、自动控制执行机构完成目标"功能的大坝建造智能控制系统实现对结构全寿命周期安全性能、整体服役状态、建造过程成本造价实时感知分析、准确定量评估、高效预测预警、智能控制调节，以达到大坝"安全、高质、高效、经济、绿色"的建设目标。

2.2.1 大坝建造智能控制的定义

为解决复杂、不确定性系统等传统控制理论尚不能完备解决的控制问题，学者们提出了智能控制的概念，随着人工智能技术的发展和革新，自动控制逐步转向智能控制。20 世纪 60 年代傅京孙将人工智能的启发式推理规则应用于控制系统，并于 1971 年提出了人工智能与自动控制共同构成的智能控制二元结构体系（Fu et al.，1974）。1966 年，利昂兹（Lendes）等人首次提出了"智能控制"一词，然后受限于当时计算机技术等的限制，智能控制理论发展较为缓慢。近 30 年来智能控制理论与技术高速发展，形成了以模糊控制、专家控制、神经控制、自适应控制、遗传控制等技术为核心的智能控制体系，并被广泛应用于航空航天、工业制造、农业生产等领域，在智能化通信管理、决策优化、监测监控、诊断预警、协调规划等方面取得了进展。智能控制通常基于人工智能算法实现高层级决策，萨里迪斯（Saridis，1979）认为人工智能能够提供最高层的控制结构，进行最高层的决策，并将控制问题分为组织级、协调级和执行级。阿尔布斯（Albus，2003）提出了能够表示学习的分层控制理论，还提出了具有高层智能决策相关的问题求解和规划专家系统规则。此外，蔡自兴、奥斯特洛姆、迪席尔瓦、周其鉴等学者提出了专家控制、仿人控制、分级规划等智能控制理论（蔡自兴等，2014）。麦卡洛克（McCulloch）和皮茨（Pitts）于 1943 年提出了脑模型并在此基础上发展了神经网络系统，并且由于神经网络控制器的并行处理能力、适应性和良好的鲁棒性，因而被广泛应用于各类学习系统中。虽然近年来智能控制理论与技术发展迅速，但其定义尚不统一。因此，本章基于通用的智能控制理论、技术的发展、特征，从智能决策和自动控制这两个核心因素出发，提出了大坝建造智能控制的定义，即设计一个控制器（或系统），使之具有信息感知、分析抽象、认知学习、决策推理、反馈控制等功能，使其能够在建造过程各要素信息动态变化中做出适应性调控，从而实现智能组织规划与智能决策，并自主驱动被控对象实现控制目标，用于解决大坝建造过程中结构服役状态调控、全寿命周期安全性能评估、施工风险预测预警、成本造价控制等具有不确定性、时滞性、非线性、复杂性等特征的传统方法难以完备解决的难题。

2.2.2　大坝建造智能控制的特征

1. 不确定数学物理模型求解

面对具有较高的复杂性、高度的非线性、时变性、不确定性等特点的问题，传统控制方法无法获取明确的数学物理模型，因而无法实现其控制目标，而智能控制则应用人工智能技术实现对知识的学习和推理，进而实现对非数学物理广义模型的求解。例如大坝建造过程中的大体积混凝土温度应力控制问题就是典型的高度非线性时变复杂问题，温度应力同时受混凝土材料热力学性能演化、外部环境条件变化、各类施工要素（如混凝土生产运输、设备人员调度、冷却通水系统状态、施工进度）变化、大坝结构状态等因素影响，而调控其温度应力则需要通过埋设冷却水管控制温度实现，针对该问题无法构建传统的数学物理模型精确、高效求解，无法满足工程建设温控防裂的需求，而智能控制则可应用仿生智能算法、以知识表示的非数学物理广义模型和数学模型综合高效地解决此类复杂问题。

2. 多层级广义问题规划决策

工程控制问题的层级是多样的，高层次组织级规划决策是智能控制的核心，而高层次组织级的控制必须依据系统内外部信息动态变化对多对象、多目标、多要素、多过程进行规划和决策，进而实现广义问题的优化求解；同样地，对于底层执行级执行机构亦可采用智能控制。例如，"安全、质量、进度、成本、环保"是大坝建造过程中的五大要素，实现"安全、高质、高效、经济、绿色"的工程建造目标就是组织级优化决策的问题，在高层次组织级智能控制则可通过信息处理、运筹学、人工智能算法、知识表示等方法实现多目标优化决策，而在底层执行级例如安全控制可采用智能通水、智能喷雾等系统；质量控制可采用智能生产线、缆机智能调度、智能振捣、智能灌浆等系统，本书主要关注高层次协调级、组织级的智能优化决策问题。

3. 多学科灵活交叉融合发展

智能决策和自动控制是组成智能控制的两大核心，可在此基础上融合其他学科如计算机科学、运筹学、系统科学、数值计算理论等解决不同的控制问题，即智能控制与不同学科深入融合可以构建创新性的多元理论结构体系，具有广泛的应用前景。例如在工程建造领域，数值计算仿真方法由于其物理数学概念明确被广泛应用于结构应力场、变形场、温度场、渗流场、地震响应等分析中，上述方法与智能控制相结合实现对数学物理模型和非数学物理模型共同构成的广义模型的高效求解和智能优化控制，为复杂的工程建造问题提供有效的智能控制策略。目前，除了水利工程领域，智能控制还广泛应用于航空航天、石油化工、电力、农业、交通、机器人等各个行业，由其衍生的智能化产品也异彩纷呈。

2.2.3　大坝建造智能控制的理论结构

多学科交叉融合是智能控制理论的特点，1971 年傅京孙提出智能控制是由人工智能与自动控制交接而成的，由此构成了智能控制的二元交集理论（Fu，1971），萨里迪斯等于 1977 年在傅京孙的基础上融入了运筹学，构成了智能控制的三元结构，同时提出了分级智能控制系统；蔡自兴等于 1987 年提出了四元智能控制结构（蔡自兴，2004），由自动控制、人工智能、信息论和运筹学交集共同构成智能控制，并将信息论作为解释机器知识和机器智能的工具。目前，智能控制理论正向多元化方向发展，但是对于智能控制理论结构还没有统一的定论，归纳以往研究并结合本书作者的理解，实现大坝智能化建造则要对复杂建造过程中的对象、目标、要素、过程、策略进行规划和决策，智能控制的基本构成在于智能决策和自动控制两个核心因素，智能决策的实现则主要基于人工智能和运筹学，因此，本书采用三元结构的思想，智能控制的三元结构见图 2.1。

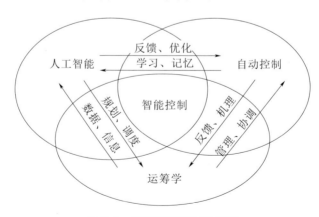

图 2.1　智能控制的三元结构

2.3 大坝建造智能控制系统

基于智能控制的概念、定义、基本特征与理论结构，我们认识到要实现智能控制则需要构建具备"自主感知与认知信息、智能组织规划与决策任务、自动控制执行结构完成目标"的智能控制系统，因此本节将重点介绍智能控制系统的设计理念、智能决策模块与自动控制模块、模块特征、应用层级。

2.3.1 设计理念

智能控制的实现需要借助于智能控制系统，而智能控制系统设计则需要依据智能控制的概念，因此设计一个具有信息感知、分析抽象、认知学习、决策推理、反馈控制等功能，并能依据建造过程中各要素信息动态变化做出适应性反应，从而实现智能组织规划与智能决策，并自主驱动被控对象实现控制目标的控制器是智能控制系统设计的主要目的。李庆斌等在智能大坝的基础上提出了基于感知、分析和控制的闭环智能化建设理念，对于工程建造而言，全面准确感知大坝材料性能、结构性态、施工要素是实现智能建造的前提；发展以数据驱动和机理驱动相结合的多目标智能优化决策方法是实现智能建造的核心；将全面感知、智能决策、自动控制的闭环智能控制理念深度融合并贯穿于大坝设计、施工、运行的全过程是实现智能建造的关键。

因此基于智能控制基本概念，融合感知、分析、控制的闭环控制理念（见图 2.2），构建的具备"智能决策、自动控制"功能的智能控制系统是智能控制理论实践应用的途径，为智能控制理论与大坝智能建造构建了桥梁。通过智能控制系统能够高效定位问题、准确识别机理、正确评估指标、快速智能决策、高效调控性态、风险及时预警、成本动态控制，实现设计、施工、运行全过程的材料性能、结构性态、施工要素等因素的综合智能调控，如图 2.3 所示。下面将详细介绍智能控制系统的智能决策与自动控制两个重要模块。

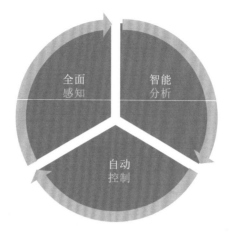

图 2.2 感知、分析、控制闭环控制理念示意图

2.3.2 多目标智能优化决策模块

针对复杂的工程建设过程实现组织级智能控制目标的关键在于构建具备感知、分析、反馈的多目标智能优化决策模块，优化决策模块的两个核心在于信息感知单元和智能优化单元，其中感知单元的作用在于全面、完整、准确、及时地获取工程信息，为智能优化单元提供决策、反馈、控制依据。因此本条将从信息感知与决策角度详细阐述智能优化决策模块的特征。

2.3.2.1 信息感知单元

全面准确感知大坝材料性能、结构性态、施工要素是实现智能建造的前提。大坝安全监测涉及材料性能、结构性态、施工要素状态等诸多内容，各要素时空状态与演变机理纷繁复杂，要实现大坝智能建造则需对全坝全生命周期的各类要素及数据进行采集，以满足智能建造多尺度、全方位、多层次的监测感知需求。随着新一代信息技术的发展，包括物联网、互联网、5G、大数据与云计算等技术推动了大坝安全监测技术、装备、理论、方法的全面发展，当前的感知技术已经打破传统感知手段的时间、空间限制，通过应用物联网、无线网络、图像识别、机器学习等先进的信息技术构建了适用于智能建造的感知体系，实现大坝全生命周期信息网络自动构建、协同工作、施工全要

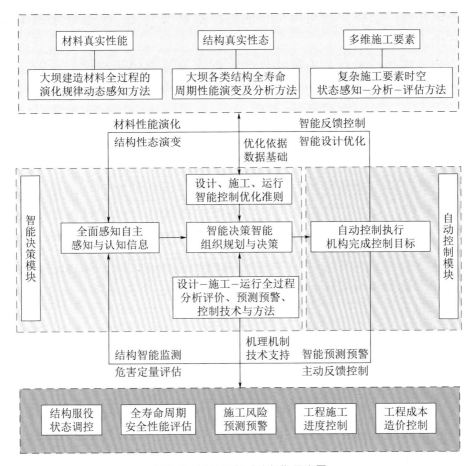

图 2.3　智能控制系统架构示意图

素信息实时获取与数据库更新，为精准分析、准确调控大坝工作性态、成本造价提供数据支撑。

目前，学者们通过监测理论、传感技术、图像图形学等发展了集数据采集辨识、信息感知分析、三维可视化、监测反馈控制于一体的大坝信息系统（DIM），实现了大坝工程设计－建造－运营全生命周期的数字化、模型化、精细化管理，并为智能化提供了潜在的高质量数据。其中对于掌握大坝性态至关重要的应力、变形、位移、温度、加速度、渗透压、接缝开度、压实质量等数据均可采用先进的传感器自动采集、反馈，对揭示物理量动态演化规律提供了支持；基于完善的闭环工程建造管理体系、监测系统，信息集成平台可实时监测建造过程中人员、设备、物料以及其他生产要素的变化，动态评估施工效率与经济成本。

全面感知技术及其构建的数据库系统为智能决策提供海量的工程数据与决策依据，智能决策的优化目标在于保证建造过程中的质量、进度、安全、成本均能符合要求，由于大坝建造过程要素复杂、环境多变、约束严格，因而要确保上述目标实现则需要及时掌握材料性能演变规律、结构性态变化和施工要素状态。需要特别指出，对于大坝智能建造而言，全面感知并非仅仅是传感器层面的感知，而是充分融合现有试验、仿真、监测及信息化等技术将建造全过程材料性能演变规律、结构性态变化、施工要素特性纳入感知体系中，构建广义的智能建造数据库，为智能建造提供兼有数据表示和知识表示的全面的、真实的决策依据和支撑，下面将具体说明。

1. 材料性能

准确及时掌握筑坝材料性能演化规律，是实现调控大坝结构性态的基础。例如，大坝施工、运行过程中混凝土材料在水压、温度、渗透、体变、徐变、干缩、约束等多种因素耦合作用下极易产生危害性裂缝；而土石料则在不同碾压质量、振动频率、碾压遍数下其密度、强度、抗渗性呈现非线性演化规律。可以看出，材料性能在内生和外生因素驱动下动态演进，土石料、混凝土、岩石等性能的演化极为复杂，因此，为确保大坝安全建设，需从宏观—介观—微观角度全方位地对材料强度、变形、热学、渗透性能、抗裂性及其在变环境条件下的全龄期、全过程的演化规律进行动态感知，并建立完备的材料数据库和材料性能演化模型，从材料层次为智能决策提供可靠的数据支撑。目前材料性能感知设备、技术以及分析方法已经得到广泛的应用。在工程实践中研发了混凝土、土石料等生产、施工、运行全过程的性能、成本监控系统，构建了完整的材料性能评价指标和数据库系统。

2. 结构性态

调控大坝工作性态是智能控制的重要目标，掌握大坝结构当前工作性态，评价调控后的大坝性态演变则需要通过各类监测仪器对各类数据进行感知。通常我们用结构力学法或有限单元法计算分析大坝的应力状况。由于坝体内温度场、边界条件异常复杂及材料参数取值（尤其是各向异性材料）相当困难，计算的结果实际上比较理想化，并不能真正反映坝体的实际工作应力状态。因此一般在许多大中型水库混凝土坝中均埋设有大量监测仪器进行监控。通过对应变、变形、温度、加速度、渗流等监测资料的分析、解析、提炼和概括，可以掌握坝的运行状态、保证大坝安全运用，也可以检验设计成果、监控施工质量和大坝的各种物理量变化规律。

对于大坝而言其感知结构性态最重要的内容就是获取时空演变机理，即包括大坝—岩基作用机理和大坝整体性能演变两个方面。工程实践表明，异弹模材料接触面易发生破坏，如基岩与大坝混凝土结合区域等，尤其是坝踵坝趾与基岩性能较弱的结合区域，容易发生应力集中进而导致大坝破坏，特别是对于混凝土高坝而言，河谷底部高程岩体应力较高，同时在此部位基岩对混凝土约束程度较高，因此容易产生开裂。通过埋设应变计、引伸计、应力计、温湿度计、渗压计等能够有效监测感知其结构状态变化。对于大坝整体而言其施工期和运行期应力、变形、温度、渗压等状态随施工进度、结构几何特征、材料性能、边界条件、外部荷载等变化。例如，对于拱坝而言其应力状态受到混凝土材料温控过程、环境条件、约束程度、施工进度等因素共同影响，其关键部位如基岩约束区、陡坡坝段等，其重点结构如底孔、廊道、电梯井、表孔等；其特殊构造如横缝、诱导缝、J缝等，应力状态及其演变规律、响应敏感性等有显著差异，因此需要对其进行准确感知，以掌握其时空演变规律，为智能决策提供反馈控制依据，实现大坝的全生命周期整体安全控制，即：通过智能组织规划与智能决策给出的调控指标与策略，提出智能建造过程中大坝全生命周期长期稳定的实时动态评价准则和控制标准；建立动态大坝预警系统，调控结构服役状态、评估全寿命周期安全性能、预测预警施工风险。

3. 施工要素

施工人员、设备、环境以及其他生产要素的状态与性能是智能决策的控制依据，也是自动控制的对象，因此需要各要素的状态进行准确的感知和评估，并依据智能控制理论开展理论分析，探索各要素性能与状态感知方法。例如针对拱坝混凝土浇筑问题，需构建仓面浇筑监控系统对施工人员、振捣浇筑设备、缆机运行、仓面环境气候条件、冷却通水设备工作运行参数等进行感知和分析，以确保浇筑仓混凝土能够在各种复杂的施工环境条件下准时完成浇筑，并在此基础上开启冷却通水系统，通过调节通水流量、通水水温、换向阀门等及时对温度历程进行控制，同时应用监测数据和基于浇筑仓特性构建的预测预警平台，对材料性能与结构性态进行监控，如不满足则及时调度人员、设备开展相应的工程防护控制措施。同时，对于工程管理者而言还需要考虑实际建造过程中各类要素数量、质量、调度难度等，以确保方案可行性、合理性及经济性。由上述例子可以看出，施工要素在工程建造过程中发挥重要的作用，其状态与工作参数关系到材料性能与结构性态，进而影响整个工程的质量、进度、安全、成本，因此全面感知施工要素能够为大坝安全建设和水库安全运行和管理提供必要的决策支持服务。

综上，基于全面感知模块获取多维度的监测数据，构建相应的数据库系统，并对数据信息特征开展理论分析和数学建模，能够实现对材料性能、结构性态和施工要素的准确评价，对掌握坝的施工、运行状态，实现智能决策优化控制，安全建设大坝有重要作用。同时信息感知单元的监测数据也可为大坝全生命周期的设计成果评价、施工质量管控、经济成本核算和智能控制策略评估提供支撑。

2.3.2.2　智能优化单元

在全面感知工程海量数据信息的基础上发展以数据驱动和机理驱动相结合的多目标智能优化决策方法是实现智能建造的核心。智能控制的核心在于组织级的高层次控制，即如何在大坝建造过程中实现"安全、高质、高效、经济、绿色"的建设目标是智能控制决策模块关注的重点。需要强调的是智能控制系统的设计重点不在于常规的控制器，而在于智能模型或计算智能算法上。

实现高坝结构性能分析与控制是大坝智能建造面临的重要挑战之

一，也是多目标智能优化决策需要解决的核心问题，以有限元数值仿真为代表的机理驱动的分析方法和以统计回归、机器学习、深度学习等为代表的数据驱动的分析方法是目前应用最为广泛、有效的分析手段。其中机理驱动的方法基于材料本构和物理机制具备数据驱动方法无可比拟的可解释性，丰富的试验与完整的理论体系为有限元数值仿真分析任务提供有力支撑。在工程实践中，分析人员可基于控制方程、边界条件、材料参数、施工过程等准确定位和解决问题；机器学习算法则基于大量数据的感知和学习展现出高效的数据预测能力。但上述两种方法在实现智能分析的过程中存在一定的局限性：有限元数值仿真方法建模烦琐，参数调整困难，计算耗时长，无法实现实时在线分析，实践证明，有限元数值仿真方法无法周全地考虑遍布库区的监测仪器，基于有限元数值仿真工具的反演算法每次仅能考虑有限的监测点数据，否则优化算法无法顺利进行；由于物理机制的缺位数据驱动的分析方法牺牲了模型的透明性。工程人员无法知晓算法输出结果的判断逻辑，只能通过事后对比的方法评价模型的准确程度，另外数据驱动的现有算法不能针对分析结果进行动态反馈，不能有效处理非结构化数据。

综上，以有限元为代表的从"机理"到"数据"的方法不能快速分析；以机器学习为代表从"数据"到"数据"的方法机理又不明晰，因此通过深度融合以数据驱动和机理驱动的分析方法，提出智能决策分析方法是实现多维度、多目标高效智能分析决策的技术途径。

纵观人类科技发展经历了自然现象描述与实验的时代、以牛顿定律与麦克斯韦方程为代表的物理规律简化数学模型表示的时代、复杂数学模拟为主的计算科学时代，以及海量数据推动的智能化时代。前三个时代解决问题主要依据因果关系，即通过观察、验证以简洁的数学表达形式揭示规律，进而解决确定性的问题。但真实世界中大量的不确定性因素引入了更高的复杂性，难以用传统的揭示因果关系的方式解决。因此解决此类问题的思路就需要转变为寻找强相关关系，即引入人工智能的方式以数据的方式解决问题。对于大坝建造过程而言，近百年的技术积累与机理研究已经能够解决 80% 的确定性问题，另外 20％的难题大部分是由于工程的复杂性和不确定性引起的，无法用显式的数学物理模型进行精确求解，而人工智能算法则依据数据解决问题，提供了解决复杂问题的途径。

通过数据解决问题需要有保证两个要素：即质和量。除了传感器等监测设备提供的有效数据外，数值仿真技术提供的有效数据也可有效利用。如前所述，数值仿真技术集成了自然规律总结、简单数学模型计算、复杂数学模型计算，其基于数学物理机理提供了可靠、海量的高质量数据，为智能决策提供了重要的数据信息资源，因此综合应用传统技术与人工智能技术，打破传统意义上二者割裂的研究状态是重要的思维突破，对于推动工程智能建造以及智能控制是有重要意义的。

人工智能算法和数值仿真技术为智能决策模块提供了技术支持，而智能决策模块在实际应用过程中首先需要明确其工程建设目标，进而依据目标提出人工智能优化算法的控制指标和优化准则。再结合实际工程建造问题提出其约束条件，在此基础上以感知模块的数据作为支撑形成完整的智能决策体系。例如，针对拱坝施工优化问题，其建设目标为保证结构安全、充分发挥材料性能、提升温控施工效率，进而依据其建设目标和结构特点确定其控制性因素为坝块温度应力与横缝工作性态，进而提出以坝块安全系数、横缝变形状态及变形量，以及施工时间为核心的控制指标和优化准则。根据现场施工条件、浇筑效率、冷却通水系统的工作性能提出浇筑策略的限制性因素和指标范围作为约束条件，通过感知模块构建的数据库系统获取材料性能、结构性态与施工要素的关键信息，结合人工智能算法构建混凝土拱坝温度应力与横缝性态智能决策模块，输出智能控制策略实现优化目标。

基于上述理念，学者们针对不同类型的工程开展了组织级的智能决策模块研究，例如土石坝智能压实智能决策模块、混凝土施工质量控制智能决策模块、大体积混凝土温控防裂智能决策、施工进度智能决策模块、缆机调度智能决策模块、现场交通调度智能决策模块、成本造价智能决策模块等，并通过工程实践对该理念和方法进行了验证。

多目标智能决策体系不仅适用于大坝施工建造过程,同样也适用于大坝设计优化,所谓设计是基于大量试验、理论、仿真、工程类比等分析通过模拟建造过程得出的可行的建造方案,是另一种维度上的建造过程复现,也是大坝智能建造的重要一环。

2.3.3 多要素实时自动控制模块

多目标智能优化决策提供的控制策略需要由自动控制结构具体实施,由于智能决策模块从组织级给出系统化的控制策略,则其执行级的被控对象、被控指标、被控要素可能是多样的。因此需要明确被控对象,并根据具体的控制问题构建具备自适应实时反馈控制的自动控制系统。例如在大坝建造过程中针对混凝土生产、温控、监测、振捣、压实、衬砌、喷雾等具体问题研发的自动控制装置。需要强调的是,智能控制的核心在组织级的高层控制,即如何在大坝建造过程中实现"安全、高质、高效、经济、绿色"的建设目标是智能控制关注的重点,智能控制系统的设计重点不在于常规的控制器,而在于智能决策模块设计上,因此本书对智能化设备仅做简要介绍。

2.4 本章小结

本章回顾了大坝建造发展历程,总结了大坝智能建造的发展趋势和关键技术,梳理了大坝智能建造的关键问题与智能控制的关系,提出了大坝建造的智能控制理论,详细阐述了智能控制的概念、定义、特征、理论结构、要素,明确了"智能决策+自动控制"为智能控制的核心要素,构建了"自主感知与认知信息、智能组织规划与决策任务、自动控制执行机构完成目标"的大坝智能控制系统,并对其设计理念、组成要素、模块特征、应用层级进行了说明。本章所提出的智能控制理论为解决大坝建造过程中结构服役状态调控、全寿命周期安全性能评估、施工风险预测预警、成本造价控制难题,实现"安全、高质、高效、经济、绿色"的智能建设目标提供理论基础。

第 3 章
重力坝智能建造

第 2 章介绍了大坝智能建造理论，其中的智能控制方法可以被用于解决具有复杂数学模型和多目标的优化决策问题。混凝土重力坝建造过程中其温控防裂问题正是一个数学物理模型复杂、控制目标多元的问题，采用传统的控制方法难以解决，"无坝不裂"是近百年来最真实的写照。因此本章将针对重力坝大体积混凝土温控防裂难题，以大坝智能建造理论为框架，提出针对该问题的智能控制理论与方法，构建智能控制系统，实现质量、安全、进度三个方面执行级和协调级的智能化控制，进而实现大坝安全、优质、高效的建设目标。

本章将介绍大体积混凝土温控防裂问题的产生及其危害，阐述温控防裂问题对于安全、施工进度的影响；阐述温控防裂问题的难点以及其传统的控制方法，典型的发展阶段和工程案例；重点总结其尚未解决的困难及问题所在，从而采用大坝智能建造理论，提出大体积混凝土温度应力的智能控制理论，给出其理论结构、控制要素、控制方程、系统组成、优化流程，并通过应用举例具体展示大坝智能建造理论的运行方式，即对智能控制系统的智能决策模块和自动控制模块的优化目标、控制指标、优化准则、智能决策方法、效果评估等进行具体说明。

特别地，本章仅通过重力坝的温控防裂问题说明智能控制理论协调级的应用方法，但不局限于此类应用，读者可以针对大坝建造过程中的各类问题，充分发挥现有分析方法（理论分析、数值仿真、试验验证）结合大坝智能建造理论提出适用的智能控制系统。例如，本章所提的重力坝温度应力智能控制理论，首先是定位问题所在，即明确所需要解决的问题是否需要采用智能控制的方式解决，在判定问题的过程中就要依据智能控制的基本特征，即问题的数学物理模型是否复杂，且其数学物理模型不可显式表达或不易求解，进一步针对工程问题还需要考虑建造的核心三要素：质量、进度、安全是否需要统筹规划协调控制，如果满足上述要求之一或同时满足，则可以初步确定智能控制方法可能是有效的解决手段。

在此基础上，需要进一步分析现有的分析方法、理论、技术对于解决该问题能够起到什么样的作用。例如，对于混凝土结构分析而言，通过数值仿真技术、宏观微观试验等技术手段揭示材料性能、结构性态、要素状态等的演变规律，构建明确的数学物理模型作为支撑，能够从机理层面有效解决工程问题。因此在考虑构建智能控制系统时要将此类方法纳入考虑，正因如此，在构建混凝土温度应力智能控制系统时提出了智能决策＋自动控制＋数值仿真的三元理论结构。这种方式既有利于充分发挥人工智能技术通过数据揭示规律的优势，同时又发挥了基于数学物理模型的仿真技术的优势，规避了采用"数据"到"数据"可解释性差的问题，有效提升了智能控制系统分析的准确性、可解释性、效率。例如，针对大体积混凝土温度应力控制问题，如果不考虑数值仿真技术，采用纯"数据"到"数据"的人工智能决策方式，就需要将影响温度应力的所有因素都作为人工智能算法的输入，例如材料性能（包括：混凝土强度、弹性模量、绝热温升、水化放热系数、导热系数、表面散热系数、徐变参数、泊松比以及其随龄期、外部环境条件变化的规律等）、冷却参数（冷却水管材质、规格、布设形式、通水流量、通水温度、通水时间、通水压力等）、结构状态（结构形式、位置、约束程度、施工进度、外部荷载等）、监测数据（应力、应变、温度、渗压等）、其他条件（如表面防护措施、气候条件等）。当上述因素作为参数输入并与大坝安全建立联系时，人工智能算法会对海量的数据进行训练，这种训练的方式需要浪费大量的计算资源、效率极低，同时其算法本身的优化停机准则难以确定，很难针对工程问题高效地给出解决方案，对解决工程建造难题失去意义。而采用数值仿真分析方法，可以借助已有的数学物理模型对上述参数进行充分的应用，通过数值仿真分析方法直接获得各种条件下大坝的温度场、应力场、渗流场等，进而通过计算大坝安全系数作为评价指标。在此基础上，通过人工智能技术建立通水策略与安全系数之间的关系，即直接建立被控对象控制参数/策略与安全之间的关系，从而使高效的智能决策控制成为可能。

通过上述举例可以看出，要应用大坝智能建造理论解决工程问题不仅需要对智能控制本身的基本概念、特征、技术、理论体系非常明确，同时还需要准确定位、判别、评价对应工程问题智能化控制适用性问题，进而通过人工智能方法构建被控对象/参数与优化目标之间的关系实现智能决策。当上述问题明确之后，则需要构建具备"智能决策＋自动控制"的智能控制系统，而智能决策模块功能实现则是依赖于所提出的数值仿真技术、人工智能方法与运筹学知识。因此其核心也在于这三项内容。其中数值仿真核心在于感知、分析，所谓感知即通过传感器等获取各类所需的工程数据，并构建相应的数据库系统，为分析提供数据支撑；所谓分析则是在上述数据支撑下通过数学物理模型的求解获取质量、进度、安全、造价等关键性的参数，为智能决策提供支撑。智能决策则体现在人工智能算法和运筹学的融合之中，智能决策的过程需要选择适用的人工智能算法，并优化目标。控制指标、优化停机准则实现多目标的优化决策，并依据数据库系统提供的被控对象/装置参数和数值仿真的结果提供智能优化策略。优化策略则作为自动控制系统的输入，进而实现控制目标。需要特别指出的是，自动控制理论、方法、技术经历数十年发展，自动控制系统、设备控制功能、精度、效率基本能够满足智能控制的需要，因此在此不对自动控制装置/设备展开论述，有兴趣的读者可以参阅自动控制技术相关书目。

3.1　混凝土重力坝温控防裂问题

混凝土重力坝是水工领域广泛应用的重要坝型，是水利工程实现防洪发电、改善航运、修复生态、农业灌溉的核心构筑物，其安全建造、长期稳定运行对于保障国计民生、推动社会经济发展有重要的意义。因此对混凝土重力坝建造　运行全生命周期的安全性、耐久性、功能性提出了严格的要求。而混凝土重力坝是典型的大体积混凝土结构，由于其复杂的材料热力学性能与结构响应特性以及恶劣的建造服役环境，极易产生危害性的温度裂缝。纵观国内外百年筑坝史，混凝土大坝的温控防裂问题始终是最重要的研究课题之一。

3.1.1　大体积混凝土温度与温度应力

1. 大体积混凝土结构

大体积混凝土结构广泛应用于土木水利工程领域，如大坝（见图3.1）、桥梁、核电站安全壳、闸墩、地基等。目前对于大体积混凝土结构尚未有统一的标准和定义，日本建筑学会（JASSS）、苏联施工规范、美国混凝土协会（ACI）、我国《大体积混凝土施工标准》（GB 50496—2018）等均给出了不同的定义和解释。综合而言，对于几何尺寸超过一定水平必须采取温控措施以避免产生温度裂缝的混凝土结构都可以称之为大体积混凝土结构。对于重力坝而言，其浇筑仓混凝土长度通常能够达到十几米甚至上百米，厚度可达到数米，如不采取温控措施其温度应力水平将远超其混凝土材料强度，因而会造成严重的危害性温度裂缝，因此是典型的大体积混凝土结构。

大体积混凝土结构建设过程中，所浇筑的混凝土内部水化反应活跃，表面散热条件复杂。没有外界干预的情况下，混凝土结构中温度峰值高、梯度大且随时间变化剧烈，容易产生不协调变形。同时，混凝土结构中的混凝土一般处于强约束状态下。约束与不协调变形共同作用容易导致混凝土局部拉应力

图3.1　大体积混凝土结构

超过相应龄期的极限拉应力，从而产生开裂。尤其是水工混凝土相比于普通建筑所用混凝土，强度较低，极限拉伸值小；断面巨大，散热性能差；施工周期长，温控难度大，运行期受外界复杂条件影响明显；且不配钢筋，使得其抗拉性能较弱，无法承受较大的拉应力，而

且对于岩基上浇筑的重力坝而言其基础约束区的约束程度高，因此更容易开裂。"无坝不裂"是长期困扰坝工建设的难题，实现温度应力的控制实现温控防裂的关键，因此需要对大体积混凝土结构温度变化过程、温度应力变化过程，以及结构在混凝土荷载作用下的响应机理进行详细研究。

2. 温度应力特点

混凝土温度应力可按其产生的原因分为自生应力和约束应力两类。由于大坝混凝土由水泥、粗骨料、细骨料等热力学性能有明显差异的多相成分组成，且随着水泥水化过程的进行，生成产物热力学性质也会产生变化，因此在没有约束条件下大坝混凝土内部温度不均匀产生一定的空间温度梯度，再加上内部水化产物、骨料等相互约束，就产生了一定的自生应力；另外，大坝浇筑过程中底部混凝土与基岩接触部位、新老混凝土交界部位、相邻坝段交界面等都会产生不同程度的约束，在约束与温变共同作用下就会产生约束应力，会对大坝产生不利影响，因此对于混凝土大坝而言基岩约束区、陡坡坝段、新老混凝土交界面等部位是温控防裂关注的重点。

混凝土大坝建造施工过程持续时间长、施工要素复杂繁多、施工运行条件多变，涉及各类影响混凝土温度应力的因素，例如材料热力学性能、结构形式与特性、建造施工过程、运行边界条件、外部环境变化等。为了实现对混凝土温度应力的控制必须清楚掌握上述因素的影响。具体而言，需要掌握混凝土材料的导热系数、导温系数、表面散热系数、水化放热系数、绝热温升、线胀系数、泊松比、弹性模量、强度、断裂、徐变、干缩、自变、体变等热力学性能随龄期、养护条件、荷载条件等的发展变化规律；温度及温度应力在不同结构型式中的响应规律也有显著的差异，如不同几何尺寸的浇筑仓，如廊道、孔洞、牛腿、闸墩等复杂结构，如基岩约束区、新老混凝土交界面、横缝等关键部位，由于上述结构功能与特性不同，因此其防裂控裂要求也不尽相同，有些部位需要防裂，有些结构需要适时开裂，因此其防控策略和要素也需要调整；对于大坝而言通常有数百甚至上千个浇筑仓，其施工浇筑涉及混凝土生产运输、调温浇筑成型、拆模养护控温、人员设备协调、间歇期调控、层面处理等复杂过程，在此过程中大坝施工进度、混凝土状态、边界条件都是动态变化的，进而引起混凝土温度应力和结构性态的调整和变化，因此在控制温度应力的过程中需要充分考虑上述因素带来的影响；大坝建造过程中外部环境条件的变化对施工和运行期的混凝土结构都有明显的影响，大量国内外大坝工程案例表明混凝土易受到太阳辐射、寒潮侵袭、水温变化、大风干燥等因素的影响产生较大的内外部温度梯度，从而导致混凝土开裂，因此在实际工程中对于不同地区如高寒、高海拔、高温地区的混凝土入仓温度、浇筑温度的控制标准是不同的，同时由于大坝混凝土达到稳定温度场短则数年，长则数百年，且其温度应力会随时间和材料水化逐步累积，因此其高低温季节施工也是关注的重点。

实际工程中大坝混凝土需要经过拌和、运输、浇筑成型、温控等工序，在此过程中混凝土自身水化产热并且与外界交换热量。在混凝土浇筑初期由于水泥水化放出大量的热量，混凝土内部温度迅速升高，在此过程中由于温度的升高混凝土膨胀产生压应力，此时由于混凝土强度、弹性模量较低，其产生的压应力一般较小，同时由于徐变效应的影响，部分压应力在早期被松弛；随着温度升高至最高温度，混凝土开始冷却降温，对于大坝混凝土来说由于体型巨大，其自然散热过程可能长达数百年，因此在工程中通常采用人工控温的方式对坝体进行冷却，随着温度降低混凝土开始逐渐收缩，早期产生的压应力逐步减小，直至转变为拉应力。水工混凝土极限拉伸值通常在 $50\sim$ 100 微应变之间，而线胀系数也在 $5\sim10$ 之间，其抗拉强度通常仅为抗压强度的 $1/15\sim1/10$，因此水工混凝土能够承受的降温幅度非常有限，十几摄氏度甚至几摄氏度的温降就有可能产生温度裂缝。因此即便是人工降温过程也是非常缓慢，降温过程既要兼顾混凝土散热，也要考虑混凝土强度发展过程与产生的温度应力相匹配。当降温至稳定温度场时混凝土拉应力通常达到峰值，此后由于受到徐变效应、混凝土后期水化放热、环境条件等影响，大体积混凝土结构内部混凝土时空温度梯度逐渐减小，更加均匀，因此应力水平也会有小幅降低。因此实际工程中通过严格控制混凝土生产温度、运输和浇筑成型过程中的温度回灌，降低坝体混凝土的浇筑温度，浇筑完成后通过控制冷却水管的流量实现对坝块混凝土内部温度梯度的控制，达到控制最高温度和温度变化速率的目的，使混凝土温度稳定。在空间维度上，通过冷却水管控制基础容许温差、上下层混凝土、相邻坝块混凝土温度梯度；通过喷涂聚氨酯、覆盖苯板和保温被等措施控制混凝土内外部温差，降低表面应力防止开裂。

大量工程案例表明大体积混凝土结构在施工期产生的温度荷载比自重、内外水压力的总和还要大，是施工运行期的主要荷载。可以看到，大坝混凝土温度及温度应力变化与大坝建造全过程的各要素相关耦合，涉及材料性能、结构特性、施工要素、边界变化等各个方面，温控防裂问题的复杂性、时变性和非线性特征显著。

3. 温度裂缝及其分类

根据大体积混凝土结构温度应力的变化及特征可以发现温度致裂问题影响广泛，可以根据温度裂缝的危害程度进行分类，主要由浅表裂缝、深层裂缝以及贯串裂缝：浅表裂缝通常是由于寒潮、冷击、太阳辐射、降雨、大风等外部温度骤变导致内外温度梯度过大造成的，部分重力坝工程上游面劈头裂缝、仓面裂缝以及运行期表面裂缝都与上述因素有关，如果不及时修复处理，浅表裂缝可能在外荷载等作用下进一步扩展，从而发展成为深层裂缝；同样，结构应力、重力、水压等与温度荷载综合作用下大坝结构基岩约束区、陡坡坝段、廊道孔口、纵缝、横缝面极易、层面等容易深层的温度裂缝，此类裂缝会直接影响结构工作性态，如防控不当会进一步发展成为贯穿裂缝，使得大坝整体性、安全性、耐久性受到严重威胁，在国内外已有工程中有部分工程甚至停工数年处理贯穿性裂缝，造成了极大的损失。

4. 混凝土重力坝温度致裂工程

纵观近百年筑坝史，国内外大量重力坝工程都面临严峻的温控防裂形势。国外如美国阿肯色州诺福克大坝（Norfolk）施工运行期在层面、底孔、内部均出现了大量温度裂缝，部分贯串裂缝扩展几十米达到坝高 7/9；美国雷维尔斯托克大坝（Revelstoke）、德沃歇克大坝

（Dworshak）、卢塞尔大坝（Richard B. Russel）多个坝段上游面出现严重的劈头裂缝；苏联克拉斯诺亚尔斯克重力坝（Красаярскае вадасховішча）、马马康宽缝重力坝、托克托古尔重力坝等百米级大坝均出现了大量温度裂缝，其中位于西伯利亚的克拉斯诺亚尔斯克重力坝产生的裂缝达到 1741 条，仅基岩约束区就产生了 807 条裂缝；法国罗菲默儿支墩坝、德国奥列弗大坝等均出现裂缝，其中德国奥列弗大坝断面裂缝面积占比甚至达到 62％。

我国早期建造的重力坝工程也出现了不同程度的温度裂缝，如柘溪支墩大头坝迎水面出现 124 条裂缝，裂缝面积达到 2000㎡；潘家口大坝出现 995 条裂缝，主要是由于温控防裂措施不到位造成的，其中有 3 条贯穿性裂缝和 85 条深层裂缝；五强溪重力坝厂房段、船闸段也均产生了严重的温度裂缝；龙羊峡重力坝由于超长浇筑间歇期、拆模过早防护较弱等原因在施工的四年间产生了超过两百条裂缝；青铜峡大坝施工期产生 1148 条裂缝，停工两年进行修复，严重影响了工程进度；观音阁水库大坝上下游面也均产生了大量的裂缝，其中上游面 51 条，下游面 79 条。我国三峡大坝二期工程施工期上下游面层间和竖向出现了少量浅表温度裂缝，在三期工程时采取了严格的温控措施有效防止了裂缝的产生。

根据水利部大坝安全管理中心的调查数据，截至 2014 年我国有将近 5000 座不同类型的混凝土大坝，百米以上的 200 座高坝中有52.6％为混凝土坝，因此研究并突破混凝土重力坝温控防裂问题具有极为重要的意义。

3.1.2 混凝土重力坝温控防裂研究

为解决混凝土重力坝无坝不裂的难题，学者们对温度荷载及其作用机理与控制方法、理论、技术、设备开展了大量研究工作，主要研究集中在温度荷载破坏机理试验研究、冷却通水技术、仿真分析技术、数字监控技术四个方面。下面将详细介绍上述温控防裂技术、理论、工具、设备的发展与工程应用，并进一步阐述其在实现大坝智能建造过程中的作用与意义，为后续章节提供技术支撑，以便读者更容易理解本书所提出的大坝智能建造理论的应用方法。

　　1. 温度荷载破坏机理试验研究

　　混凝土材料强度发展水平和结构应力水平是判别混凝土是否开裂的两大决定性因素，二者共同构成了混凝土破坏准则。正确的破坏准则对于混凝土结构实现精准的温控防裂具有重要的意义，也是大坝智能建造过程中确保安全的核心之一。对大体积混凝土而言，掌握其在温度及温度荷载作用下材料性能演变机理与温度应力发展水平是防裂控裂的关键。为此，学者们从试验的角度开展了广泛的研究，主要集中在混凝土热学性能、温度影响下的混凝土力学性能以及考虑温度、约束共同作用下的混凝土破坏准则三个方面。

　　要实现对混凝土温度的准确调控，则必须掌握混凝土热学性能。混凝土材料由水、水泥、粗骨料、细骨料等多相材料组成，通过水泥与水发生水化反应产生 CSH、CH、AFt、AFm 等产物并在此过程中产生大量的反应热，从而导致混凝土温度升高。学者们对混凝土材料不同组分、不同龄期、不同产物开展了热学性能的定量化研究。水泥熟料中的硅酸三钙、硅酸二钙、铁铝酸四钙、铝酸钙、石膏等比热容和导热系数有显著差异，其中硅酸三钙和硅酸二钙水化过程中产生大量热量，通过调整二者比例可生产低热水泥，例如我国白鹤滩大坝、乌东德大坝等均使用了低热水泥以降低温控难度；不同水化产物（CSH、CH、AFt、AFm 等）、不同骨料（如玄武岩、花岗岩、石灰石等）的混凝土内部的热传导性能也有显著差异，学者们在此基础上提出了宏观-微观的水化放热模型，大体积混凝土比热容、绝热温升、导热系数等试验方法及评价指标等，为揭示大体积混凝土结构温度场变化、调控混凝土热学性能提供了支撑。以上主要是基于混凝土水化放热和热传导相关的研究，对大体积混凝土而言，热膨胀系数则是反应混凝土在温度荷载作用下变形的重要参数，也是计算温度荷载的核心参数，因此学者们开展了混凝土组分、龄期、约束条件、外加剂、掺合料等对线胀系数变化影响的试验研究，为计算混凝土温度应力提供了理论依据。

　　在约束条件下产生的温度应力是大体积混凝土产生裂缝的主要原

因，温度变化不仅可以产生温度荷载，也可以影响水泥水化的进程、孔隙结构、过渡层形貌进而影响混凝土的强度与变形特性。因此，学者们通过试验对不同温度下混凝土强度、弹性模量、泊松比、极限拉伸值、徐变等特性开展了研究，部分学者还通过微观试验解释温度对宏观性能的影响机理。为了模拟大体积混凝土结构在温度荷载作用下的强度与变形特性，学者们研发了可以用于模拟混凝土约束的试验装置及试验方法，如混凝土平板约束试验、圆环试验、开裂架试验和温度应力试验。试验表明，所产生的温度变形受到约束作用后，一部分转化为徐变，一部分转化为约束应力作用。大坝混凝土的受力状态受徐变松弛耦合作用，呈非线性发展。Attiogbe（2004）通过圆环收缩开裂试验的结果表明当约束应力为劈拉强度的 $50\%\sim60\%$ 时，混凝土即有可能发生收缩开裂。Riding（2009）通过开裂架试验发现当约束应力达到同龄期混凝土劈拉强度的 $61\%\sim68\%$，混凝土即发生了开裂。Igarashi（2000）认为当约束力超过 50% 强度，就有可能发生破坏。Klausen（2015）研究针对不同粉煤灰掺量的约束开裂试验结果均表明，当约束应力/直拉强度达到 80% 时，就会发生开裂破坏，且这种现象与粉煤灰掺量无关。Breugel（2003）观察 30 余组混凝土早龄期温度应力试验的结果均发现，混凝土的约束开裂应力是其强度的 $50\%\sim60\%$。Zhang（2008）、Shen（2011）针对不同温度历程混凝土的开裂试验也均发现上述现象。已有研究结果表明，对于不同试验形式（圆环、开裂架、温度应力等）、不同材料、温度作用历程的约束/温度应力试验结果均表明，混凝土的开裂应力均低于其抗拉强度。

针对上述试验现象，学者们从多方面进行了分析和解释。由于传统约束/温度应力试验不能测定直拉强度，需借助劈拉强度评价约束破坏应力，然而由于测试方法的不同劈拉强度和直拉强度的测值是不同的，因此部分学者认为从强度测试方法不同的角度进行解释。关于直拉强度与劈拉强度之间的关系目前还并没有达成共识，其中 Riding 认为直拉强度与劈拉强度大概存在 0.8 的比例系数，武明鑫等则认为劈拉强度与直拉强度大致相等。Emborg 认为约束破坏属于持荷历时破坏，而对应龄期所测得的劈拉/直拉强度是瞬时加载试验测得的，故二者的差异主要是由加载速率对测试强度的影响造成的。由于约束试验和测试直拉/劈拉强度的试件尺寸并不相同，因而部分学者通过尺寸效应来解释破坏应力小于强度的现象。Bjøntegaard（2004）认为温度应力试验测得的约束破坏应力低于常规方法测得的直拉强度是由于偏心受力的结果。由于约束试件较长，在受拉的过程中不可避免地会受到偏心力作用。每台 TSTM 都有一个固定的折减系数，应该单独标定，这个折减系数就是约束破坏应力与直拉强度的比值。

实际上，约束条件下混凝土在温度荷载作用下强度折减的重要原因在于徐变效应，即混凝土在经历升温、降温的过程中由于徐变效应的影响其应力与变形、微观结构与强度均会产生复杂的变化，因此学者们基于试验开展了大体积混凝土结构的在不同加载龄期、加载状态下的徐变效应，并构建了徐变模型用于分析和预测结构应力状态。基于上述研究，不同学者提出了如最大应力准则、最大应变准则、能量准则等诸多破坏判别准则，其中针对温度应力作用下的徐变松弛耦合效应，最终破坏的应力水平低于强度、应变水平高于其峰值应变，李庆斌等构建了大体积混凝土温度荷载破坏准则。

国内外学者通过试验研究温度对混凝土材料热力学性能的影响；通过开裂架、温度应力试验机等开展温度荷载下的约束试验研究混凝土破坏行为；通过 SEM、MIP 等微观试验研究温度荷载破坏机理，构建了丰富的混凝土热力学、变形性能预测模型，开发了不同特性的抗裂混凝土，为从根本上解决混凝土温控防裂问题提供了理论依据。

2. 冷却通水技术

混凝土浇筑之后在水化放热作用影响下，短时间内温度即可上升 $20\sim40$℃。大体积混凝土结构自然冷却过程缓慢，尤其是混凝土大坝自然冷却达到稳定温度场可能需要数十年甚至上百年，对于大坝施工建造、长期安全运行极为不利。因此，基于大体积混凝土水化放热特性及其强度特性，早期学者们从工程实践出发验证了冷却通水对于温度裂缝的抑制作用。20 世纪 30 年代，美国垦务局（Burean of Recla-mation）在欧瓦希（Owyhee）大坝首次应用冷却水管，通过现场试验证实了冷却水管控温的有效性。此后，美国垦务局又将冷却水管通水技术全面应用于胡佛大坝（Hoover）和波尔德大坝实现了对温度裂缝的控制，防裂取得初步成效。20 世纪 60 年代以后，苏联在高寒地区修建托克托古尔重力坝时发明了"托克托古尔施工法"，其中一项重要的防裂措施便是通过冷却水管控制混凝土最高温度，有效减少了温度裂缝的产生，该方法在 20 世纪 70 年代得到发展和广泛应用。

在工程实践的基础上，学者们系统研究了冷却水管材质、布局、流量、温度对混凝土降温效果的影响；同时，部分学者还通过仿真分析、理论分析和试验研究等手段细致地研究冷却水管在内部介质流动条件下对周围混凝土温度、强度的影响。因此国际大坝协会（ICOLD），日本混凝土协会（JCI），以及国际材料与结构研究试验联合会（RILEM）254 委员会都对冷却水管的使用方法、注意事项、效果评估等给出了建议和规定，我国水工领域也针对大坝混凝土提出了相应的技术控制标准，并遵循"早冷却、慢冷却、小温差"的控制原则。随着数字化与自动化技术的发展，学者们开发了自动、智能冷却通水系统与设备，发展了完整的冷却通水控制理论与策略，并成功应用于国内外大型水利水电工程，为混凝土坝温控防裂提供了有效的控制手段，也为实现温度荷载智能调控提供了可能的途径。

温控曲线则是基于大坝温度荷载及其设计安全裕度来确定的，冷却通水技术及设备的调控主要还是依据预先设定的温控曲线及温控标准。这种方式能够有效地降低大坝开裂的风险，但是尚不能依据大坝施工进度与要素、结构特征与性态、边界条件等变化做出及时精确个性化的响应，因此要实现智能建造要求的安全、高质、高效的建设目标冷却通水技术还需要与仿真分析技术、人工智能技术深度融合，才能从根本上解决温控防裂的问题。

3. 仿真分析技术

如前所述，除了材料性能，判别混凝土结构是否破坏的另一关键要素为应力水平。囿于工程复杂性和监测技术的限制，混凝土结构各部位全过程的应力水平并不能通过直接测量的方式获得，因此通过数值仿真技术为分析大体积混凝土结构施工—运行期应力水平提供了技术支撑。为此，国内外学者开展了仿真理论、技术、软件、设备等研究，并通过广泛的工程应用验证了该技术的有效性。对于实现大坝智能建造而言，通过仿真分析技术准确、高效评估结构在外部荷载、材料性能、施工条件变化下的结构工作性态是实现智能控制的重要环节。

在国外，美国和日本在大体积混凝土温度应力方面的研究具有一定的代表性。1964 年美国工程师 Sims 等就采用有限元法对诺福克大坝的温度裂缝进行了研究。20 世纪 80 年代，美国工程师 Tatro 和 Schrader 计算了柳树溪大坝的温度应力，应力与实测结果有较大偏差，但温度场较为一致。90 年代，P. R. Barrett 开发了三维有限元软件，其中引入了 Smeared Crack 开裂模型。Kawaguchi 等通过有限元方法计算温度应力，并且在仿真分析温度应力的过程中考虑了混凝土的徐变，这种方法被应用于工程中分析由于温度应力导致的混凝土开裂风险。

目前国内清华大学、中国水科院等多家单位都开展了混凝土温度应力方面的研究，在混凝土温度徐变应力、冷却水管计算、大规模计算效率、商业软件集成、重大工程应用等取得了大量研究成果。比如冷却水管的冷却作用随初始条件、施工过程中的边界条件、时间等因素的变化而变化，朱伯芳将冷却水管视为负热源，建立了混凝土等效热传导方程，能在空间和时间上均化冷却水管的影响，从而近似求解施工期和运行期混凝土内部的温度场。这一等效温度场方法比较适合大规模工程计算，但是无法精细地反映水管作用下混凝土内部真实温度场。在这种情况下，针对冷却水管的精细仿真计算方法，众多学者也提出了精细化网格、子结构有限单元方法、复合单元法、基于扩充形函数的精细水管模拟方法等多种手段。

冷却通水是控制大体积混凝土结构全生命周期温度荷载的有效手段，因此其仿真模拟是重点关注的问题。含水管混凝土的温度场很复杂，是一种典型的大体积固体内含有大量小口径管内流体边界条件的问题。对于这种问题分析方法的研究具有重要的科学意义和实践应用价值，它能够帮助更好地了解内部复杂温度场的情况，从而更准确地指导混凝土防裂，保证结构的健康与安全。冷却水管自诞生之日起，至今已有 80 余年的历史，对含水管混凝土温度场的研究也一直是工程传热学与水工结构领域的热点，更是大坝智能建造温控防裂中的重要一环，因此以下将对含冷却水管的温度场分析方法进行详细介绍。

含水管混凝土的热传导问题中，混凝土与空气之间热对流发生在混凝土外部与空气的接触部分，一般看成 Robin 边界条件（即第三类边界条件）。混凝土内部与水管之间的热对流发生在混凝土与水管的接触部分，金属水管情况一般看成 Dirichlet 边界条件（即第一类边界条件），非金属水管（如塑料管）情况一般看成 Robin 边界条件（即第三类边界条件）。研究难点主要体现在两个方面：依靠外界提供的有压力环境，冷却流体在管内循环流动，自一入管开始，流体就与混凝土固体之间通过水管管壁进行换热，吸收热量同时导致管内流体温度的变化，沿着水管轴向方向而言，各位置的热交换量与流体温度具有较强的非线性特征；一般来说，水管的口径较小，而每根水管负责冷却的固体范围却较大，造成离水管近的固体冷却得快，离水管远的固体的冷却则相对滞后，这样在水管附近将形成自水管中心向四周辐射的高温度梯度，距离水管越远，梯度越缓和，温度场在垂直于水管轴向的平面上呈现强烈的非线性特征。

含冷却水管的混凝土温度场分析方法一般分为非有限元分析方法和有限元分析方法两种。其中非有限元方法有数学求解法、伪三维化方法。常规有限元方法有解耦求解、耦合求解、粗尺度等效求解。改进有限单元法：子结构法、复合单元法、其他一些提高精度的 p 型提高进度方法。

（1）起始阶段，即 20 世纪 70 年代以前主要采用数学求解方法。美国垦务局在胡佛拱坝的设计与施工阶段，以埋设钢制冷却水管的混凝土温度场为研究对象，采用解析求解的方式进行分析，研究中将混凝土看成各向同性传热介质，与钢质水管接触部分为 Dirichlet 边界条件，建立了笔直圆柱中埋设水管的物理模型。国际上其他一些学者也对含水管混凝土温度场的数学求解方法进行了研究，Liu 忽略沿管长方向的水温变化，对均匀铺设水管的无限大平面进行了求解研究；20 世纪五六十年代建设的克拉斯诺亚尔斯克坝是苏联第一次大规模采用通水冷却的大体积混凝土工程，为保证冷却通水的效果，在项目前期与工程建设中进行了大量数学求解的相关研究，这与美国的胡佛拱坝非常类似；国内朱伯芳等人也在美国垦务局解析解的基础上开展了大量研究。综合来看，数学求解方法能够得到理论解，这对于初步的温度控制设计来讲具有一定的支持作用，但缺点在于只能建立在特定的理论假设前提下，如基于圆柱混凝土、长直水管、恒定通水流量等的假定，与实际工程是不相符的，当需要全面、透彻地了解实际温度情况的时候，数学求解方法常常捉襟见肘，20 世纪七八十年代后，单纯地以数学求解为目的的研究即已告一段落。

（2）直接采用数学方法求解三维含水管混凝土温度场极为困难，因为既要考虑混凝土的表面散热作用，又要考虑水管的冷却作用。对于前者，一般将混凝土看成中空圆筒，按圆柱坐标系建立方程；而对于后者，一般将混凝土看成有外裸露面的方块，按直角坐标系建立方程。这种坐标系的矛盾导致了数学求解的困难，大家转而向数值求解领域寻求答案。受限于当时计算规模的限制，早期数值方法以求解伪三维问题的有限差分法为主。田边忠显等以物理试验为基础，研究了水管壁换热系数与通水流量、进口水温等的关系，并按照沿管长伪第三维模式对试验进行建模计算。Myers 与 Charpin 等同样按照沿管长伪第三维模式对直管建立了模型，对水管材料、半径、流速等参数进行了无量纲化分析。朱伯芳与梁润以浇筑仓为分层，按照沿层厚方向缩维模式提出了含冷却水管的差分求解方法，将水管的冷却作用转为冷源，附加到该层结点上。伊藤洋等开展了长埋水管混凝土方块的热学试验，并建立了数值模型，利用有限差分法对混凝土与水管进行了建模分析，并考虑了水温的沿程变化。当然，这种可以实现沿程水温计算的沿层厚方向缩维模式是建立在水管笔直的实验基础上，如果遇到弯管等实际情况，沿层厚方向缩维模式是难以考虑沿程水温的。综合来看，伪三维化是对实际物理问题的简化，可以对多重边界条件组合影响下的温度场实现求解，摆脱了数学求解方法的局限，但也存在较大的局限。比如沿管长伪第三维模式难以考虑相邻断面间的传热效果，沿层厚缩维模式难以考虑水管在同一层中的排布作用等，与真正意义的三维求解存在差距，带有显著的时代特点。20 世纪 90 年代后随着三维有限单元方法的普及，伪三维方法逐步在计算中被淘汰。

（3）为了能够正确反映水管附近的温度梯度，基于有限单元法分析含水管混凝土温度场主要有两个要点：

1）水管壁作为单元边界，从而可以在边界上积分得到混凝土与水管的换热效果，但由于小口径管壁与大体积混凝土的尺寸相差较大，一般来说，一根直径 2cm 左右的水管控制直径 1～3m 的混凝土，在水管附近必须要布置较密集的单元才能正确反映管壁附近的温度梯度。

2）水管与混凝土的换热导致管内水温的变化，对沿程水温的处理思路分为解耦与耦合两类。解耦即分离混凝土温度与水管温度，将本步水管温度作为边界，针对混凝土温度建立有限元方程求解，并由混凝土温度结果推出下一步沿程水温的分布，由于水温与混凝土不能同时求解，解耦思路一般需要迭代计算以得到较准确的结果；耦合即同时将水温与混凝土温度都看成自由度，同时集成到有限元方程中求解。

朱伯芳和蔡建波提出了解耦计算的思路，朱岳明在朱伯芳等的工作基础上提出了系统的迭代求解方法，被称为冷却水管离散算法；佐藤英明等较早提出并实现了耦合求解水温方法，利用线单元表示水管，根据热量平衡条件将水温自由度加入有限元方程，克服了解耦算法需要迭代计算的缺点，川原场博美等、沟渊利明等、国松祥弘等在同样的耦合思路下开展了相关研究。刘晓青等提出的直接算法与这种思想也是较接近的，其针对长直管的数值试验说明了耦合求解算法与解析解是一致的。

耦合计算避免了对水温的迭代求解，提高了计算效率，但由于标准 Lagrange 单元内部的梯度是一致的，精细化的网格仍然是获得计算精度的必要条件。针对实际工程，精细地剖分网格来求解温度场工作量与难度是较大的，相对地，在平均意义上，使用粗网格等效计算冷却通水效果则是有限单元法的另一种发展方向。含水管传热分析可以分为粗、细两种尺度上的求解，细尺度主要关注水管在空间上产生的作用，即水管口径级别的尺度，可以反映水管周围的温度梯度。而粗尺度则相对于细尺度而言，关注水管对整块混凝土产生的影响，即混凝土浇筑块级别的尺度，不能反映具体的管壁附近温度梯度。粗尺度级别求解方法的核心是冷却效应在仓块尺度上的等效表达，来源于美国垦务局提出的平均冷却效果，朱伯芳在其基础上，提出水冷函数概念，对解析解给出了拟合经验公式。这种方法简单方便，在简单粗犷的网格上就可以计算冷却效果，在工程领域中广为应用，可以说是目前最为普遍的数值求解方法。与之类似，麦家煊根据解析解推导了等效计算方法，利用差分法替代经验公式或图表，对解析解的级数表达形式进行积分。其余的数值计算方法与朱伯芳的方法是类似的。关于基于等效效果的粗尺度计算方法与采用精细化网格的细尺度方法之间的不同，黄耀英等做了比较工作，指出在一般材料参数下，水管间距为 2m 时，等效求解方法给出的温度发展历程与精细化方法在距水管 0.6m 位置处的结果较为相近。由于朱伯芳给出的经验公式是基于理想问题推导的，为了更准确、更有目的性地应用，大量针对粗尺度方法的相关研究相继开展：朱伯芳、董福品等（2001）增加了表面散热的相关项，实现了对混凝土与空气间对流换热的考虑；朱伯芳、刘光廷等针对掺有粉煤灰等后期放热明显材料的混凝土，对水化热项进行了修正以提高计算精度；Yang 等基于传热学概念，修正了层流条件下的传热问题，有效改善了原方法对层流情况的计算误差；左正等针对同一混凝土单元中含有双层异质水管的问题，利用 Maclaurin 级数展开推导了多层水管的等效导温系数，使同一套网格能够适应不同的冷却方案；左正等基于通水监测给出了"内部负热源"的计算方法，从而改造了等效热传导方程。

总的来看，常规有限单元法能得到与实际情况较接近的温度场，这是最大的优势。但针对一些较复杂的大型工程，在实际应用上是存在难度的。水管的直径较小，一般在 2cm 以下，所对应的大体积混凝土控制直径则较大，一般在 1.0～3.0m，高精度计算必须要在水管附近建立较密集的网格，该种方法前处理复杂烦琐，尤其是三维计算中针对蛇形水管的弯曲部分，即使不考虑弯管段，针对大坝等自身结构较为复杂的问题，精细化的网格模型构建也需要巨大的工作量；呈几何级数翻倍的单元数量，同时混凝土工程施工期的计算覆盖的时间跨度长，增量步繁多，造成的计算规模难以实际应用。为了规避细尺度求解的这些困难，粗尺度的等效求解方法应运而生，并已成为混凝土温控分析的主流方法，其优点明显：避免了复杂的前处理，程序编制简便，从而在实践中得到了广泛推广与应用。

（4）刘宁、刘光廷提出的子结构法采用多内部自由度的超级单元，通过矩阵计算将内部自由度凝聚到与外部常规单元连接的结点上，从而达到不额外增加总体刚度带宽的同时，仍能反映冷却水管附近的温度梯度的目的；陈胜宏等提出的复合单元法（composite element method，CEM），用以解决单元内含非均匀场的数值问题，包括含水管混凝土传热问题；除子结构法和复合单元法外，其他学者也提出了不同的 p 型方法。陈国荣等提出了水管埋置单元概念，将混凝土与水管的接触面纳入边界条件，即直接在单元内部施加冷源。总的来看，以子结构法、复合单元法为代表的改进有限单元法近年来得到了快速发展，它们的优势与缺点也很明显：子结构法可以有效减少总刚度矩阵宽度，降低线性方程组求解规模，提高问题的求解效率。但缺点在于：高效计算的前提是母单元具有相同的子结构网格，针对拱坝等体型复杂结构难以实现，若母单元大小不一、结构不同，子结构法的优势则不再存在，并且在组装过程中要进行大量的求逆运算，这也很大程度上增加了计算负担。

以复合单元法为代表的 p 型方法在近年来得到了快速发展，可以在标准混凝土网格的基础上，实现对水管的离散附加，降低了建模难度。但就现阶段的各种 p 型方法而言，要么是求解时有固定的水管布设模式，如布设在单元中心，要么是需要布置密集网格捕捉水管附近高温度梯度的形式，还未见到哪种方法能够彻底达到无网格依赖性的目标。同时，由于插值函数的改变，方法的后处理不再能按照传统模式进行，增加了后处理的难度。这些不足意味着 p 型方法仍需进一步深入研究。

综合而言，围绕含水管温度场分析的研究就从未中断过。各种方法都具有一定的优势，也存在一定的不足。最早产生的数学求解方法能够提供精确的解析解，但必须建立在大量假设的基础上，难以反映实际情况。伪三维化方法对问题进行了简化处理，利用数值手段获得温度场，但仍不能完全反映实际的物理边界。传统有限单元法，无论采用解耦还是耦合的方式，都需要通过对单元尺寸的缩小、单元数量的增加，来得到精确的计算结果，实际应用时需面对复杂的前处理工作和巨大的计算规模。等效求解方法关注粗尺度级别的温度场，简单易行，但不能反映管壁附近的温度分布。子结构法通过自由度凝聚的方式削减求解矩阵的规模，加快求解速度，但前提是各个母单元的形态完全一致。p 型方法将水管从网格中分离，解放了前处理的工作量，但也存在普适性与后处理等方面的问题。

综上，目前大坝施工全过程温度应力仿真主要基于有限元数值分析方法，国外众多学者开发了一系列温度应力计算程序，美国学者开发了二维温度应力计算程序 DOT-DICE；日本学者在 ADINA 中实现了温度应力仿真计算，并应用于工程；Barrett 等开发了三维温度应力计算软件 ANACAP；国内学者自编有限元程序 SAPTIS，依托 Abaqus、ANSYS、Marc 等商业软件进行的二次开发的大型仿真计算程序，可实现全坝全过程仿真分析，并已成功应用于国内多座高坝的温度应力仿真计算，如三峡、黄登、小湾、溪洛渡、二滩等特高坝工程中。随着大数据、云计算、物联网、计算机等技术的发展，三维仿真分析技术正向高效、精细化、快速仿真方向发展，为实现大坝智能建造过程中的全过程温度应力分析提供了有力手段和工具。

4. 数字监控技术

安全监测对于掌握工程要素性态、结构安全评价、检验设计理论、优化施工工艺、协调调度控制有重要的作用，1926 年美国首次在修建加州斯蒂文森河上修建拱坝时采用了电阻应变计，此后美国垦务局以及欧洲一些国家研发了一系列温度、应力、应变监测仪器，并广泛应用于工程原位监测。我国从 20 世纪 50 年代之后开始系统研究安全监测理论、技术、设备，并成功应用于丹江口、葛洲坝、三峡等工程，为工程设计、建造、施工、优化提供了数据支撑。从 20 世纪 90

年代至今，安全监测理论与技术已经进入第三发展阶段，正逐步向高效化、定量化、实时化发展，其自动化程度已经有了显著的提升，并且为智能化方向发展奠定了基础，并且在我国小浪底、二滩、龙滩、溪洛渡、向家坝、乌东德、白鹤滩等系列重大工程中深度应用。安全监测为大坝智能控制系统智能决策模块实现全面感知功能奠定了基础，对于解决温控防裂的难题提供了优化决策的依据。

水利部汇编的《大型水库工程事故 300 例》中对全国 26 省市的 1000 起工程事故进行了调查，其中水工建筑物裂缝造成的事故就高达 25.3％。因此对于裂缝，尤其是大体积混凝土温度裂缝的监控和预防也是安全监测的重要一环。为此学者们发明了差动电阻式温度计、钢弦式温度计、贴片式温度计、基于热电偶和热敏电阻的温度计、分布式光纤温度传感器等用于温度监测，部分差动式传感器经历长达六七十年还能正常使用，这对于评估运行期大坝结构温度场意义重大。除了研发温度监测传感器，学者们还基于温度裂缝内外约束条件下产生机理的不同提出了基础温差、内部温差、最高温度等监控指标，并广泛应用于温度预测预警中，并应用传感器技术、无线网络技术（Wap、蓝牙、UWB、HomeRF、Wi-Fi、ZigBee、GPRS 等）、数据汇集网络（基于物理链路层方式的 DDN 和 SDH、基于逻辑链路层的 FR、ATM、Ethernet、基于网络层的 MPLS、IP 等）等技术构建了不同类型数据采集自动化系统，典型代表有葛洲坝工程分布式数据采集系统、奥地利科伦布莱恩大坝集中式监测数据采集自动化系统。

随着监测与自动控制技术的发展，朱伯芳提出了"数字监控"的概念，张国新等在此基础上发展了温控防裂智能监控系统。将现场监测数据与仿真技术相结合对大坝工作性态进行评估，并对其温度状态进行监控。李庆斌等提出了"智能大坝"的概念和基于感知、分析、控制的智能控制理念。综合而言，监控技术的发展能够确保大坝建造过程中各要素的连续高效采集，对于评估建造过程中要素变化引起的结构、材料特性评价、预测、预警有重要的意义，同时能够为要素控制提供决策依据，为实现闭环反馈控制提供支撑，为大坝智能建造过程中的大体积混凝土结构温控防裂问题提供了新解决途径。

5. 工程控制手段

通过系统梳理大体积混凝土结构温控防裂研究可以发现，为了实现对温度裂缝的控制，学者们从试验的角度出发揭示温度致裂的机理，从控制角度出发提出并构建了一套完整的冷却通水控制技术，从监测的角度出发研发了自动化的监测设备，并综合上述技术构建了全过程模拟的仿真理论、技术与软件系统，上述研究对于大坝混凝土温度裂缝的预测、预防、控制都提供了有力的理论基础，并且通过工程实践形成了一套防裂控裂的方法，下面将简要介绍基于上述研究成果的工程控制方法，以便于读者理解现有工程是如何控制温度裂缝，以及在智能控制系统中应当如何选择被控对象从而达到控制目标和最优控制效果。

在工程实践中，材料性能、结构特征以及施工要素均可成为被控对象，具体如下。

（1）对材料性能的控制。基于大体积混凝土服役条件及抗裂需求，通过原材料甄选、配合比设计配置绝热温升较小、极限拉伸值较大、线胀系数较小、弹性模量较小的混凝土，例如通过调整水泥熟料中的组分含量生产低热水泥，选用合适的骨料，配置适当比例的粉煤灰，掺加改善抗裂性能外加剂等，在此基础上，在施工阶段控制生产、运输、浇筑、入仓、温控、运行全流程的混凝土温度。当然在此过程中不同阶段采用的方式也有所不同，例如生产搅拌过程中使用冰块、冷水、液氮降温等，运输途中采用保温措施防止温度回灌等，浇筑完成后及时通冷却水控温，暴露面及时覆盖保温被、聚氨酯等保温保湿材料等。

（2）对结构特征的控制。通常依据结构应力水平对结构的形式进行调控，其中的重点在于混凝土浇筑仓厚度调整、坝段宽度设计、结构缝（横缝、纵缝、诱导缝等）设置等，并且对于重点结构如廊道、孔口、电梯井等加强配筋以实现提升抗拉性能，发生裂缝时起到限裂作用。

（3）对施工要素的控制。施工的质量、进度、人员、设备性能均可以进行调控。除了确定上述被控对象之外，工程应用中还给出了具体的控制指标，针对温度控制通常对基础允许温差、内部温差、最高温度、通水流量、通水温度、浇筑温度、入仓温度、出仓温度、降温速率等都给出了大致的控制范围和限制措施，如我国各大设计院以及技术标准委员会、美国垦务局及美国陆军工程师团、日本混凝土协会、苏联相关单位等都提出了各自适用的技术标准，并应用于具体工程，如国内潘家口重力坝、龙羊峡重力拱坝、五强溪重力坝等，苏联布尔和塔尔明斯克宽缝重力坝，美国洛斯特重力拱坝、饿马重力坝，加拿大德约西姆坝，日本桂泽坝、新冠坝、黑四坝、小河内坝等。

　　虽然工程上控制手段和控制指标丰富，但是对大体积混凝土结构而言温控历程伴随大坝建设运行的整个过程短则数月长则数年，因此除了浇筑时需要控制之外，还要求后续施工运行过程可控，因此选择长效可靠的被控对象就显得尤为重要。综合分析，采用冷却通水技术能够实现大坝全过程温度历程的调控，同时随着自动化控制技术的发展，冷却通水系统也能够实现结构温度场的精细化调控，该系统可作为智能控制系统温控防裂的执行级被控对象。

　　综上，虽然温控防裂技术已经形成了一个涵盖材料、结构、施工要素等方面的完整体系并且进入了大坝建造数字化时代，但尚不能完全满足大坝建设 4.0 时代要求的"安全、高质、高效、经济、绿色"的建设目标。对比数字化时代与智能化时代温控系统的差异，数字化时代打破了在复杂水工结构建设环境下监测数据不完整、不及时、不准确的信息壁垒，实现了现场数据的感知，并发展了以有限元为基础的全过程仿真分析技术，为实现复杂现场动态分析提供了有力的工具，结合感知与分析实现了依据理想温控曲线对温度应力控制的功能。然而，控制结构开裂的直接因素是温度应力而非温度，而温度应力控制问题具有显著的复杂性、时变性、非线性等特征，通过预设温控曲线等传统控制方式进行调控并未从根本上解决温度致裂的问题。因此，现有温控防裂技术与人工智能技术的深度融合是解决上述难题的有效途径。在智能化时代不仅要通过温度应力的智能控制方法解决大坝温控防裂的难题，还要同时实现大坝安全、高质、高效的工程建设目标，结合全面感知与分析技术，实现自主决策、智能控制，从根源上解决温控防裂的核心问题。

深度融合人工智能技术与筑坝专业知识是解决非线性、时变性、不确定性建造难题的途径。筑坝理论通过材料性能试验、结构性态仿真、施工要素状态监控等手段揭示了各要素对质量、进度、安全等的作用机理，并通过数学物理模型进行了定量表征与评估。具体而言，通过试验揭示筑坝材料在真实服役条件下全过程的多种性能演变机理，通过数值仿真获取复杂边界、复杂加载历程、多场耦合等情况下大坝性态的时空演变机理，通过监控技术可以获取现场全要素、全流程的时空状态参数与响应机理等。但是由于建造过程的高度非线性与复杂性，不可预测或概率性事件、要素等产生的影响难以通过上述方式揭示机理获得显式控制方程，这种情况下传统的范式难以解决，因此需要借助人工智能技术以数据的方式协助处理不确定性、非线性、时变性的问题及其造成的波动，进而协助实现更深次的控制。具体而言，机理分析提供了大量优质的数据，数据帮助更好地寻找机理，基于专业知识的机理协助更好地解释人工智能技术产生的数据及控制策略。基于人工智能的数据分析打破了认知壁垒，揭示了复杂系统中的相关关系，进一步揭示了人－信息－物理系统中各要素的作用机理，使得系统更加智能、高效，能够实现更加复杂的决策，推动建造更加优化。

因此，本书将基于第2章提出的大坝智能建造理论框架，针对混凝土重力坝温度应力控制的问题，提出混凝土重力坝温度应力智能控制理论，并通过举例详细介绍如何应用智能控制理论，即根据智能控制理论提出核心控制问题、要素、对象，探讨智能控制的适用性、定义、特征、理论结构、智控系统组成及功能。在此基础上，明确重力坝温控防裂问题的工程建设目标、广义控制方程、优化指标与实现方法。

3.2　混凝土重力坝温度应力智能控制理论

3.2.1　温度应力智能控制概念

1. 定义

大体积混凝土温度应力控制问题具有非线性强、不确定性高、控制目标多元的特点，对此实现智能控制，需要通过设计具备分析、判断、推理、决策功能，能根据现场复杂施工条件、材料特性、结构特征、环境信息的变化做出适应性反应的控制器或系统，进而无需人的干预就能自主地驱动该控制器或系统实现控制目标，而基于传统数学模型设计的控制器无法满足其控制目标。因此基于本书提出的大坝智能建造理论，针对拱坝防裂控裂问题提出由数值仿真、人工智能、运筹学、自动控制四个要素构成的四元智能控制结构，通过上述四个要素构建具备感知分析、推理判断、智能决策功能的智能控制系统实现对重力坝温度应力的调控，实现保证结构安全，发挥材料性能，提升施工效率的工程建设目标。

2. 基本特征

智能控制的研究对象具有不确定性的模型、高度的非线性和复杂的任务要求的基本特点。本章所提大体积混凝土结构温度应力的智能控制理论基本特征如下。

当前决策步，根据全面感知单元获取的大体积混凝土结构温度应力场、温度场、各类现场数据（边界条件、材料参数、施工进度等）和初始通水策略。智能决策单元利用全面感知单元采集分析的数据生成数值仿真计算数据文件，并进行大体积混凝土结构全过程温度应力仿真计算。进而通过安全系数判断是否满足温度应力调控的目标，若不满足，则通过优化模块优化通水策略，直至安全系数满足优化目标并输出决策步通水策略。自动控制单元根据智能决策单元给出的冷却通水策略控制底层执行机构完成通水动作。下一通水决策步，智能决策模块根据全面感知单元更新的综合数据给出优化策略，自动控制单元依据该策略控制冷却通水系统。整个通水过程属于闭环循环滚动优化通水，直至大体积混凝土结构建设完成。

3. 理论结构

智能控制具有十分明显的跨学科交叉结构的特点，其结构有三元结构、四元结构、多元结构和树形结构等。本章基于人工智能、自动控制、运筹学和数值仿真相交叉的四元论思想，提出了新四元智能控制结构，即大体积混凝土结构温度应力的智能控制由数值仿真、人工智能、运筹学、自动控制四个要素组成。数值仿真与人工智能、运筹

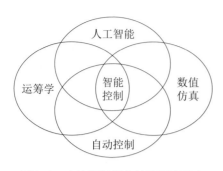

图 3.2　大体积混凝土结构温度应力
智能控制基本构成示意图

学共同使用以实现大体积混凝土结构温度应力控制，即实现通水策略的智能决策，而自动控制要素则实现底层执行机构的自动控制。因此，大体积混凝土结构温度应力智能控制实际由智能决策和自动控制两个关键要素构成。大体积混凝土结构温度应力智能控制基本构成见图 3.2。

3.2.2　温度应力智能控制理论

1. 智能控制优化目标与控制指标

安全、质量、进度是施工过程中的三个核心要素，对于大体积混凝土结构混凝土温度应力是影响三个核心要素的关键因素。因此混凝土温度应力智能控制的目标为"保证结构安全、发挥材料性能、提升施工效率"，也即从结构、材料、效率三个层次实现温度应力的多目标智能优化调控。

为实现上述优化目标，提出了两个控制指标（见图 3.3）：①$K_{set} \geq 2.0$，即保证结构全过程安全系数均大于 2.0，满足设计要求的 2.0 倍安全裕度，保证结构安全；②$\min \| K_k - K_{set} \|$，K_k 为当前步安全系数，即保证安全的前提下，最大限度利用混凝土自身强度发挥材料性能，提升施工效率。

进而提出以"保证结构安全、发挥材料性能、提升施工效率"为目标的大体积混凝土结构温度应力智能控制理论：通水策略决策以天为单位，在每一决策步，根据当前大体积混凝土结构温度应力场、温度场、各类现场数据（边界条件、材料参数、施工进度等）和初始通水策略生成有限元仿真计算数据文件，进行大体积混凝土结构全过程温度应力仿真计算，获取大体积混凝土结构在当前通水策略下的混凝土温度应力；再根据混凝土强度计算安全系数，此安全系数为大体积混凝土结构全过程安全系数。若当前决策步安全系数满足优化目标 $\min \| K_k - K_{set} \|$，大体积混凝土结构全过程安全系数均大于等于 2.0，则满足温度应力调

控的目标，输出当前决策步通水策略；如不满足优化目标，则通过基于人工智能算法的优化模块对通水策略进行优化，直至安全系数满足优化目标，输出决策步通水策略。当天冷却通水按最优化通水策略进行，得到实际通水后的温度场和温度应力场等，作为下一决策步优化计算的输入条件，重复上述优化步骤直至大体积混凝土结构建设完成。

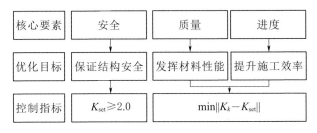

图 3.3　混凝土重力坝温度应力智能控制目标

2. 控制方程

大体积混凝土结构温度应力的智能控制方程如下：

$$
\begin{cases}
\sigma_k = \sigma_{k-1} + \Delta\sigma_k \\
\Delta\sigma_k = g(\Delta\varepsilon_k, \Delta T_k) \\
\Delta\varepsilon_k = h(G, H, \cdots) \\
\Delta T_k = f(p_k, C, M) \\
p_k = \mu(T_{k-1}, \varphi) \\
C = [d_c, \beta_c, b_c, \cdots] \\
M = [d_w, \lambda_p, b_p, \cdots] \\
\varphi = [T_1, T_{final}, Q, T_p, K, \cdots] \\
T_k = T_{k-1} + \Delta T_k \\
\tau_k = m(t_e) \\
t_e = \sum_i^{k-1} \dfrac{1}{\alpha_u - \alpha_0} \left(\dfrac{T_i}{T_x}\right)^{-m} \exp\left[-\dfrac{E_a}{R}\left(\dfrac{1}{T_i} - \dfrac{1}{T_x}\right)\right] \\
\qquad \times \left[H_{ai} \cdot \Delta t_i + \dfrac{I - H_{ai}}{\gamma}\ln(1 + \gamma \cdot t_i)\right] \\
K_k = \dfrac{\tau_k}{\alpha_k} \\
\min \| K_k - K_{set} \|
\end{cases}
\tag{3.1}
$$

式中：σ 为混凝土结构应力水平；$\Delta\sigma_k$ 为第 k 步应力增量；$\Delta\varepsilon_k$ 为非温度应变；G 为重力对应变的影响；H 为湿度对应变的影响；T_{final} 为目标温度；ΔT_k 为第 k 天温度变化量；T_{k-1} 为第 $k-1$ 时间步混凝土温度；p_k 为决策单元输出的第 k 时间步的工作参数 $(t_k, T_{\text{w}}, Q_{\text{w}})$，其中，$t_k$ 为第 k 时间步的通水时间，T_{w} 为第 k 时间步的通水温度，Q_{w} 为第 k 步通水流量；M 为包括诸如表面附加材料的导热系数 d_{w}、表面附加材料的厚度 λ_{p}、水管间距 b_{p} 等在内的材料和冷却系统固有特性的物理量；C 为包括诸如混凝土导热系数 d_{c}、混凝土绝热温升 β_{c}、水化热散热系数 b_{c} 等在内的混凝土热学参数；Q 为冷却水管通水流量；T_1 为混凝土初始温度；T_{p} 为冷却水管通水温度；K 为全过程的安全系数；τ_k 为混凝土的等效强度；t_{e} 为温度影响下的等效龄期；α_{u} 与 α_0 为水化度；E_{a} 为表观活化能；T_i 为第 i 段时间间隔内混凝土养护温度的平均值；m 为微观系数，γ 为需要分割的时间间隔的数量；H_{ai} 为第 i 段时间间隔 Δt_i 内混凝土养护湿度的平均值；K_k 为第 k 步的安全系数，K_{set} 为设定的安全系数。

式（3.1）的约束条件如下：

$$\begin{cases} 0 \leqslant Q \leqslant 100 \\ 8 \leqslant T_{\text{p}} \leqslant 10 \\ K_{\text{set}} \geqslant 2.0 \end{cases} \tag{3.2}$$

式中：Q 为冷却水管通水流量，m^3/d；T_{p} 为冷却水管通水温度，℃；K_{set} 为结构设计要求的安全系数。

通过大体积混凝土结构温度应力的智能控制过程优化，混凝土结构施工期全过程温度应力不超标，且每一步安全系数均达到其所能达到的最小安全系数，实现保证结构安全、充分发挥材料性能、提升施工效率的目标。

3.2.3　混凝土重力坝温度应力智能控制系统

1. 智能控制系统概况

如图 3.4 所示，大体积混凝土结构温度应力智能控制系统由全面感知、智能决策、自动控制三个单元组成。全面感知单元通过采集并

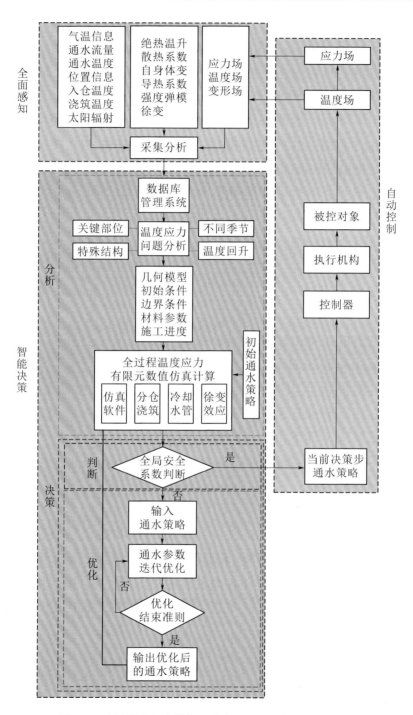

图 3.4 大体积混凝土结构温度应力智能控制系统框架图

分析影响混凝土温度应力调控的现场各类施工条件、混凝土材料性能及仿真计算成果等，为智能决策单元提供现场真实数据用以正确决策。自动控制单元通过调节冷却通水机组实现温度应力控制。

2. 智能控制系统组成

如图 3.4 所示，智能决策单元由分析模块（图中蓝色虚线框）和决策模块组成（图中红色虚线框）。其中决策模块由全局安全系数判断模块和优化模块共同组成，分析模块综合应用全面感知的数据，通过大体积混凝土结构全过程温度应力有限元仿真计算方法对大体积混凝土结构温度应力进行分析，为由判断模块与优化模块共同组成的决策模块提供用以判断与优化的数据，决策模块则根据温度应力计算成果判断当前决策步和大体积混凝土结构温度应力是否满足要求，进而输出决策步通水策略用以实际控制或继续优化通水策略直至满足要求。

自动控制单元则由输入的当前决策步通水策略、控制器、执行机构、测量元件和被控对象，以及输出的温度场/应力场组成，其中控制器采用自动控制算法进行设计；执行机构为控制振动泵和流量阀；被控对象包括冷却水管系统和混凝土；温度场和应力场作为输出存入数据库管理系统，为下一次优化提供初始条件。

3.3　理论应用

为验证基于人工智能、自动控制、运筹学和数值仿真相交叉的新四元智能控制结构，本章构建了混凝土重力坝温度应力仿真计算模型，选用了 BP 神经网络结合有限元数值仿真计算结果开展了混凝土坝温度应力过程的智能优化，实现了通水策略的智能决策功能。

要实现对大坝混凝土温度应力控制，必须掌握其变化规律，混凝土温度应力过程随温度过程变化，主要分为三个阶段（见图 3.5）：第一阶段，由于混凝土水化放热温度上升，混凝土呈压缩状态；第二阶段，混凝土降温，应力由压应力转化为拉应力，并在达到稳定温度时拉应力达到最大，此时安全系数 K 达到最小值；第三阶段，混凝土温度稳定，由于混凝土强度继续增长、徐变松弛等作用，混凝土应力水平缓慢降低。

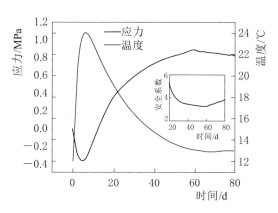

图3.5　大体积混凝土结构温度、温度应力与安全系数过程线

　　混凝土大坝温度应力智能控制的目的为在保证安全的前提下，最大限度利用混凝土自身强度，从而加快施工进度。针对上述目的，对照3.2.2和3.2.3中提出的混凝土温度应力智能控制理论，构建保证结构安全、发挥材料性能、提升施工效率为目标的混凝土坝温度应力智能控制系统。该系统通过两个优化目标实现对温度应力的智能调控：全坝全过程混凝土安全系数 K_{set} 满足设计要求的最小安全系数2.0；min $\parallel K_k - K_{set} \parallel$ 的目标，该目标保证了降温阶段安全系数随时间单调递减，且安全系数下降速度最快，即保证了结构温度应力水平发展曲线与材料强度增长曲线增长过程一致，且在现有约束条件下降温速率最快，从而达到目标冷却温度时间最短，提升冷却施工效率的效果。

　　该系统由全面感知、智能决策和自动控制三个模块构成。本实例中全面感知模块中各类参数如材料、施工、进度等均来自实际施工现场，根据实际施工情况为智能决策模块提供参数、约束条件等，详见3.3.2条；自动控制模块由仿真计算模型实现，用于评估优化后的控制策略；智能决策模块是温度应力智能控制系统的核心，而智能决策模块如何通过人工智能优化方法获得合理的通水策略是关键问题，为此本章选用BP神经网络训练分析温度应力仿真计算后获得的安全系数与通水策略的关系实现通水策略的智能化。

　　智能决策模块通过人工智能优化方法获得通水策略的实现过程主要分为三步：首先，通过构建的温度应力仿真计算模型，为每仓混凝土的每一步随机生成通水流量约束范围内的参数，并开展大量有限元仿真计算获得全坝全过程温度场和应力场，并根据混凝土强度增长曲

线计算安全系数 K；其次，将安全系数作为 BP 神经网络的输入层，通水策略作为输出层，开展神经网络模型训练；最后，将满足工程设计需要的安全系数输入训练后的 BP 神经网络模型中，输出满足 $\min \| K_k - K_{set} \|$ 优化目标的通水策略。

混凝土温控施工过程中，影响混凝土温度应力的因素诸多，如混凝土出机口温度、浇筑温度、冷却通水温度、通水流量等，但基于混凝土温度应力发展规律与温控现场温控施工经验，冷却水管通水流量是影响混凝土温度应力的核心因素，也是最可控、最重要的措施，因此以通水流量作为 BP 神经网络优化的核心，并将其作为输出，安全系数为输入层，经隐藏层计算后训练满足误差限制后获得神经网络模型。

综上，通过构建的大体积混凝土温度应力智能控制系统可在结构、材料、效率三个层次实现温度应力的多目标智能优化调控。

3.3.1　混凝土重力坝数值仿真技术

1. 全坝全过程仿真

坝块混凝土的温度应力随施工进度、冷却进程等动态变化，因此需要动态模拟大坝施工浇筑全过程，而全坝全过程仿真计算为评估大坝性态，实现温度应力的智能控制提供了机理和数据支撑。有限元计算方法主要由温控计算理论、等效冷却水管计算方法、徐变理论、各种材料性能演变模型、计算程序和流程构成。计算程序结合 Excel、C 语言编程与 MSC. Marc 和相应的后处理系统，作为大体积混凝土的温度应力耦合仿真计算系统，其中，模型文件可采用 Patran、Hypermesh 等通用建模软件生成，该套系统均可正常识别。

（1）施工期温度场分析。由热传导理论，施工期混凝土结构非稳定温度场 $T(x,y,z,\tau)$ 在区域 R 内应满足下述方程及边界条件：

$$\frac{\partial T}{\partial \tau} = a \left(\frac{\partial^2 T}{\partial x^2} + \frac{\partial^2 T}{\partial y^2} + \frac{\partial^2 T}{\partial z^2} \right) + \frac{\partial \theta}{\partial \tau} \tag{3.3}$$

$$a = \frac{\lambda}{c\rho}$$

当 $\tau = 0$ 时，$T = T_0(x, y, z)$。

在边界 C_1 上满足第一类边界条件时，$T = T_b$。

在边界 C_2 上满足第三类边界条件时，

$$\lambda \frac{\partial T}{\partial x} l_x + \lambda \frac{\partial T}{\partial y} l_y + \lambda \frac{\partial T}{\partial z} l_z + \beta(T - T_a) = 0$$

在边界 C_3 上满足绝热条件时，$\frac{\partial T}{\partial n} = 0$。

式中：a 为导温系数；c 为比热容；ρ 为容重；λ 为导热系数；β 为表面散热系数；T_a、T_b 分别为给定的边界气温和水温；n 为边界外法线方向；l_x、l_y、l_z 为边界外法线的方向余弦；T_0 为给定的初始温度。

考虑泛函极值，上述热传导问题等价于下列泛函的极值问题：

$$I(T) = \iiint\limits_R \left\{ \frac{1}{2} \left[\left(\frac{\partial T}{\partial x} \right)^2 + \left(\frac{\partial T}{\partial y} \right)^2 + \left(\frac{\partial T}{\partial z} \right)^2 \right] \right.$$

$$\left. + \frac{1}{a} \left(\frac{\partial T}{\partial \tau} - \frac{\partial \theta}{\partial \tau} \right) T \right\} \mathrm{d}x\mathrm{d}y\mathrm{d}z + \iint\limits_c \bar{\beta} \left(\frac{T^2}{2} - T_a T \right) \mathrm{d}s = \min \quad (3.4)$$

其中
$$\bar{\beta} = \frac{\beta}{c\rho}$$

泛函 $I(T)$ 的极值问题可用有限单元法解决。

将结构求解区域 R 划分为有限个单元，单元内任一点的温度与温度变化率用形函数 $[N]$ 插值表示：

$$T^e(x, y, z, \tau) = [N] \{T\}^e \quad (3.5)$$

$$\frac{\partial T}{\partial \tau} = [N] \frac{\partial \{T\}^e}{\partial \tau} \quad (3.6)$$

则泛函 $I(T)$ 的极值条件可表示为

$$\frac{\partial I}{\partial T_i} = \sum \frac{\partial I^e}{\partial T_i} = 0 \quad (i = 1, 2, 3, \cdots, n) \quad (3.7)$$

由此得到下列方程：

$$\left[H + \frac{2}{\Delta \tau} P \right] \{T\}_\tau + \left[H - \frac{2}{\Delta \tau} P \right] \{T\}_{\tau - \Delta \tau} + \{Q\}_{\tau - \Delta \tau} + \{Q\}_\tau = 0 \quad (3.8)$$

其中 $[H]$、$[P]$、$[Q]$ 的元素为

$$H_{ij} = \sum_e H_{ij}^e = \sum_e \iiint\limits_{\Delta R} \left(a_x \frac{\partial N_i}{\partial x} \frac{\partial N_j}{\partial x} + a_y \frac{\partial N_i}{\partial y} \frac{\partial N_j}{\partial y} \right.$$

$$+ a_z \frac{\partial N_i}{\partial z} \frac{\partial N_j}{\partial z}\Big) \mathrm{d}x\mathrm{d}y\mathrm{d}z$$

$$P_{ij} = \sum_e P_{ij}^e = \sum_e \iiint_{\Delta R} N_i N_j \mathrm{d}x\mathrm{d}y\mathrm{d}z$$

$$Q_{ij} = \sum_e q_{ij}^e = \sum_e \Big\{ -\iiint_{\Delta R} \frac{\partial \theta}{\partial \tau} N_i \mathrm{d}x\mathrm{d}y\mathrm{d}z - \iint_{\Delta c} \bar{\beta} T_a N_i \mathrm{d}s$$

$$+ \iint_{\Delta c} \bar{\beta} N_i [N] \{T\}^e \mathrm{d}s \Big\}$$

这样，已知 $\tau - \Delta\tau$ 时刻的温度场 $T\mid_{\tau-\Delta\tau}$，解方程组即可得到 τ 时刻的温度场 $T\mid_{\tau}$。已知 $t = 0$ 时结构内温度（入仓温度）分布，可依次求得各时刻的温度分布。

（2）徐变变形分析。混凝土的徐变性能对应力影响大，尤其在前期（约半年内），即使粗略仿真也应考虑这种影响。采用初应变法的有限单元法，分析非均质混凝土结构的应力和变形。在线性徐变条件下，设混凝土徐变度为

$$C(t,\tau) = C(\tau)\big[1 - \mathrm{e}^{-s(t-\tau)}\big] \tag{3.9}$$

由上式可推导出复杂应力状态下第 n 时段的应变增量为

$$\begin{cases} \{\Delta\varepsilon_n^c\} = (1 - \mathrm{e}^{-s\Delta\tau_n})\{\omega_n\} + [Q]\{\Delta\sigma_n\}C_n(1 - f_n\mathrm{e}^{-s\Delta\tau_n}) \\ \{\omega_n\} = \mathrm{e}^{-s\Delta\tau_n}\{\omega_{n-1}\} + [Q]\{\Delta\sigma_{n-1}\}C_{n-1}f_{n-1}\mathrm{e}^{-s\Delta\tau_{n-1}} \\ \{\omega_1\} = [Q]\{\Delta\sigma_0\}C_0 \end{cases} \tag{3.10}$$

其中：

$$f_n = \frac{\mathrm{e}^{-k\Delta\tau_n} - 1}{k\Delta\tau_n}$$

$$\Delta\tau_n = t_n - t_{n-1}$$

三维空间问题矩阵 $[Q]$ 取值为

$$[Q] = \begin{bmatrix} 1 & -\mu & -\mu & 0 & 0 & 0 \\ -\mu & 1 & -\mu & 0 & 0 & 0 \\ -\mu & -\mu & 1 & 0 & 0 & 0 \\ 0 & 0 & 0 & 2(1+\mu) & 0 & 0 \\ 0 & 0 & 0 & 0 & 2(1+\mu) & 0 \\ 0 & 0 & 0 & 0 & 0 & 2(1+\mu) \end{bmatrix}$$

$$\tag{3.11}$$

根据有关混凝土徐变试验资料，考虑应力分析中数学运算的方便，采用 $\sum\limits_{j=1}^{\gamma} c_i^{(j)}\left[1-\mathrm{e}^{-kj(t-\tau)}\right]$ 类型的函数来表示混凝土的徐变度。当 $\gamma=1$ 时，在复杂应力状态下混凝土的徐变变形用 $\sum\limits_{j=1}^{\gamma} c_i^{(j)}\left[1-\mathrm{e}^{-kj(t-\tau)}\right]$ 表示，对于一般情况 $\gamma \neq 1$ 时，则其徐变变形为

$$\begin{cases} \{\Delta\varepsilon_n^c\} = \sum\limits_{j=1}^{\gamma}\left\{(1-\mathrm{e}^{-k_j\Delta\tau_n})\{\omega_n^{(j)}\}+[Q]\{\Delta\sigma_n\}C_n^{(j)}\left[1-f_n^{(j)}\right]\mathrm{e}^{-k_j\Delta\tau_n}\right\} \\ \{\omega_n^{(j)}\} = \mathrm{e}^{-k_j\Delta\tau_{n-1}}\{\omega_{n-1}^{(j)}\}+[Q]\{\Delta\sigma_{n-1}\}C_{n-1}^{(j)}f_{n-1}^j\mathrm{e}^{-k_j\Delta\tau_{n-1}} \\ \{\omega_1^{(j)}\} = [Q]\{\Delta\sigma_0\}C_0^{(j)} \end{cases}$$

$$(3.12)$$

徐变应力分析假定在每一时段 $\Delta\tau_i$ 内，应力呈线性变化，即令应力对时间的导数为常数，也就是在 $\Delta\tau_i$ 内令

$$\frac{\partial\sigma}{\partial\tau} = \xi_i = 常数 \tag{3.13}$$

即其应力曲线为一折线逼近真实应力曲线。若第 n 时段某单元的应变增量为 $\{\Delta\varepsilon_n\}$，应变增量包括弹性应变增量、徐变应变增量、温度应变增量、自生体积变形增量四部分，则

$$\{\Delta\varepsilon_n\} = \{\Delta\varepsilon_n^e\}+\{\Delta\varepsilon_n^c\}+\{\Delta\varepsilon_n^T\}+\{\Delta\varepsilon_n^0\} \tag{3.14}$$

式中：$\{\Delta\varepsilon_n^e\}$ 为弹性应变增量列阵；$\{\Delta\varepsilon_n^c\}$ 为温度自重徐变变形增量列阵；$\{\Delta\varepsilon_n^T\}$ 为温度应变增量列阵；$\{\Delta\varepsilon_n^0\}$ 为自生体积变形增量列阵。

在徐变、温差、自生体积变形及外荷载共同作用下，徐变应力为

$$\{\Delta\sigma_n\} = [\overline{D}_n]\{[B]\{\Delta\delta_n\}-\{\omega_n\}(1-\mathrm{e}^{-s\Delta\tau_n})-\{\Delta\varepsilon_n^T\}-\{\Delta\varepsilon_n^0\}\}$$

$$(3.15)$$

$$[\overline{D}_n] = [D_n]\bigg/\left[1+C_n(1-f_n\mathrm{e}^{-s\Delta\tau_n})\cdot E(t_{n-1}+\frac{1}{2}\Delta\tau_n)\right]$$

式中：$[B]$ 为应变与位移的转化矩阵；$\{\Delta\delta_n\}$ 为第 n 时段的节点位移列阵。

由虚功原理可以导出：

$$[K]\{\Delta\delta_n\} = \{\Delta P_n^c\}+\{\Delta P_n^T\}+\{\Delta P_n^0\}+\{F\} \tag{3.16}$$

$$[K] = \int [B]^T [\overline{D}_n] [B] \mathrm{d}V$$

$$[\Delta P_n^c] = \int [B]^T [\overline{D}_n] \{\omega_n\} (1 - \mathrm{e}^{-s\Delta\tau_n}) \mathrm{d}V$$

$$[\Delta P_n^T] = \int [B]^T [\overline{D}_n] \{\Delta\varepsilon_n^T\} \mathrm{d}V$$

$$[\Delta P_n^0] = \int [B]^T [\overline{D}_n] \{\Delta\varepsilon_n^0\} \mathrm{d}V$$

式中：$[K]$ 为结构的刚度矩阵；$[\Delta P_n^c]$ 为单元由温度、自重等徐变变形产生的当量荷载增量；$[\Delta P_n^T]$ 为温度荷载增量；$[\Delta P_n^0]$ 为自生体积变形产生的当量荷载增量；$[F]$ 为单元外力矩阵。$\{\Delta\varepsilon_n^T\}$ 和 $\{\Delta\varepsilon_n^0\}$ 分别为由温差和自生体积变形引起的应变。

2. 材料、结构计算理论方法阐述

（1）混凝土绝热温升计算公式。混凝土的绝热温升采用双指数型公式：

$$T = \theta_0 s (1 - \mathrm{e}^{-m_1 t}) + \theta_0 (1 - s)(1 - \mathrm{e}^{-m_2 t}) \tag{3.17}$$

式中：t 为混凝土的龄期时间，d；T 表示龄期 t 混凝土的绝热温升值，℃；m_1、m_2 表示混凝土的水化热散热系数，常数，主要影响混凝土温升的速率，即温升曲线的斜率，m_1、m_2 分别对温升曲线的前期斜率和后期斜率有决定性的影响；s 为系数，与混凝土材料相关。

（2）混凝土水化热与水管冷却。对于混凝土热分析，不妨将 $\dot{Q}$ 表示为 $\dot{Q} = \dot{Q}^+ + \dot{Q}^-$，$\dot{Q}^+$ 表示水化热的热源强度，$\dot{Q}^-$ 表示水管冷却的"冷源强度"。通过子程序中的热源边界定义接口，可以同时把两者嵌入到计算中，有

$$\dot{Q}^+ (\tau) = c\rho\theta'_{(\tau+\Delta\tau/2)} \tag{3.18}$$

$$\dot{Q}^- (\tau) = c\rho [T(\tau) - T_w] \varphi'_{(\tau+\Delta\tau/2)} \tag{3.19}$$

式中：θ 为水化热函数；φ 为冷却效果函数；T_w 为通水温度；$\Delta\tau$ 为增量步长。

冷却效果函数采用文献（朱伯芳，2012）给出的拟合公式，即

$$\varphi = \mathrm{e}^{-k_1 (a'\tau/D^2)^s} \tag{3.20}$$

式中：k_1、s 为拟合系数，与混凝土热学性质、水管长度及通水流量相关；a' 为等效导温系数；D 为冷却直径。当同一混凝土仓内铺设有 n

层（$n > 1$）不同材质冷却水管时，采用下述公式进行修正：

$$\varphi = e^{-k_1 (a'_n \tau / D^2)^s} \tag{3.21}$$

$$a'_n = \frac{D^2}{\tau} \left[\frac{1}{n} \sum_{i=1}^{n} (a'_i \tau / D^2)^s \right]^{1/s} \tag{3.22}$$

式中：a'_i 为不同层水管的等效混凝土导温系数。

（3）散热与保温。大体积混凝土施工过程中的混凝土表面散热属于一种固体与流体接触的传热问题，按照第三类热传导边界条件考虑，即

$$q = -\lambda \frac{\partial T}{\partial n} = \beta (T - T_a) \tag{3.23}$$

式中：q 为经过混凝土表面的热流量；β 为表面散热系数；T 为混凝土表面温度；T_a 为外界温度（气温）。在计算中，通过子程序中的散热边界接口（film.f），对 β 及 T_a 的定义，可以实现对散热条件的模拟。

混凝土工程的温度控制措施中一个关键点即仓面保温，针对采用不同保温措施的仓面应采用不同的表面放热系数 β 来模拟。

（4）分仓浇筑。由于施工能力及结构防裂的考虑，大体积混凝土工程施工期间，混凝土采取分仓浇筑。对此，通过前处理系统中对各混凝土仓的定义（组别命名、浇筑时间、浇筑温度），自动生成可供 MSC.Marc 识别的交互脚本，借助 Marc 中的 Loadcase 接口，杀死/激活（deactivate/dctivate）相关单元，实现对施工期间分仓浇筑的模拟。

（5）混凝土弹性模量。早龄期混凝土的弹性模量随龄期变化，本章采用指数型式表达：

$$E = E_0 \times (1 - e^{-a\tau}) \tag{3.24}$$

式中：E_0 为混凝土的最终弹性模量；a 为弹性模量增长的速率参数；E 为龄期 τ 时混凝土的弹性模量值。通过子程序中的材料本构接口，对龄期 τ 计算并对 E_0、a 定义，可以实现对混凝土弹性模量的模拟。

（6）混凝土徐变。混凝土徐变受加载龄期的影响，早期发展较快，是混凝土早期应力应变发展的重要考虑因素。徐变度的计算采用下式表达：

$$C(t,\tau) = C_0(A_0 + A_1\tau^{-A_2})[1 - e^{-M_1(t-\tau)}]$$
$$+ C_0(B_0 + B_1\tau^{-B_2})[1 - e^{-M_2(t-\tau)}] + C_0De^{-M_3\tau}[1 - e^{-M_3(t-\tau)}]$$
$$(3.25)$$

式中：$C(t,\tau)$ 为混凝土徐变度，即单位应力作用下产生的徐变，MPa^{-1}；τ 表示加载时间；C_0、A_0、A_1、A_2、M_1、B_0、B_1、B_2、D、M_2、M_3 为由试验确定的徐变参数。

式（3.25）综合了老化理论和弹性徐变理论，并做部分修正，能较好地吻合试验数据和描述混凝土早期加载时的可逆徐变，适用于长、短间歇期浇筑的混凝土徐变计算。基于工程实践经验，通过子程序中的材料本构接口为用户提供了默认的混凝土徐变参数，用户也可根据具体的试验数据拟合结果在前处理界面中修改相应参数，实现对混凝土徐变的精确模拟。

3.3.2　人工神经网络技术

1. 概述

人工神经网络（neural network）是基于对人脑结构和功能研究而获得的一种用于模拟人脑思维方式的数学模型，通过对人脑神经元及其构成的神经网络信息传递与处理的模拟实现并行信息处理、学习、联想、模式分类、记忆等功能。心理学家 McCulloch 和数学家 Pitts 于 1943 年首次提出了描述脑神经细胞的 MP 模型，开启了人工神经网络的研究。此后，人工神经网络技术经历了启蒙期（1943—1969 年）、低潮期（1970—1982 年）、复兴期（1983—1986 年）、新连接机制时期（1986 年至今）。经历了近 80 年的发展，人工神经网络已经发展出包括前向网络、反馈网络、自组织网络等类型，提出的人工神经网络模型超过 40 多种，并且广泛应用于自动控制、模式识别、智能机器人、生物医药、监测监控等各个领域，其中典型的人工神经网络有 BP 神经网络、Hopfield 网络、SOM 自组织网络等。

人工神经网络能够逼近任意非线性函数，其输入与输出数量不受限制，可以实现信息的并行分布式处理与存储，而且可以基于规则进行学习以适应边界条件的变化。因此，人工神经网络可以应用于非线性系统的建模与辨识，进而实现静态、动态预测。此外，人工神经网络还可以作为实时控制系统的控制器，能够对不确定系统及外部扰动条件下系统的实现有效控制，还可用于求解约束优化问题，使控制系统或被控对象达到要求的特性。基于以上特性，结合数值仿真技术与人工神经网络算法可以实现以"安全、高质、高效"工程建设目标为约束条件的重力坝大体积混凝土温度应力调控，并通过所设计的智能控制系统提供智能调控策略以达到优化目的。

2. BP 神经网络原理

BP 神经网络是一种具有学习能力的前向映射网络，正如在 3.2 节中所述，温度应力调控数学模型复杂，部分关系尚无显式表达，因此求解困难，而 BP 神经网络则具备学习和存储大量输入输出模式映射关系的能力，且无需实现揭示描述这种映射的数学方程，因此可以有效解决上述问题。在本章所述案例中，由于温度应力的调控过程中材料、结构、施工要素中存在数十种变量和被控对象，如果将所有相关变量均输入至人工神经网络中则会导致寻优参数过多、收敛速度极慢，难以满足高效决策的需求，因此在对掌握数学物理规律及机理的部分则采用数值仿真技术实现精准模拟，对于控制部分则采用 BP 神经网路优化，结合发挥二者优势有效提升了优化准确性和效率。下面将介绍 BP 神经网络的工作机理。

BP 神经网络学习算法描述网络结构输入层有 n 个神经元，隐含层有 p 个神经元，输出层有 q 个神经元。定义：hi 为隐含层输入向量，ho 为隐含层输出向量，yi 为输出层输入向量，yo 为输出层输出向量。具体变量表示如下：

输入向量：$x = (x_1, x_2, \cdots, x_n)$

隐含层输入向量：$hi = (hi_1, hi_2, \cdots, hi_p)$

隐含层输出向量：$ho = (ho_1, ho_2, \cdots, ho_p)$

输出层输入向量：$yi = (yi_1, yi_2, \cdots, yi_q)$

输出层输出向量：$yo = (yo_1, yo_2, \cdots, yo_q)$

期望输出向量：$do = (do_1, do_2, \cdots, do_q)$

一般情况下，激活函数采用 sigmoid 函数，表示为

$$f(x) = \frac{1}{1 + e^{-x}} \tag{3.26}$$

或者

$$f(x) = \frac{1 - e^{-x}}{1 + e^{-x}} \tag{3.27}$$

BP 神经网络的误差函数定义为

$$e = \frac{1}{2} \sum_{l=1}^{q} \left[d_o(k) - yo_l(k) \right]^2 \tag{3.28}$$

其中输入层与中间层的连接权值为 w_{ij}，隐含层与输出层的连接权值为 w_{jl}，隐含层各神经元的阈值为 b_j，输出层与各神经元的阈值为 b_l，样本数据个数 k 为 m 个。输入层与中间层的激活函数为 $f_1(\cdot)$，中间层与输出层的激活函数为 $f_2(\cdot)$。算法实现过程如下：

第一步，网络初始化：给各连接权值分别赋予一个区间（1，1）内的随机数，设定误差函数 e，给定计算精度值 ε 和最大学习次数 M。

第二步，随机选取 k 个输入样本及应对其望输出 $x(k) = [x_1(k), x_2(k), \cdots, x_n(k), d_o(k)] = [do_1(k), do_2(k), \cdots, do_q(k)]$。

第三步，计算隐含层、输出层各神经元的输入和输出：

$$hi_j(k) = \sum_{i=1}^{n} w_{ij} x_i(k) - b_j \quad j = 1, 2, \cdots, p \tag{3.29}$$

$$ho_j(k) = f_1[hi_j(k)] \quad j = 1, 2, \cdots, p \tag{3.30}$$

$$yi_l(k) = \sum_{j=1}^{p} w_{jl} ho_j(k) - b_l \quad l = 1, 2, \cdots, q \tag{3.31}$$

$$yo_l(k) = f_2[yi_l(k)] \quad l = 1, 2, \cdots, q \tag{3.32}$$

第四步，利用网络期望输出和实际输出，计算误差函数对输出层各神经元的偏导数 $\delta_o(k)$。

$$\frac{\partial e}{\partial w_{jl}} = \frac{\partial e}{\partial yi_l} \frac{\partial yi_l}{\partial w_{jl}} \tag{3.33}$$

$$\frac{\partial yi_l(k)}{\partial w_{jl}} = \frac{\partial \left[\sum_{h}^{p} w_{jl} ho_j(k) - b_l \right]}{\partial w_{jl}} = ho_j(k)$$

$$\frac{\partial e}{\partial yi_l} = \frac{\partial \left\{ \frac{1}{2} \sum_{l=1}^{q} \left[d_o(k) - yo_l(k) \right] \right\}^2}{\partial yi_l}$$

$$= - \left[d_o(k) - yo_l(k) \right] yo'_l(k) \tag{3.34}$$

$$= - \left[d_o(k) - yo_l(k) \right] f'_2 \left[yi_l(k) \right] \triangleq - \delta_l(k)$$

第五步，利用隐含层到输出层的连接权值、输出层的 $\delta_l(k)$ 和隐含层的输出计算误差函数对隐含层的各神经元的偏导数 $\delta_j(k)$。

$$\frac{\partial e}{\partial w_{jl}} = \frac{\partial e}{\partial yi_l} \frac{\partial yi_l}{\partial w_{jl}} = - \delta_l(k) ho_j(k) \tag{3.35}$$

$$\frac{\partial e}{\partial w_{ij}} = \frac{\partial e}{\partial hi_j(k)} \frac{\partial hi_j(k)}{\partial w_{ij}} \tag{3.36}$$

$$\frac{\partial hi_j(x)}{\partial w_{ij}} = x_i(k) \tag{3.37}$$

$$\frac{\partial e}{\partial hi_j(x)} = \frac{\partial \left\{ \frac{1}{2} \sum_{l=1}^{q} \left[d_o(k) - yo_l(k) \right]^2 \right\}}{\partial ho_j(k)} \frac{\partial ho_j(k)}{\partial hi_j(x)}$$

$$= \frac{\partial \left\{ \frac{1}{2} \sum_{l=1}^{q} \left\{ d_o(k) - f_2 \left[yi_l(k) \right] \right\}^2 \right\}}{\partial ho_j(k)} \frac{\partial ho_j(k)}{\partial hi_j(x)}$$

$$= \frac{\partial \left\{ \frac{1}{2} \sum_{l=1}^{q} \left\{ d_o(k) - f_2 \left[\sum_{j=1}^{p} w_{jl} ho_j(k) - b_l \right] \right\}^2 \right\}}{\partial ho_j(k)} \frac{\partial ho_j(k)}{\partial hi_j(x)}$$

$$= - \sum_{l=1}^{q} \left[d_o(k) - yo_l(k) \right] f'_2 \left[yi_l(k) \right] w_{jl} \frac{\partial ho_j(k)}{\partial hi_j(x)}$$

$$= - \left[\sum_{l=1}^{q} \delta_l(k) w_{jl} \right] f'_1 \left[hi_j(k) \right] \triangleq - \delta_j(k) \tag{3.38}$$

第六步，利用输出层各神经元的 $\delta_l(k)$ 和隐含层各神经元的输出来修正连接权值 $w_{jl}(k)$。

$$\Delta w_{jl}(k) = - \mu \frac{\partial e}{\partial w_{jl}} = \mu \delta_l(k) ho_j(k) \tag{3.39}$$

$$w_{jl}^{N+1} = w_{jl}^{N} + \mu \delta_l(k) ho_j(k) \tag{3.40}$$

第七步，利用隐含层各神经元的 $\delta_j(k)$ 和输入层各神经元的输入修正连接权。

$$\Delta w_{ij}(k) = -\mu \frac{\partial e}{\partial w_{ij}} = -\mu \frac{\partial e}{\partial hi_j(k)} \frac{\partial hi_j(k)}{\partial w_{ij}} = \delta_j(k) x_i(k)$$

(3.41)

$$w_{ij}^{N+1} = w_{ij}^N + \eta \delta_j(k) x_i(k)$$ (3.42)

第八步，计算全局误差：

$$E = \frac{1}{2m} \sum_{k=1}^{m} \sum_{l=1}^{q} [d_o(k) - yo_l(k)]^2$$ (3.43)

第九步，判断网络误差是否满足要求。当误差达到预设精度或者学习次数达到上限，则结束算法。否则，继续选取下一个学习样本及对应的期望输出，返回到第三步，进入下一轮学习。

BP 神经网络采用误差反向传播学习算法，网络的学习过程由正向传播和反向传播组成。正向传播过程中，信号从输入层先向前传播到隐含层节点，经过激活函数后，再把隐含层节点的输出信息传播到输出节点，最后给出输出结果。在学习过程中，如果在输出层不能得到期望的输出，则转入反向传播，将误差信号沿原来的连接通路返回，通过修改各层神经元的权值使得误差信号最小。

3.3.3 应用举例

1. 仿真模型

混凝土温度应力有限元仿真分析是智能控制系统中连接全面感知模块与智能决策模块的关键数据桥梁，温度应力有限元仿真分析结果的正确性对于智能决策模块学习效率、分析效果、决策结果有显著影响，因此选择正确的混凝土温度应力仿真计算理论、方法、参数、软件至关重要。

本章构建的混凝土坝温度应力仿真计算模型考虑了强度、弹性模量、徐变、水化放热等混凝土材料热力学性能随龄期的变化，考虑了温控施工过程中混凝土浇筑温度、浇筑进度、冷却水管布置、通水流量、冷却水温、气温变化、混凝土表面保温措施等影响混凝土温度应力的关键因素，能够实现全坝全过程温度应力仿真计算，在全面感知模块构建的数据库支持下能够准确分析大坝混凝土温度应力。有限元模型为双坝段模型，每个坝段三仓，单仓长 80m、宽 20m、高 3m，采用该控件六面体八节点等参单元，在有限元仿真软件中剖分网格，其中单元2112 个，节点 2927 个，混凝土坝温度应力有限元计算模型见图 3.6。

2. 材料及工况

材料参数见表 3.1，其中混凝土的绝热温升采用双指数型公式；早龄期混凝土的弹性模量、抗拉强度随龄期变化采用指数型式表达；徐变采用综合老化理论和弹性徐变理论构建的模型；冷却通水采用朱伯芳等效模型。

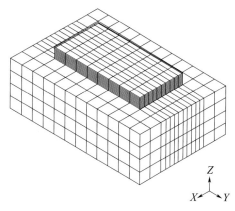

图 3.6　混凝土坝温度应力有限元计算模型

根据大坝混凝土施工期进度安排与施工条件：冷却水管水平方向按 1.5m × 1.5m 布置，垂直方向按 1.5m 间隔布置，混凝土浇筑温度为 12℃，通水流量 0 ～ 100m³/d，通水温度为 10℃，大坝坝体稳定温度为 13℃；混凝土浇筑间歇期为 7d，浇筑进度见表 3.2；气温边界条件固定，总计算时长 5 个月。

冷却通水工况设置三组：第一组模型中调节通水流量在 0 ～ 100m³/d 之间变化，随机生成全坝各仓各步长通水流量，计算获得的温度应力相应数据输入智能决策模块的神经网络算法中进行学习训练；第二组为混凝土温度应力智能控制系统优化后的通水流量；第三组为某工程《混凝土温控标准》中传统的"三期九阶段"冷却控温方法，即冷却过程分为一期冷却、中期冷却、二期冷却三个阶段，各阶段目标温度分别为 21℃、17℃、13℃，每仓降温过程持续 100d。

表 3.1　材 料 参 数

材料	弹性模量/GPa	泊松比	线膨胀系数 α/(10^{-6}/℃)	容重/(kg/m³)	比热容/[kJ/(kg·℃)]	28天绝热温升 θ_0/℃	水化热放热系数 m	导热系数/[kJ/(m·h·℃)]	抗拉强度/MPa
混凝土	44	0.125	4.94	2663	0.86	24.5	0.39	7.29	—
基岩	26	0.25	6.79	2500	0.85	—	—	7.7	—

表 3.2　　　　　　　　　　　大体积混凝土结构浇筑进度

浇筑仓名称	浇筑日期	浇筑仓名称	浇筑日期
A101	1	A201	22
A102	8	A202	29
A103	15	A203	36

3. 实现过程

在本算例中，智能优化模块 BP 神经网络训练集中的参数获取方法如下：第一组工况模型通过调节通水流量生成全坝各仓各步长通水策略，经有限元仿真计算后获得相应的温度应力，进而通过强度曲线计算获得安全系数，并将安全系数与通水流量分别作为输入层和输出层训练。选定隐藏层为三层，经过 555 次训练后满足误差限制，获得神经网络模型，进而将 $\min \| K_k - K_{set} \|$ 作为优化目标，以 $K_{set} = 2.0$ 作为输入，经模型优化后给出相应通水策略，即通水流量。将上述智能优化模块通过 BP 神经网络提供的优化后的通水策略（简称"优化策略"），重新代入混凝土温度应力仿真计算模型进行全过程计算，并将结果与传统"三期九阶段"温控策略（简称"传统策略"）进行对比。

4. 结果分析

传统策略冷却流量采用温控标准中推荐的值，以施工全过程中位于基岩约束区附近温度应力最大的部位作为分析对象，其典型温度过程曲线见图 3.7，传统策略最高温度为 25.8℃，而优化策略最高温度为 24.6℃，比传统策略降低 1.2℃，最高温度直接影响坝体总温降梯度，温降梯度越高，大坝坝体达到稳定温度场时温度应力越大，大坝安全风险越高；同时，可以从优化策略曲线中观察到该仓在第 38d 浇筑，在第 98d 时已经达到坝体稳定的温度 13℃，共计 60d，而传

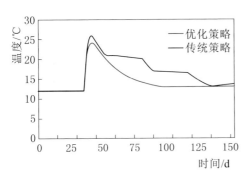

图 3.7　优化策略与传统策略典型
温度过程曲线

统策略到达坝体稳定温度耗时 100d，可见，优化策略可以大幅缩短温控时间，有效提高坝体冷却效率 40％。

两种策略温度典型应力过程曲线见图 3.8。应力过程可以分为三个阶段：第一阶段，二者变化趋势、数值一致，早期混凝土温度上升产生压应力，传统策略早期产生的压应力水平略高于优化策略 0.1MPa，随着混凝土开始降温压应力逐渐转变为拉应力，但二者在传统策略达到一期冷却 21℃ 目标温度之前温度应力趋势与数值均较为接近。该阶段混凝土处于早龄期阶段，混凝土强度较低易开裂。是温控防裂的关键阶段，而该阶段两种策略应力过程水平和趋势相似，且传统策略的广泛实践应用证明该策略是早龄期温控防裂的有效方法，因此优化策略早龄期温控防裂效果与传统策略相同，也可有效避免早龄期混凝土开裂。第二阶段，优化策略应力水平高于传统策略，由于传统策略温度应力过程随其温度变化呈阶梯状，达到一冷目标温度后开始控温阶段，该阶段温度基本保持稳定，在徐变等因素的作用下应力略有减小，而此时优化策略仍要降温，因此应力水平持续上升至坝体达到稳定温度时应力水平逐步降低，但仍高于传统策略。第三阶段，传统策略降温至 15℃ 时与优化策略应力水平相同，但此时传统策略仍需降温，应力水平要持续增加，而优化策略应力水平在持续小幅下降。

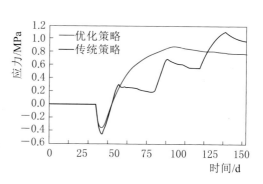

图 3.8　优化策略与传统策略典型应力过程曲线

由图 3.8 可见，整个温变过程中优化策略最大拉应力为 0.82MPa，而传统策略最大拉应力为 1.1MPa，比优化策略高出 25％，且最终应力水平传统策略高于优化策略 20％，即优化策略更为安全。

由于早期混凝土升温产生压应力，在完成拉压变换之前混凝土安全系数非常高，因此在分析安全系数时从产生一定拉应力之后开始（见图 3.9）。在降温阶段，优化策略安全系数单调递减，且在满足现

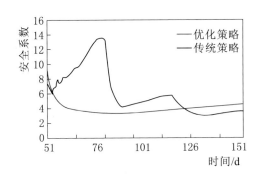

图3.9　优化策略与传统策略全过程安全系数对比

场结构形式、通水温度、水管布置形式等约束条件的情况下，安全系数下降速度最快，优化策略在混凝土完成拉压变化之后安全系数保持在 4.0 左右，即其应力水平发展与混凝土强度发展曲线一致，而传统方法安全系数波动范围较大，且并不单调递减，应力水平与强度发展过程不一致，因而在降温阶段不能充分发挥材料强度，且由于其最终应力水平较高，最终安全系数反而较低，虽然两种策略均能满足安全系数 2.0 的温控防裂要求，但传统策略在第二阶段安全系数较高，而优化策略则随材料强度进行变化，充分发挥材料的性能，且极大地提升了冷却效率。

如图 3.10 所示，尽管两种策略稳定温度场都相同，但其应力水平及拉应力区域均有明显差别，传统策略不仅拉应力水平高，而且拉应力区域明显大于优化策略，可见，优化策略不仅能够通过调控混凝土时间温度梯度，而且能够优化空间温度梯度，从而实现对大坝混凝土温度应力的时空全局优化。

综上所述，通过混凝土温度应力智能控制理论获得的混凝土通水优化策略早龄期温控防裂效果与传统"三期九阶段"降温策略效果相同，能够有效避免温度裂缝产生；相比于传统策略，优化策略能够有效降低混凝土最终的应力水平，有效提高大坝安全性；优化策略可优化时空温度梯度，从而实现对大坝混凝土温度应力的时空全局优化；优化策略在降温阶段能够在保证安全的情况下充分发挥材料性能，大幅缩短混凝土温控过程，有效提高温控施工的效率，进而加快施工进度。

5. 讨论

根据优化结果可以看出，大体积混凝土结构温度应力智能控制理论针对特定工程给出了在结构形式、材料特性、温控设备、施工能力

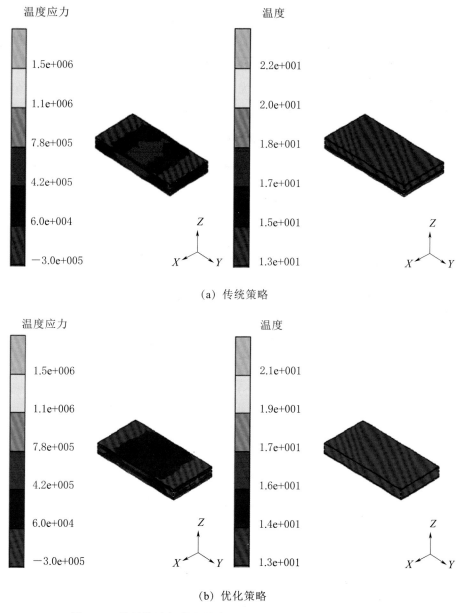

（a）传统策略

（b）优化策略

图3.10　传统策略与优化策略混凝土温度应力云图与温度云图

工程等真实施工约束条件下的优化温控策略，该策略能够有效保证结构施工期安全、充分发挥材料性能、提升温控施工的效率。然而，受施工条件约束影响，结构拉应力水平最高的部位安全系数也高于设计要求的最低安全系数2.0，因而存在进一步优化的空间，即通过调整约束条件实现结构安全系数达到 2.0 的优化目标。大体积混凝土温度应力智能控制理论提供的温控策略为实现上述目标提供了依据，因而可以依据该优化通水策略作为基准，通过调整设计阶段结构形式、材料性能进一步实现结构安全系数为 2.0 的优化目标，在保证结构安全的前提下，最大程度发挥材料性能，提升施工效率。

依据大体积混凝土温度应力智能控制理论提出的温控策略，应力水平最高区域安全系数达到 4.0 水平，因此在设计阶段可通过降低混凝土强度标号，使混凝土结构应力水平与材料强度性能发展相匹配，满足设计安全系数 2.0 即可，减少胶凝材料用量，节省工程成本。

由大体积混凝土结构温度应力分布规律（见图 3.9）可知，最大拉应力通常出现在每一仓中心部位，依据大体积混凝土温度应力智能控制理论提出的温控策略，该区域全过程安全系数均大于 4.0，因此在满足施工能力的条件下，可以通过改变浇筑仓的结构，即增加每一仓的横河向长度（如由方案 A 变更为方案 B，如表 3.3 所示），或浇筑层厚，使其最大拉应力区域满足安全系数 2.0 要求，同时仓面结构调整能够进一步提升浇筑效率，这使未来筑坝中减少或取消横缝成为可能。

表 3.3　　　　　　　　　大体积混凝土结构调整方案

名称	仓面规格	施工进度	
		浇筑仓名称	浇筑日期
方案 A		A101	1
		A102	8
		A103	15
		A201	22
		A202	29
		A203	36
方案 B		B101	1
		B102	8
		B103	15

3.4 本章小结

本章首先介绍大体积混凝土温控防裂问题，尤其是针对混凝土重力坝这类典型的大体积混凝土结构，阐明其温控防裂问题对大坝工程安全、高质、高效建设的重要意义。从材料、结构、施工要素的角度揭示了温度应力的影响因素复杂、历程长、危害性大、占比大的特点，介绍了材料试验、冷却通水、数值仿真、自动监控等技术及其在重力坝工程温控防裂中的具体应用，总结了上述理论、技术、方法、设备等在重力坝温控防裂方面的作用、优缺点及其在智能控制阶段的定位与功能。

依据上述内容全面、系统地说明了温度应力控制的非线性和复杂性，进一步阐明了采用人工智能方法解决温控防裂问题的必要性与适用性，并且指出传统技术与人工智能技术的深度融合是解决上述难题的有效途径。因此，基于第 2 章提出的大坝智能建造理论的框架，针对混凝土重力坝温度应力控制的问题，相应地提出混凝土重力坝温度应力智能控制理论，并通过案例详细介绍如何应用智能控制理论，具体包括：温控防裂问题的提出与解构，智能控制的适用性分析、定义阐述、特征梳理、广义控制方程构建、理论结构完善、被控对象选择、控制系统构建、优化实例验证等。其中重点在于温控防裂问题的解构，即明确被控对象、控制指标、优化准则，进而通过智能控制系统实现高层次协调级、组织级的优质工程建设的目标。

在应用举例中，完整说明基本理论、仿真方法、工具、流程。即根据第 2 章所提大坝智能建造理论框架，提出了基于人工智能、自动控制、运筹学和数值仿真相交叉的新四元理论结构的重力坝混凝土温度应力智能控制理论；利用所提出的混凝土重力坝温度应力智能控制理论设计了由智能决策、自动控制两个单元组成的智能控制系统；应用举例结果表明，本章提出的混凝土重力坝温度应力的智能控制理论及系统能够实现大体积混凝土结构温度应力控制过程的智能控制，在实现混凝土结构施工期全过程温度应力不超标的同时充分发挥混凝土材料性能，提升施工进度，能够达到"安全、高质、高效"的工程建设优化目标。以上，完整说明大坝智能建造理论针对非线性、复杂多目标控制问题的具体应用方法及适应性。

第4章
拱坝智能建造

    拱坝作为一种重要的坝型，以结构轻巧、线条光滑、体形优美、自适应能力强和超载安全系数大而著称。在狭窄河谷修建拱坝既经济又安全，在坝址和坝高相同的条件下，拱坝体积仅为重力坝的 $1/5\sim 1/2$。坝越高，拱坝的优势也就越明显。全世界已建、在建高度超过 200m 的大坝有 65 座，其中拱坝 31 座，占 47.7%。我国已建、在建坝高超过 200m 的大坝有 27 座，其中拱坝 15 座，占到 55.6%。在河谷地区，拱坝是经济性与安全性都较优的一种坝型。随着筑坝技术的发展，拱坝成为刚性坝中先进的坝型之一。我国是目前世界上修建特高拱坝（坝高超过 200m）最多的国家：高 305m 的锦屏一级拱坝；高 294.5m 的小湾拱坝；高 289m 的白鹤滩拱坝；高 285.5m 的溪洛渡拱坝；高 270m 的乌东德拱坝；高 250m 的拉西瓦拱坝等。实行水资源和水能资源的有效开发利用，我国还将建设多座特高拱坝。我国特高拱坝工程规模之大、问题之复杂，难度之大，都列世界前茅。因此，特高拱坝建造过程中的安全、质量、进度控制问题，是我国坝工界亟待解决的关键问题，尤其是在数字大坝溪洛渡工程完成后，特高拱坝的建造已经逐步迈向智能建造的方向。

    在第 2 章中介绍了大坝智能建造理论，构建"智能决策＋自动控制"的智能控制系统可以解决具有复杂数学模型和多目标的优化决策问题。拱坝作为典型的大体积混凝土结构，建造过程中其除了坝块温控防裂的难题，还有横缝结构调控的难题。坝块温控防裂直接影响施工期安全，而横缝适时张开灌浆对于施工进度、大坝形成整体、长期安全稳定运行有重要影响，因此拱坝温度应力与横缝性态调控正是一个数学物理模型复杂且控制目标多元的问题。采用传统的控制方法难以解决混凝土温度致裂与横缝适时张开的问题，拱坝施工运行期产生大量温度裂缝、横缝工作性态异常危害大坝安全的案例屡见不鲜，付出了巨大的代价。因此本章将针对混凝土拱坝温控防裂与横缝工作性态调控的难题，以大坝智能建造理论为框架，提出针对该问题的智能控制理论与方法，构建智能控制系统，实现材料性能、结构性态、通水系统状态调控，通过智能优化调控策略实现执行级、协调级的智能化建造，进而实现大坝安全、优质、高效的建设目标。

拱坝工程的重点在于防裂与控裂，其中防裂是指拱坝大体积混凝土防裂，而控裂则侧重于拱坝横缝结构的适时张开与灌浆。由于在第3章中已经对大体积混凝土结构的温控防裂问题做了详细介绍，因此在本章中作者将简要介绍拱坝温控防裂的特点及温度裂缝危害，阐述温控防裂问题对于安全、施工进度和质量的影响。重点介绍横缝结构变化特性、影响因素、工作性态、分析方法以及控制方式。并通过实际工程案例阐述拱坝工程防裂控裂的特点、要点，并分析现有控制方法的不足，探讨应用智能控制理论解决上述问题的适用性。在此基础上，进一步提出混凝土拱坝温度应力与横缝性态智能控制理论，给出其理论结构、控制要素、控制方程、系统组成、优化流程，并通过应用举例具体展示大坝智能建造理论的运行方式，即对智能控制系统的智能决策模块和自动控制模块的优化目标、控制指标、优化准则、智能决策方法、效果评估等进行具体说明。

特别地，本章仅通过拱坝防裂控裂问题说明智能控制理论的应用方法，但不局限于此类应用，读者可以针对大坝建造过程中的各类问题，充分发挥现有分析方法（理论分析、数值仿真、试验验证）结合大坝智能建造理论提出适用的智能控制系统。

正如第3章中提出的大坝智能建造理论的建立及应用方法，首先可以明确拱坝温度应力与横缝性态调控涉及材料性能（如：混凝土热力学性能、变形特性、养护条件等）、冷却参数（冷却水管设计方案与冷水机组工作特性等）、结构状态（结构几何特征、内外部约束、外部荷载等）、监测数据（应力、变形、温度等）及其他施工要求（施工进度、接缝灌浆、悬臂高度等限制与要求），是个典型的非线性复杂系统的控制问题。同时，坝块防裂与接缝灌浆直接影响安全、进度与施工质量，是典型的多目标调控问题。尤其是温度应力和横缝变形的时空演变规律复杂、影响因素诸多且贯穿整个建造－运行过程，其调控难度较大，数学物理模型复杂，直接求解困难，传统方法难以满足工程建造需求。正因如此，基于大坝智能建造理论框架，在构建混凝土拱坝温度应力与横缝性态智能控制系统时提出了智能决策＋自动控制＋数值仿真的三元理论结构。这种方式既有利于充分发挥人工智能技术通过数据揭示规律的优势，同时又发挥了基于数学物理模型的仿真技术的优势，规避了采用"数据"到"数据"可解释性差的问题，有效提升了智能控制系统分析的准确性、可解释性、效率。在此基础上，通过人工智能技术建立通水策略与安全系数、横缝性态之间的关系，即直接建立被控对象控制参数/策略与安全之间的关系，从而使高效的智能决策控制成为可能。

通过上述举例可以看出，要应用大坝智能建造理论解决工程问题不仅需要对智能控制本身的基本概念、特征、技术、理论体系非常明确，同时还需要准确定位、判别、评价对应工程问题智能化控制适用性问题，进而通过人工智能方法构建被控对象/参数与优化目标之间的关系实现智能决策。

4.1　拱坝温控防裂问题

拱坝由于其体型、安全性、适应性方面的优势被广泛应用，而坝块温控防裂与横缝工作性态直接影响拱坝施工期"安全、质量、进度"。拱坝属于典型的大体积混凝土结构，在温度荷载作用下极易开裂，尤其是特高拱坝基础复杂、水推力巨大、应力水平高、安全稳定要求极高，其施工期温控防裂问题被认为是特高拱坝建设最具挑战的三大难题之一。拱坝横缝灌浆质量决定拱坝能否顺利成拱，横缝适时张开且开度满足灌浆要求对于保证拱坝施工进度、整体性、安全性有至关重要的作用。因此，要实现拱坝"安全、高质、高效"建设，就要解决施工期坝块温度应力与横缝性态调控的难题。

4.1.1　拱坝温度应力及温控防裂

1. 拱坝温度应力

混凝土拱坝也属于典型的大体积混凝土结构，但由于其结构特性和承荷机理的差异，相比于混凝土重力坝，拱坝基岩约束区范围更广，约束程度更强，更容易受到外部温度环境变化的影响，因此其温控防裂的难度和压力也更为突出。在本书第 3 章中介绍了温度应力产生的原因、影响因素、温度应力随时间变化的规律以及温度应力控制的复杂性和重要性，对于拱坝而言上述规律也与普通大体积混凝土结构一致。

2. 温控防裂

第 3 章已经从温度荷载作用下材料性能与破坏机理、结构温度调控的冷却通水技术、温度应力数值仿真分析方法、大坝性态数字化监控该技术等四个方面系统地阐述了大体积混凝土结构施工、运行各个阶段、不同角度的温控防裂理论、方法、技术与设备的发展，因此本章不再一一展开。基于拱坝温度荷载智能调控的需求，本节仅对拱坝应用最为广泛的温度控制理论、技术、分析方法等研究进展做进一步补充。

对于拱坝而言，混凝土的温度控制主要依靠冷却水管。针对铺设冷却水管的大体积混凝土温度场的理论求解研究，美国垦务局对平面冷却问题进行了求解；朱伯芳给出了金属水管、非金属水管在平面和空间问题上的计算方法；Chiu 在 Fourier-Biot 热传导方程基础上对均匀铺设水管的温度场进行了理论求解；Charpin 等建立了简化的水管布置模型，并加以讨论；Myers 等通过理论与数值求解的方法对水管材料、半径、流速等参数对冷却效果的影响进行了分析，理论研究基本都是从基本热传导方程出发，按照常物性场求解，对过多方面进行了假设处理，没有考虑到实际应用的特殊情况。在试验方面，陆力、黎汝潮、陈秋华、朱岳明、刘有志等都先后开展了对冷却效果的研究试验，都侧重于对冷却效果的观察，对于冷却过程中的传热机理缺少深入的研究。目前理论与试验融合研究欠妥，例如在工程实践中，已明确发现了通水流量在较小时，换热效率明显降低，这也引发了一系列问题：小流量通水冷却是否必要？如何通水才最有效率？这些问题都是前人理论与试验研究所欠缺的、难以解答的，需要针对传热机理与试验方面开展新的针对性研究。针对水管冷却的数值求解，Kawaraba 等、麦家瑄、朱伯芳、刘光廷、刘晓青、Kim 等、雒亿平等进行了有限元方法的研究，但都需要在水管单元附近建立较密集的网格，针对大规模水工结构的工作量将异常巨大，难以实现。为此，朱伯芳利用热汇概念，提出了考虑水管冷却效果的混凝土等效热传导方程，无需划分水管单元，在工程领域被广泛应用，但这种算法难以反映水管附近的温度梯度，在应用过程中过大的梯度将对混凝土防裂产生不利。为了更加深入透彻地了解施工期拱坝混凝土内部温度状态及温度应力，并对实际工程提出技术指导，一种可以求解大规模问题、易于建模、可准确、高效反映温度、应力、变形场的拱坝全过程仿真分析方法尤为重要。

　　传统的大坝施工期温控的目的是通过人工通水冷却使混凝土温度保持在设计温度－时间曲线附近，从而使施工程序和质量可控。但在实际应用过程中，各仓混凝土的施工条件、外界环境、浇筑温度等因素都不可能完全一致。为降低开裂的风险、保证施工期温度可控降温，就必须摆脱控制系统对大量人员的依赖、对大量材料的依赖，实现温度的实时动态自动化控制。以往的大体积混凝土温度控制受制于工程条件与施工成本的限制，难以布设足够的相关监测仪器，同时也受制于以往工程配套技术水平，无法做到实时动态的反馈控制。随着施工水平的逐步提高、现代化监测仪器的普及与计算机技术的飞速发展，实现精细化监测与智能化的控制已经是必然的发展趋势。综上所述，无论从科学研究层面，还是从重大国内工程实际需求看，拱坝混凝土温度荷载智能控制方法的研究都具有重要意义。

4.1.2　拱坝横缝结构性态调控

1. 拱坝横缝结构概述

大坝建设进入 4.0 时代，要求我们对大坝性能的认识更加深刻和准确。拱坝建设中可通过设置横缝减小坝轴向温度应力，降低地基不均匀沉降的影响，满足施工能力。施工期通过大体积混凝土温控措施使横缝张开，且张开量满足要求时对横缝进行接缝灌浆，使独立坝块形成整体共同工作。可见，横缝工作性态对项目施工进度、施工期－运行期安全均有重要影响。因此，准确把握和评价分析拱坝横缝工作性态，对于拱坝全生命周期施工建设、安全运行有重要的科学意义和工程价值。

2. 横缝工作性态及其调控

拱坝施工期既需要防止坝块开裂，又需要横缝适时张开以满足接缝灌浆要求，即拱坝施工期需要通过调控温度应力实现坝块抗裂与横缝控裂。拱坝施工期温度应力过大是混凝土开裂的重要原因，掌握大体积混凝土温度控制的工程措施，研究大体积混凝土温度变化的基本规律，总结拱坝混凝土温度变化特点，对于解决施工期大体积混凝土温控防裂问题有重要的意义。

特高拱坝真实环境下混凝土施工过程复杂，建设过程中混凝土温度受到多种因素的影响，只有合理控制拱坝大体积混凝土温度及其梯度才能达到温控防裂的目的。

实际工程中通常综合利用时间、空间两种维度对混凝土温度梯度进行联合控制。时间维度上，大坝混凝土需要经过拌和、运输、浇筑成型、温控等工序，在此过程中混凝土自身水化产热并且与外界交换热量，因此实际工程中通过严格控制混凝土生产温度、运输和浇筑成型过程中的温度回灌，降低坝体混凝土的浇筑温度，浇筑完成后通过控制冷却水管的流量实现对坝块混凝土内部温度梯度的控制，达到控制最高温度和温度变化速率的目的，使混凝土温度稳定至封拱温度，拱坝混凝土实际温度变化过程见图 4.1。在空间维度上，通过冷却水管控制基础容许温差、上下层混凝土、相邻坝块混凝土温度梯度；通过喷涂聚氨酯、覆盖苯板和保温被等措施控制混凝土内外部温差，降低表面应力防止开裂。

拱坝混凝土温度变化过程对温度应力有至关重要的影响，而拱坝横缝张开过程对横缝工作性态、施工进度、大坝整体性等有重要影响，那么横缝张开过程的控制性因素是什么？横缝张开过程与混凝土温度变化过程关系如何？

实际工程中，温控过程、坝体结构、材料性能、横缝面结构形式、施工工艺等因素都有可能影响横缝的张开，但是对白鹤滩特高拱坝大量监测数据统计分析发现，对于确定结构型式、材料、施工工艺的拱坝，温度对横缝的张开起控制作用。

横缝的张开过程见图 4.1，大致可分为压缩、张开、稳定三个阶段：第一阶段为横缝压缩阶段，包括两部分，第一部分为混凝土浇筑后由温度上升至最高温度时横缝面的挤压阶段，第二部分为从最高温度到横缝临近张开的阶段；第二阶段为张开阶段，当温度由最高温度下降至某一温度时，横缝黏结强度恰好等于收

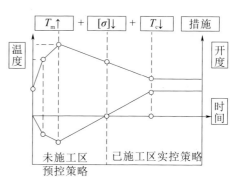

图 4.1　基于横缝张开温度的施工期横缝工作性态控制措施

缩拉应力，横缝张开，此后坝体混凝土继续降温收缩，横缝张开量增加；第三阶段为稳定阶段，当温度降至封拱温度 T_c 时，横缝张开量达到最大。根据监测数据分析 T_c 时刻至灌浆前横缝开度变化量基本不变，这也进一步说明了温度为控制横缝开度的决定性因素，对于确定的工程，外界环境的改变对于横缝开度的影响较小。

3. 拱坝横缝结构研究进展

围绕拱坝横缝结构工作性态问题，学者们开展了广泛的研究。刘光廷等研究了横缝对碾压混凝土拱坝变形与应力的影响；周伟等构建了模拟横缝结构工作性态的接触—接缝复合单元；魏万山等研究了横缝灌浆技术；胡昱等提出了缝面蓄能的概念揭示了溪洛渡拱坝横缝突增机理；李庆斌等基于工程监测数据提出了拱坝横缝的张开温度，揭示了拱坝横缝在温度作用下的张开特性，为控制横缝适时张开提供了途径。

国内外均开展了拱坝横缝性能的相关研究。国内研究的内容主要分两种：第一种主要关注不同工作性态的横缝在静力、动力荷载情况下结构的响应，并已在小湾、溪洛渡、锦屏、大岗山等工程开展了监

测分析、数值模拟等研究工作；第二种主要关注横缝本身的工作性态，如混凝土性能、基岩性能、横缝结构型式、温控历程、灌浆工艺、蓄放水过程等不同因素对横缝张开度的影响。国外研究的内容主要为横缝在动力荷载下结构响应的非线性数值模拟。

横缝工作性态是评价大坝性能的重要组成部分。为更加深刻和准确地认识大坝性能，需要对影响横缝工作性态各要素进行全面感知，并通过对关键影响因素量化分析及时反馈并提供个性化控制措施，以确保大坝横缝工作性态满足设计要求。虽然施工期影响横缝开合的因素较多，但实际工程横缝的张开受温度控制明显，因此通过协调控制不同坝块、坝段温度历程可实现对大坝横缝工作性态的准确把握与精确控制。

4.1.3　工程案例与发展趋势

自拱坝诞生以来，无坝不裂就是最真实的写照，其中温度裂缝占比最大，给工程建设造成了巨大的损失。国外如美国垦务局20世纪初修筑的野牛嘴拱坝（Buffalo Bill）由于未设置横缝结构，产生了大量贯穿性裂缝；葡萄牙卡布里尔（Cabril）双曲拱坝运行期下游面产生了252条裂缝，其中部分裂缝贯穿横缝，在不同坝段之间延伸扩展，因此不得不进行修复；瑞士车伊齐尔双曲拱坝因公路探洞施工影响，位移增大横缝面被拉开，进行了长达6年的修复工作。国内响水拱坝在施工期、蓄水运行期产生了大量温度裂缝，其温度荷载产生的应力占比超过总荷载的80%；丰乐拱坝因高温天气及蓄水变化引起大量温度裂缝；陈村重力拱坝由于施工期温控措施不到位，导致不同部位混凝土冷却阶段差异较大产生较大的温度梯度，因而在廊道、新老混凝土交界面等部位产生了大量温度裂缝，总长度甚至达到450m；小湾拱坝在施工期产生了38条裂缝，严重影响工程的进度，并为此推迟了发电时间。类似的工程案例还有很多，时至今日仍有诸多工程面临严峻的温控防裂压力，拱坝温控防裂的难题尚未完全攻克，但是，随着诸多工程的实践，温控防裂技术手段也在不断向前发展，与筑坝技术发展相似，也可以分为四个典型时代：

（1）人工化时代：该时代最大特征是对经验的依赖和自动化的短

缺。温度应力控制发展早期受研究水平和监测工具限制较大，温度监测依赖于人工测量与记录，结果准确度波动较大。早期温度控制则依赖于现场经验，控制反馈周期长，温控目标和温控效果指标均不明确。

（2）自动化时代：该时代随着仿真计算方法和自动化监测仪器的研发，温度应力控制系统逐步摆脱人为测量和决策的偏差。自动化监测设备为仿真计算提供详尽的参照信息，促进温度场研究手段的规范化、质量化，并在实践中逐步明确最高温升、最大温差、降温速率等简明实用的控制目标。仿真计算方法的进化也为监测设备提出新的要求，促进其更新换代。本时代最大特征是温度应力场感知工具的自动化与分析手段的多样化。

（3）数字化时代：基于周公宅与锦屏一级水电站的工程实践，朱伯芳提出"数字监控"概念，张国新等在此基础上开发了高精度的自动化监测和控制的仪器设备，提升了数字化水平。钟登华、马洪琪提出了"数字大坝"的建设理念，标志温控系统全面迈入数字化时代。全过程仿真分析是本时代的标志性技术。仿真手段的革新推动评价指标的深化。温度应力控制的目标从温度单一场拓广至温度、变形、应力等关键因素。温度应力控制内涵的深化又促进仿真与监测手段的革新，实现温控措施的强度的灵活调控。

（4）智能化时代：基于溪洛渡工程的实践，李庆斌论述了"智能大坝"的基本内涵，提出了基于感知、分析和控制的闭环智能化建设理念，并指出温控智能化的三大基石是混凝土材料参数的真实性、温度应力仿真的精准性、温度控制标准的精细化。乌东德水电站采用"全面感知、真实分析、自动调控、精准控制"四个环节控制施工期通水过程，是智能通水理念落地的成功案例。黄登碾压混凝土重力坝也进行了类似的实践。

但上述研究均以温度为目标进行控制，尚不能完全解决温度致裂和拱坝横缝适时张开问题，如何协调拱坝横缝开合与坝体抗裂的需求，实现拱坝"安全、高质、高效"建设，是急需解决的工程难题。而拱坝混凝土温控策略是控制拱坝混凝土安全、横缝开合的核心因素，通过提出合适的温控策略实现对拱坝施工期全过程不同部位温度应力和横缝性态的准确调控是破解这一难题的途径。为此，本章综合应用大坝智能建造理论体系中的理念、仿真分析工具、冷却通水技术等构建了以"保证结构安全，确保横缝张开，发挥材料性能，提升施工效率"为控制目标，具备"全面感知、智能决策、自动控制"功能的拱坝温度应力与横缝性态智能控制系统，推动拱坝建设迈入 4.0 时代。

4.2　混凝土拱坝智能控制理论

4.2.1　拱坝温度应力与横缝性态智能控制概念

1. 定义

拱坝温控防裂与横缝性态调控属于复杂的非线性多目标优化与控制问题，基于传统数学模型设计的控制器无法满足其控制目标，因此基于本书提出的大坝智能建造理论，针对拱坝防裂控裂问题提出由数值仿真、人工智能、运筹学、自动控制四个要素构成的四元智能控制结构，通过上述四个要素构建具备感知分析、推理判断、智能决策功能的智能控制系统实现对拱坝温度应力与横缝工作性态的调控，实现保证结构安全，确保横缝张开，发挥材料性能，提升施工效率的工程目标。

2. 基本特征

智能控制的研究对象具有不确定性的模型、高度的非线性和复杂的任务要求的基本特点。本章所提拱坝温度应力与横缝工作性态智能控制理论基本特征如下：通过全面感知现场各类影响混凝土温度应力的参数（如材料热力学参数、环境气温条件、施工进度、基岩约束、通水策略等），结合数值仿真技术获得全坝全过程温度场、温度应力场和变形场，进而分析当前策略下拱坝混凝土全过程安全系数、横缝面应力状态、安全系数及横缝开度。如当前策略不满足优化目标，则通过智能优化模块循环优化，直至拱坝坝块应力水平与横缝性态均满足要求，输出优化策略并通过自动控制系统实施控制。

3. 理论结构

智能控制具有十分明显的跨学科交叉结构的特点，其结构有三元结构、四元结构、多元结构和树形结构等。本章基于人工智能、自动控制、运筹学和数值仿真相交叉的四元论思想，提出了新四元智能控制结构。大体积混凝土结构温度应力的智能控制由数值仿真、人工智能、运筹学、自动控制四个要素组成，数值仿真与人工智能、运筹学共同使用以实现混凝土拱坝温度应力与横缝性态控制，即实现通水策略的智能决策，而自动控制要素则实现底层执行机构的自动控制。因此，混凝土拱坝温度应力与横缝性态智能控制实际由智能决策和自动控制两个关键要素构成。混凝土拱坝温度应力与横缝性态智能控制基本构成见图4.2。

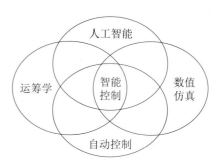

图4.2　混凝土拱坝温度应力与横缝性态智能控制基本构成

4.2.2　拱坝温度应力与横缝性态智能控制理论

1. 智能控制优化目标与控制指标

坝块防裂与横缝工作性态直接影响拱坝建设中的"安全、质量、进度"三个核心要素，而坝块混凝土防裂和横缝适时张开问题可以通过调整温控策略同时实现。仅解决坝块防裂问题还不能满足大坝建设的质量和进度要求，那么如何在保证安全的情况下，获得最优温控策略？这就需要同时考虑拱坝横缝性态，基于现场施工约束条件，从坝体与横缝结构、混凝土材料热力学性能、温控施工效率三个层次实现拱坝温控防裂与横缝张开的多目标智能优化调控，从而给出最优化的全局冷却通水策略，达到"保证结构安全，确保横缝张开，发挥材料性能，提升施工效率"的优化目标，如图4.3所示，其中 K_{bk} 为坝块安全系数，w_{hf} 为横缝开度，T_{fo}（the fastest opening time）为横缝最速张开时间，即横缝达到张开的最短时间，T_{fc}（the fastest cooling time）为最速冷却时间，即第二阶段混凝土达到封拱灌浆温度的最短龄期。

为实现上述四个目标，结合拱坝温度应力与横缝变化特性提出了控制指标。拱坝混凝土浇筑后在水化放热与冷却通水共同作用下，混凝土温度经历升温、降温、稳定三个阶段，伴随着混凝土温度变化拱

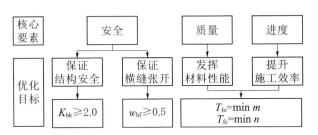

图 4.3　拱坝温度应力与横缝性态智能控制目标

坝横缝也经历压缩、受拉、张开、稳定四个过程。横缝面拉应力水平会随着降温过程的进行持续上升，当横缝面应力水平达到横缝面混凝土黏结强度时横缝张开，此后横缝开度随混凝土持续降温增大，横缝张开后混凝土拱坝应力状态将会调整。因此，针对上述特点，同时考虑温度应力与横缝性态的智能控制，提出了控制指标：①在混凝土浇筑至横缝张开阶段，由坝块最大应力和缝面应力的安全系数作为控制指标，保证混凝土坝块最大应力区域全过程安全系数均大于 2.0，保证横缝缝面应力达到黏结强度，使横缝在满足坝块安全的条件下最快张开，以达到提升温控施工效率的目标；②在横缝张开且坝块混凝土温度尚未达到封拱灌浆温度的阶段，以横缝开度和坝块最大应力的安全系数作为控制指标，保证张开后的降温阶段坝块最大应力区域全过程安全系数仍大于 2.0，确保横缝张开后开度尽快满足灌浆要求，并充分发挥材料性能使得该阶段降温效率最高、温控时间最短，输出全局优化控制策略。

　　进而依据感知、分析、控制的智能化控制理念提出了拱坝温度应力与横缝性态智能控制理论：通过全面感知现场各类影响混凝土温度应力的参数（如材料热力学参数、环境气温条件、施工进度、基岩约束、通水策略等），结合数值仿真技术获得全坝全过程温度场、温度应力场和变形场，进而分析当前策略下拱坝混凝土全过程安全系数 K_{bk}、横缝面应力状态、安全系数 K_{hf} 及横缝开度 w_{hf}。如当前策略不满足图 4.3 所示优化目标，则通过智能优化模块循环优化，直至拱坝坝块应力水平与横缝性态均满足要求，输出优化策略并通过自动控制系统实施控制。

　　2. 控制方程

　　混凝土拱坝温度应力与横缝性态智能控制方程如下：

$$\begin{cases}
\sigma_k = \sigma_{k-1} + \Delta\sigma_k U w_{\mathrm{hf}k} = \sum_{k-1}^{n} \Delta w_k \\[6pt]
\Delta\sigma_k = g(\Delta\varepsilon_k, \Delta T_k) \\[6pt]
\Delta w_k = g(\Delta\varepsilon_k, \Delta T_k) \\[6pt]
\Delta\varepsilon_k = h(G, H, \cdots) \\[6pt]
\Delta T_k = f(p_k, C, M) \\[6pt]
p_k = \mu(T_{k-1}, \varphi) \\[6pt]
C = [d_{\mathrm{c}}, \beta_{\mathrm{c}}, b_{\mathrm{c}}] \\[6pt]
M = [d_{\mathrm{p}}, \lambda_{\mathrm{p}}, b_{\mathrm{p}}] \\[6pt]
\varphi = [T_1, Q, T_p, K, t_k, T_w, Q_w, \cdots] \\[6pt]
T_k = T_{k-1} + \Delta T_k \\[6pt]
\tau_k = m(t_e) \\[6pt]
t_e = \sum_{i}^{k-1} \dfrac{1}{\alpha_{\mathrm{u}} - \alpha_0} \left(\dfrac{T_i}{T_x}\right)^{-m} \exp\left[-\dfrac{E_{\mathrm{a}}}{R}\left(\dfrac{1}{T_i} - \dfrac{1}{T_x}\right)\right] \\[6pt]
\qquad\quad \times \left[H_{ai}\Delta t_i + \dfrac{1 - H_{ai}}{\gamma}\ln(1 + \gamma t_i)\right] \\[6pt]
K_{\mathrm{bk}\_k} = \dfrac{\tau_{\mathrm{bk}\_k}}{\sigma_{\mathrm{bk}\_k}} \\[6pt]
K_{\mathrm{hf}\_k} = \dfrac{\tau_{\mathrm{bk}\_k}}{\sigma_{\mathrm{bk}\_k}} \\[6pt]
\min \| K_{\mathrm{bk}\_k} - K_{\mathrm{set}} \| \\[6pt]
T_{\mathrm{fo}} = \min m \\[6pt]
T_{\mathrm{fc}} = \min n
\end{cases} \tag{4.1}$$

式中：σ 为混凝土结构应力水平；$w_{\mathrm{hf}k}$ 为当前步横缝张开量；$\Delta\sigma_k$ 为第 k 步应力增量；Δw_k 为横缝张开后第 k 步横缝开度增量；$\Delta\varepsilon_k$ 为非温度应变；G、H 分别为重力与湿度对应变的影响；ΔT_k 为第 k 步温度变化量；T_{k-1} 为第 $k-1$ 时间段混凝土温度；p_k 为第 k 步的通水策略，其中 t_k、T_w、Q_w 分别为通水时间、温度、流量；M 为冷却与保温系统特性，其中 d_{p}、λ_{p}、b_{p} 分别为冷却水管导热系数、厚度、水管间距；C 为混凝土材料性能，其中 d_{c}、β_{c}、b_{c} 分别为混凝土导热系数、绝热温升、水化放热系数；Q、T_1、T_p 分别为通水流量、混凝土初始温度、通水温度；K 为安全系数；τ_k 为混凝土的等效强度；t_e 为温度影响下的等效龄期；σ_{bk_k} 为坝块混凝土应力最大区域第 k 步的安全系数；τ_{bk_k} 为坝块混凝土在第 k 步等效强度；K_{hf_k} 为横缝面混凝土第 k 步的安全系数；τ_{hf_k} 为横缝面混凝土在第 k 步时的黏结强度；K_{set} 为设计规范中要求的安全系数；T_{fo}（the fastest opening time）为横缝最速张开时间，即横缝达到张开的最短时间；w_{hfk} 为当前步横缝张开量；T_{fc}（the fastest cooling time）为最速冷却时间，即第二阶段混凝土达到封拱灌浆温度的最短龄期。

式（4.1）的约束条件如下：

$$\begin{cases} 0\,\mathrm{m^3/d} \leqslant Q \leqslant 100\,\mathrm{m^3/d} \\ 8\,℃ \leqslant T_p \leqslant 10\,℃ \\ T_{ot} > T_{final} \\ K_{bk\_set} = 2.0 \\ K_{hf\_set} = 1.0 \\ w_{hf\_set} = 0.5\,\mathrm{mm} \end{cases} \tag{4.2}$$

式中：T_{final} 为混凝土封拱温度；T_{ot} 为横缝张开时的温度；K_{bk_set} 为结构设计要求的安全系数；K_{hf_set} 为结构设计要求的安全系数；w_{hf_set} 为拱坝横缝灌浆需要的最小开度。

智能优化过程能够实现坝体温控防裂与横缝适时张开的多目标智能优化调控，但由于拱坝温控防裂与横缝工作性态调控属于高度复杂的非线性多目标优化问题，因此上述控制方程并无显式形式，难以求解，故需要结合数值仿真分析技术、运筹学、人工智能优化算法共同优化求解，其给出的优化策略能够同时保证结构安全、充分发挥材料性能、提升施工效率。

4.2.3 智能控制系统

1. 智能控制系统概况

拱坝温度应力与横缝性态智能控制系统由全面感知、智能决策、自动控制三个部分组成（见图 4.4）。全面感知模块基于各类现场监测数据为分析模块提供真实边界条件、施工进度、温控参数等；智能决

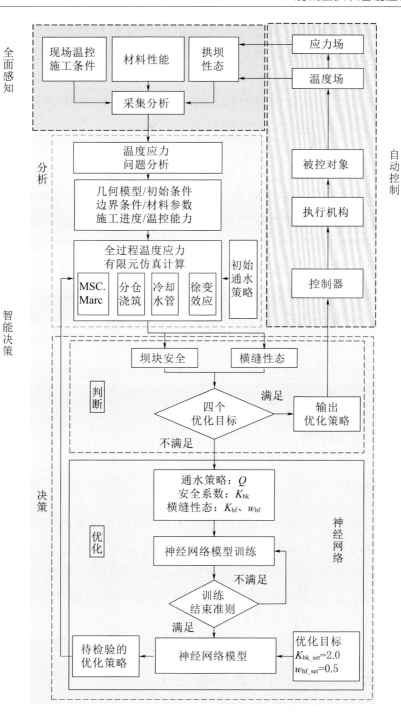

图 4.4 拱坝温度应力与横缝性态的智能控制系统框架图

策模块由分析、判断、优化三个部分组成，分析模块通过有限元仿真计算方法完成对拱坝温度应力、横缝工作性态的准确模拟；判断模块由控制器组成，控制器基于分析模块给出的结果判断温度应力与横缝性态，并通过智能优化模块提供策略；自动控制模块由冷却水管自动控制模块组成，实现对智能温控策略的实施。

2. 智能控制系统框架

拱坝温度应力与横缝性态智能控制系统原理如下：基于现场数据感知，通过有限元仿真分析获得全坝全过程温度场、应力场、变形场，并在控制器中对温度应力与横缝工作性态进行判断，进而激活智能优化单元开启策略优化过程：将坝块混凝土应力水平、横缝面应力水平、横缝开度作为智能决策单元的输入量，智能决策模块采用基于人工智能算法、运筹学、有限元仿真计算方法结合的温度应力过程与横缝性态动态优化算法对冷却策略进行全局优化。自动控制模块则基于优化策略通过电磁阀门等装置完成对坝块应力与横缝变形的控制，使拱坝横缝适时张开且开度满足 0.5mm 灌浆要求，拱坝坝块混凝土应力最大区域安全系数均高于 2.0。

4.3　理论应用

4.3.1　概述

为验证提出的混凝土拱坝温度应力与横缝性态智能控制方法，本章基于白鹤滩拱坝工程现场实测数据作为全面感知模块的输入，通过有限元仿真计算程序实现了对拱坝温度应力和横缝工作性态的准确分析，并采用人工智能优化算法给出了满足四个目标的优化通水策略，最终通过有限元仿真模型模拟了自动控制过程，并对优化策略的效果进行了评估，实现了拱坝温度应力与横缝性态控制的智能化。

4.3.2　大坝温度应力仿真分析方法

温度应力有限元分析得到的温度、应力、变形成果，可为拱坝温度应力智能控制系统提供准确优化策略的基础，因此，本章构建了含横缝结构的拱坝温度应力有限元仿真计算模型，该模型考虑了拱坝结构参数、材料热力学性能、各类边界条件、施工进度、冷却通水系统工作参数等，能够模拟拱坝浇筑施工全过程，温度应力具体过程可参照本书 3.3.2 节，在此不再重复，本节将重点介绍横缝模拟方法，以便为横缝智能调控提供技术支撑。

横缝张开闭合问题是典型的界面问题，为解决这类问题，学者们发展了理想几何界面模型、界面层模型和接触界面模型。其中理想几何界面模型无法考虑界面自身的材料特性及其对结构的影响，因此在横缝分析中较少使用；界面层模型基于界面形成过程中复杂的物理化学过程，考虑材料相互作用、相互融合、相互渗透及侵入形成的过渡区，主要分为弹簧类模型和非均界面层模型两类，且目前主要研究还集中于界面断裂力学理论研究，未见相关数值实现与工程应用研究，故未采用此方法分析拱坝横缝性态；接触界面模型是目前分析拱坝横缝张开闭合、错动滑移等非线性接触行为主要手段，接触界面模型主要分为两类：一类是利用接触算法对横缝面进行模拟，另一类利用有厚度的接缝单元模拟横缝的力学行为。同时，还有学者综合应用两种方法，在灌浆前横缝采用接触面模拟，灌浆后采用接缝单元模拟。实体接缝单元就是有厚度接缝单元模拟的一种，本章通过生死单元法模拟横缝单元闭合—张开—灌浆的过程，该种方法通过模拟现场横缝测缝计测量原理实现横缝模拟，其效率与准确性高于复杂的非线性接触算法，适用于工程计算。

实体接缝单元就是有厚度接缝单元模拟的一种，本章采用的接缝单元模拟方法具有概念清楚、适于工程计算开发的优点。实际工程中埋设的一般测缝计测值相当于测缝计两端点位置沿轴向的变形值，对此，利用双层有厚度横缝单元可以较好地对测缝计测值进行模拟。考虑到横缝面较薄弱，横缝单元的弹性模量做适当降低处理。计算程序根据指定时间下达拉开指令，即杀死横缝单元，并重置单元内应力、应变信息，两侧坝段的链接约束释放。针对某灌区的灌浆模拟，将激活相应位置已杀死的横缝单元，并赋予浆液的材料信息即可实现。综上，相较于一般的三维非线性接触单元，生死单元在工程模拟方面的效率、准确度更加明显。此外，经溪洛渡、白鹤滩等工程验证该方法高效可靠。

4.3.3　人工神经网络技术

人工神经网络具有大规模并行处理，分布式存储，弹性拓扑，非线性运算等特点，广泛应用于数据模型预测、自适应处理、机器人控制等领域。根据人工神经网络的结构可以分为前馈型网络（多层感知机网络）和反馈型网络（也称为 Hopfield 网络）两类。前馈型网络在数学上可以看作是一类大规模的非线性映射系统，而反馈型网络则是一类大规模的非线性动力学系统。此外，人工神经网络还可以作为实时控制系统的控制器，能够对不确定系统及外部扰动条件下的系统实现有效控制，还可用于求解约束优化问题，使控制系统或被控对象达到要求的特性。基于以上特性，结合数值仿真技术与人工神经网络算法可以实现以"安全、高质、高效"工程建设目标为约束条件的拱坝温度应力与横缝性态调控，并通过所设计的智能控制系统提供智能调控策略以达到优化目的，本章具体采用 BP 神经网络算法，读者可查阅本书 3.3.3 条。

4.3.4　应用举例

1. 数值仿真模型

该模型原型为白鹤滩拱坝工程，由两个坝段组成，每个坝段12仓，单仓规格为 80m×20m×3m，横缝采用实体单元，当应力水平达到横缝黏结强度时横缝打开，模型共有节点 9529 个，单元7680 个，采用八节点等参单元，灌区高度为 9m，共计 4 个灌区，有限元计算模型见图 4.5。

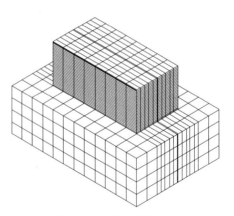

图 4.5　有限元计算模型

2. 材料及工况

温度应力有限元模型材料参数、温控与横缝计算参数、数值仿真计算工况见表 4.1～表 4.3。

表 4.1　　　　　　　　　　　　　材　料　参　数

名称	弹性模量/GPa	泊松比	线膨胀系数 $\alpha/(10^{-6}/℃)$	容重/(kg/m³)	比热容/[kJ/(kg·℃)]	28天绝热温升 $\theta_0/℃$	水化热放热系数 m	导热系数/[kJ/(m·h℃)]	抗拉强度/MPa
混凝土	44	0.125	4.94	2663	0.86	24.5	0.39	7.29	$3.98\times(1-e^{-0.09\tau^{0.65}})$
基岩	26	0.25	6.79	2500	0.85			7.7	

表 4.2　　　　　　　　　　　温控与横缝计算参数

基岩温度	入仓温度	通水流量	水管间距	通水温度	气温边界	封拱温度	浇筑间歇期	横缝张开	横缝黏结强度	计算时长
25.9℃	12.0℃	0~100m³/d	1.5m×1.5m×1.5m	10.0℃	平均气温	13.0℃	7d	由第一阶段优化结果确定	$1.00\times(1-e^{-0.09\tau^{0.65}})$	8个月

表 4.3　　　　　　　　　　数　值　仿　真　计　算　工　况

名称	说　明
工况 1	根据实际施工条件下的温控能力随机生成大量温控策略，为构建神经网络模型提供训练数据
工况 2	传统"三期九阶段"通水策略

3. 实现过程

为实现四个控制目标，结合拱坝温度应力与横缝变化特性，提出了"一套优化策略、两个优化阶段"的六个控制指标：第一阶段，横缝未张开，由坝块最大应力和缝面应力的安全系数作为控制指标，即 $K_{bk}\geqslant 2.0$，$K_{hf}\leqslant 1.0$，$T_{fc}=\min m$；第二阶段，横缝张开至开度满足要求，以横缝开度和坝块最大应力的安全系数作为控制指标，即 $K_{bk}\geqslant 2.0$，$w_{hf}\geqslant 0.05$ mm，$T_{fc}=\min n$。第一阶段的优化保证了坝块安全系数和横缝面安全系数最速下降至优化目标值，第二阶段的优化保证了在剩余降温阶段坝块安全系数最速下降至优化目标，同时确保横缝张开度满足要求，形成了一套全局优化的策略。

本例中拱坝温度应力与横缝性态智能控制系统通过全面感知模块

获取拱坝结构参数、材料热力学性能、各类边界条件、施工进度、冷却通水系统工作参数、施工能力等，为智能决策模块中的分析单元提供全面、真实的现场参数。智能分析模块中的分析单元由清华大学自主研发的大型非线性温度应力仿真系统组成，能够实现全坝全过程温度应力仿真模拟和横缝开合灌浆模拟，基于感知模块的参数为优化模块提供温度、应力、变形数据；智能决策单元首先判断温度应力与横缝工作性态，然后通过智能优化模块实现策略优化，分析部分是智能决策单元的核心。本例中针对温控防裂与横缝张开的问题，采用 BP 神经网络构建全坝全过程坝块安全系数、横缝面安全系数、横缝开合度与通水策略之间的关系，从而提供满足优化目标的智能化控制策略。自动控制模块通过有限元仿真模拟，用于检验和评估优化策略。

如图 4.6 所示，本例中智能决策模块工作流程如下：分析单元基于初始通水策略通过数值仿真分析获取全坝全过程温度应力与横缝性态数据；判断单元基于坝块应力、缝面应力、横缝开度分析是否满足安全与灌浆要求，即 $K_{bk} \geqslant 2.0$、$w_{hf} \geqslant 0.05$ mm，如满足则进一步判断是否满足提升施工效率与发挥材料性能的要求，即是否使横缝张开时间最短，且整体冷却到目标温度的时间最短，如不满足则进入智能优化单元；智能优化单元基于 BP 神经网络开展优化，其训练集数据来源于分析、判断两个单元，通过对数据的训练构建神经网络模型，并将优化目标输入模型中，由模型给出优化后的待检测策略，该策略被输入至分析单元，经由判断单元验证评价，如满足四个优化目标，则输出全局优化策略，如不满足该策略，将其相关数据扩充至神经网络训练集，开展下一轮优化，直至策略满足要求。

在实际工程中，自混凝土浇筑之后混凝土的温度主要由冷却通水系统控制，通常受现场制冷机组能力限制，水温调节范围有限，调节效率有限，因此主要通过调节通水流量实现对拱坝混凝土的准确控温，故本例中通水策略以通水流量的形式给出。

4. 结果分析

基于横缝张开前后应力与变形特性，神经网络优化过程分为两个阶段可有效提高优化效率。本例中智能决策模块工作流程见图 4.6，

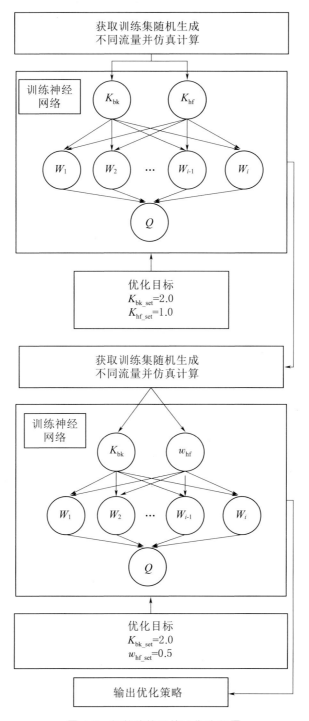

图 4.6 智能决策模块工作流程图

横缝尚未张开的阶段，智能优化模块以仿真计算获得的坝块安全系数与横缝面安全系数作为 BP 神经网络的输入层，将通水策略作为输出层进行训练，其中神经网络隐藏层为 7 层，生成的训练集中 80％数据用于学习，20％数据用于检验，经过 5335 次训练后误差满足要求，神经网络模型训练完成，进而将 $K_{bk\_set} = 2.0$，$K_{hf\_set} = 1.0$ 的优化目标作为输入，神经网络模型给出优化后的策略，将优化后的策略代入有限元模型中计算，根据缝面应力达到横缝黏结强度的时间获取横缝张开时间，并以此时间为节点，生成横缝张开前的通水策略；横缝张开阶段，智能优化模块以有限元仿真模型生成的坝块安全系数与横缝开度作为神经网络的输入，通水策略作为输出，本阶段神经网络隐藏层为 7 层，经过 1922 次训练，模型损失函数满足误差要求，神经网络模型训练完成，进而将 $K_{bk\_set} = 2.0$，$w_{hf\_set} = 0.5$ mm 作为优化目标输入，神经网络模型优化后给出每仓每个时刻的温控策略，将智能优化策略带入分析单元验证，满足优化目标，输出智能优化策略，并与工况 2 中"三期九阶段"策略进行对比。

选择靠近基岩约束区部位的浇筑仓作为分析对象，根据仿真分析结果可以获得两种温控策略的典型温度过程曲线，如图 4.7（a）所示，可以看到二者有明显差异：在升温阶段，优化策略最高温度为 23.9℃，传统策略达到 26.1℃，最高温度相差 2.2℃，即在升温阶段优化策略能够起到更好的削峰作用，有利于降低拱坝运行期的应力水平，提高拱坝长期运行安全性；在降温阶段，传统策略则采用降温－控温－降温模式，降温过程不连续，而优化策略连续降温，其达到稳定封拱温度的时间大幅提前，相较于传统策略缩短了近 40％的时间。优化策略横缝开合前后两阶段转换后的对温度的控制保持了连续性，说明两个阶段优化策略能够完好衔接，实现对温度及温度应力过程的整体优化。

温度历程直接决定应力过程，以仓中部应力最大点作为分析对象，对比温度应力过程［见图 4.7（b）］。可知：①在升温阶段，混凝土膨胀产生压应力，虽然传统策略最高温度大于优化策略，但由于早期混凝土徐变较大，因此二者压应力差别较小；②在降温阶段，优化策略应力水平单调递增，根据优化目标应力水平最速增长，在此过程中应力水平始终高于传统策略，但降温早期（即对应传统策略一冷期间），两种策略应力水平发展较为一致，在此阶段混凝土处于早龄期阶段，容易产生开裂，而广泛的工程应用已经证明传统策略在该阶段能够有效避免温度裂缝，因此优化策略也具备同样的效果，而在降温后期，混凝土已具备一定强度，因此优化策略将继续保持降温，确保充分发挥材料性能，但传统策略则处于控温阶段，不利于发挥材料强度；③降温阶段结束时传统策略最大应力为 1.4MPa，优化策略最大应力为 0.93MPa，相较于传统策略降低 33%，温度稳定阶段，混凝土在徐变作用下，部分拉应力被松弛，应力水平小幅下降，即在降温历程结束后优化策略更安全，有利于拱坝长期安全运行。

拱坝混凝土在升温阶段产生压应力，而混凝土抗压强度较大，该阶段安全系数较高，在混凝土完成拉压转换初期拉应力水平较低，此时安全系数也非常高，因此安全系数从坝块产生较大拉应力后开始分析。由图 4.7（c）可知，降温阶段优化策略安全系数根据设定的优化目标单调递减且在拱坝结构、通水、材料等约束条件下最速下降，降温结束时达到 3.0；而传统策略控温阶段温度保持不变，而此阶段混凝土强度进一步增长，所以安全系数较高，降温阶段则由于混凝土强度增长缓慢，而降温速率较高导致安全系数突降，产生较大的波动。两种策略最终均能够满足设计温控防裂要求，但传统策略在降温阶段并未充分发挥材料性能，且在运行阶段安全系数低于优化策略。

根据横缝面应力水平达到横缝黏结强度确定横缝张开的时间，如图 4.7（d）所示，优化策略由于其早期降温过程较快，缝面应力达到横缝黏结时间较短，因此张开时间明显早于传统策略，传统策略从浇筑至横缝张开需要 55d 左右，而优化策略在 30d 时已经张开，相较于传统策略提前 25d；横缝张开时，优化策略的温度为 16.8℃，而传统策略温度为 18℃，也即从最高温度降至张开温度的温差在 7℃ 左右，二者相近，与拱坝横缝张开温度一致。根据横缝黏结强度试验可知，虽然黏结强度随龄期增长，但相较于没有缝面的混凝土本体，其黏结强度在 28d 以后增长非常缓慢，且对于大体积混凝土结构温度应力比其他荷载总和还要大，是主导致裂因素，因此两种策略开裂温差相近，传统策略由于其控温期温度保持不变，因此张开时机延后。当横缝开度达到灌浆要求的 0.5mm 时，优化策略比传统策略节省 41％ 的时间，此时两种策略均未达到封拱温度，优化策略有 2℃ 的降温空间，传统策略有 3.8℃，虽然传统策略在满足灌浆要求后的降温梯度高于优化策略，但当温度达到封拱温度时，优化策略横缝开度为 0.99mm，比传统策略高出 16％，可见优化策略既大幅缩短了横缝张开的时间，又增加了横缝的开度，在保证坝块安全的情况下有效提升了横缝工作性态控制的效率和质量。

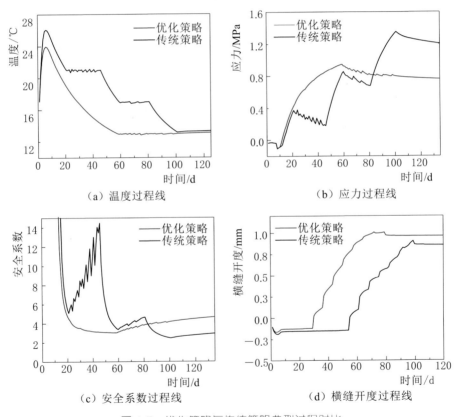

（a）温度过程线　　　　　（b）应力过程线

（c）安全系数过程线　　　　（d）横缝开度过程线

图 4.7　优化策略与传统策略典型过程对比

　　如图 4.8 所示，传统策略与优化策略有明显区别。在横缝张开前，优化策略通水流量分为上升和下降两个阶段：第一阶段由于混凝土浇筑后产生大量的水化热，通常在 5 ～ 10d 内达到最高温度，与传统策略不同，优化策略早期并非采用同一流量通水，而是随着时间增加不断增加，这有利于削减最高温度，减小总体温度梯度，进而降低混凝土温度应力水平。同时，可以看到优化策略在最早期并未采用最大流量通水，如果采用最大流量通水则会导致混凝土最高温度进一步降低，使横缝张开所需的温降梯度不能满足要

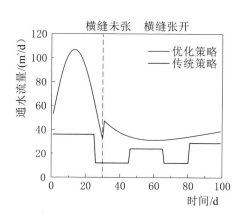

图 4.8　通水策略对比

求，进而导致横缝无法正常张开。在最高温度得到满足的条件下通水流量会进一步增加至峰值，使降温速率与早期强度快速增长的趋势相匹配，充分发挥材料性能，达到快速降温的目的。当通水流量达到峰值之后，由于材料强度增长速率放慢，应力水平不断增加，此时为了确保坝块安全，优化策略的通水流量逐步减小，直至横缝张开。第二阶段，由于横缝张开后坝块所受约束水平降低，应力水平重新调整，此时通水流量会有明显提升，在保证坝块安全的条件下使加快坝体冷却速率和横缝张开速度。当坝块达到封拱温度后由于受边界条件等影响，坝块温度有回升的趋势，此时流量会小幅上升以确保坝体保持封拱温度，直至灌浆。综上，可以看到优化策略能够根据材料与结构的温控特性在不同阶段做出合理的调控。

　　大坝混凝土表面应力水平也是工程中关注的重点。提取本算例中典型浇筑仓距表面不同深度应力过程曲线（见图 4.9），可以看到，混凝土温度应力水平从表面至内部逐渐增加，在混凝土表面保温与保湿条件良好的情况下外部应力水平较小，开裂风险也较低。从温度过程曲线可以看到表面点受外界环境影响其温度较低，且在达到封拱温度后由于气温倒灌会导致温度小幅上升。

　　同时，根据图 4.9 所示温度过程线可看出，当深度达到一定水平后其应力水平相差较小，在空间上应力水平也更加均匀。

　　如图 4.10 所示，优化策略下约束区与非约束区应力水平发展过

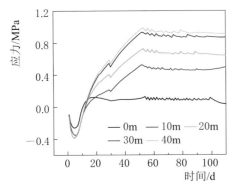 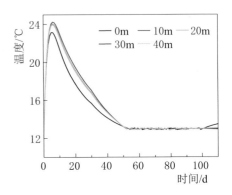

图 4.9　典型仓不同位置应力过程线与温度过程线

程相似，其最终应力水平也较为接近，同时在整个剖面的应力水平的空间均匀性也印证了这一点。如图 4.10 所示，约束区与非约束温度过程有较为明显的差别，优化策略在训练时考虑基岩温度、温控过程等综合因素的影响，因此在基岩约束区的降温速率明显小于非基岩约束区，进而使得约束区与非约束区的应力水平较为接近，这与"小温差、慢冷却"降低温度应力的理念相一致。如图 4.10 所示，传统策略在非约束区的应力水平也有一定程度的下降，其最终应力水平高于优化策略约 20%。整体而言，即优化策略可以使得基岩约束区、非约束区的应力发展水平尽量与强度发展水平相一致，在现有约束条件下最大限度地发挥材料性能，使得空间上的应力水平分布更加均匀。

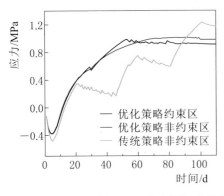 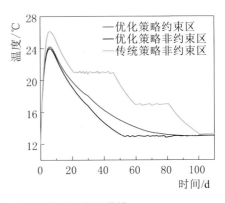

图 4.10　约束区与非约束区应力过程线与温度过程线

如图 4.11 所示，提取不同高程横缝最大开度可以看出，优化策略横缝开度整体大于传统策略，在基岩约束区最底部优化策略能保证横缝性态满足灌浆要求，且随着高程增加横缝开度呈现增大趋势，因此优化策略能够确保不同部位横缝工作性态均满足要求。

拱坝温度应力会随着时间逐步累积，当温控结束时坝体整体达到封拱温度，坝体温度场稳定。如图 4.12 所示，除坝体边界处受基岩温度、外部气温影响外，内部温度均达到封拱温度，此时，传统策略与优化策略温度场基本相同。但观察两者顺河向剖面的温度应力云图可以发现，传统策略应力水平明显高于优化策略，且传统策略在坝体内

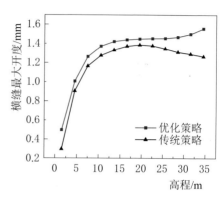

图 4.11　不同高程横缝最大开度对比

部中心区域产生了较大的拉应力区域，受基岩约束等因素的影响呈现下部大、上部逐渐减小的趋势，而优化策略整个坝体应力内部水平较低，且无明显的拉应力集中区域，尤其是在靠近底部基岩强约束区，这表明优化策略实现了对坝体温度应力在空间上的整体优化，使得坝体温度应力更均匀，为解决传统施工过程中强约束区开裂风险过高的问题提供了手段。

综上，拱坝温度应力智能控制理论充分考虑现场施工约束条件，从坝体与横缝结构、混凝土材料热力学性能、温控施工效率三个层次实现了拱坝温控防裂与横缝张开的多目标智能优化调控，智能控制系统给出的优化策略保证了包括基岩约束区在内拱坝混凝土施工全过程的安全，且充分发挥了材料抗裂性能，大幅缩短了混凝土温控时间；温控结束时坝体空间应力分布均匀，且安全系数较传统策略更高，有利于保证大坝长期运行稳定和安全；优化策略使横缝张开时间和满足灌浆要求的时间大幅提前，保证了良好的拱坝横缝工作性态，当灌浆区域上部混凝土盖重区高度和缝面混凝土龄期满足要求时立即灌浆，可以有效避免实际施工过程中因温控进度滞后、横缝开度不满足要求

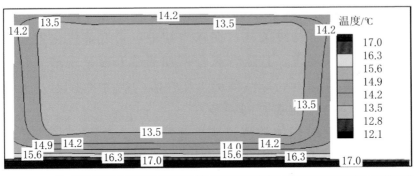

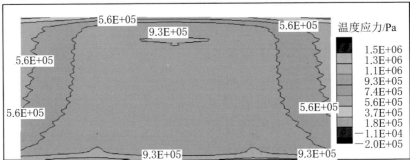

（a）优化策略温度云图与应力云图

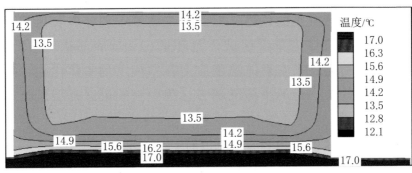

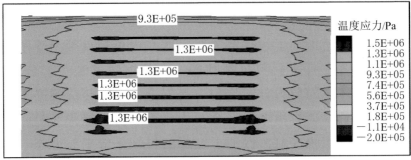

（b）传统策略温度云图与应力云图

图 4.12　优化策略与传统策略拱坝顺河向剖面温度与温度应力云图

等因素影响下产生的坝体悬臂高度超标、施工进度滞后等重大问题，进而提高施工效率；且优化策略最终张开量也高于传统策略，有利于保证包括坝基强约束区在内的所有灌区横缝工作性态正常，有利于大坝长期安全稳定运行。因此，拱坝温度应力智能控制理论实现了"保证结构安全，确保横缝张开，发挥材料性能，提升施工效率"的优化目的。

5. 结论

针对拱坝温控防裂与横缝工作性态调控的关键问题提出了混凝土拱坝温度应力与横缝性态智能控制方法，并构建了具备"全面感知、智能决策、自动控制"的智能控制系统。该系统提供的智能优化策略能够完成拱坝温控防裂与横缝工作性态调控的多目标优化，实现拱坝施工过程中"保证结构安全，确保横缝张开，发挥材料性能，提升施工效率"的优化目的。

算例表明，智能控制系统给出的优化策略削减了坝块混凝土最高温度，缩短了混凝土 40% 的温控时间，大幅提升了施工效率；保证了拱坝混凝土施工全过程安全系数均大于 2.0，且充分发挥了材料抗裂性能；优化策略使横缝张开时间和满足灌浆要求的时间缩短了 41%，横缝灌浆时开度增加了 16%，保证了良好的拱坝横缝工作性态；温控结束时坝体空间应力分布均匀，且安全系数较传统策略更高，有利于保证大坝长期运行稳定和安全。

4.4　本章小结

本章首先介绍拱坝温控防裂与横缝工作性态调控问题，阐明上述问题对拱坝工程安全、高质、高效建设的重要意义。阐述了实现拱坝混凝土温度应力与横缝性态调控的关键因素与被控对象，并基于大坝智能建造理论框架对该控制问题进行了解构，提出了拱坝温度应力与横缝性态智能控制理论，并解释了该理论中智能控制问题的定义、基本特征、理论结构以及具体应用方法，依次阐述了智能控制优化目标与控制指标，给出控制方程（广义），以及智能控制系统；最后通过应用举例说明智能控制理论的控制效果。在应用举例中，完整说明基本理论、仿真方法、工具、流程。即根据第 2 章所提大坝智能建造理论框架，提出了基于人工智能、自动控制、运筹学和数值仿真相交叉的新四元理论结构的重力坝混凝土温度应力智能控制理论；利用所提出的拱坝温度应力与横缝性态智能控制理论设计了由智能决策、自动控制两个单元组成的智能控制系统；分析表明，该系统有效调控了坝体应力与横缝工作性态、充分发挥了混凝土材料性能、大幅提升了温控施工效率，实现了拱坝温控防裂与横缝性态调控的多目标智能优化。以上，完整说明大坝智能建造理论针对非线性、复杂多目标控制问题的具体应用方法及适应性，为广大读者提供复杂问题的智能控制解决思路。

第 5 章
土石坝智能建造

土石坝是指由当地土料、石料或混合料经过抛填、碾压等方法堆筑成的挡水坝。由于其具有就地取材、对坝基地质条件要求不高、结构简单、节约"三材"（水泥、木材、钢材）和易于施工等优点，已成为目前坝工建设工程中应用最为广泛和发展最快的一种坝型。在全世界 15m 以上大坝中占比约 78％，在中国全部大坝、大型工程中占比分别达 93％和 50％。

土石坝建设中最主要的环节之一是堆石料的填筑压实。一方面，堆石料压实质量直接决定大坝安全。据统计，导致土石坝事故发生的原因中，土石坝质量问题占 38.5％。压实质量不合格会导致坝体发生不均匀沉降、渗漏和滑坡等问题，甚至会导致溃坝等严重事故的发生，如我国甘洞水库土坝由于坝料压实质量不达标导致沉降过大而垮坝，美国的提塘土石坝也是由于坝体渗漏问题最终溃坝。另一方面，堆石料压实效率直接影响工程投资和建设周期。以前坪水库为例，水库土石坝投资占总投资的 40％，坝体填筑施工工期占总工期的 60％。在道路工程中压实也占有相当大的比重，如高速公路路面施工投资占总投资 20％～50％。提高堆石料压实效率可以有效减少工程投资，缩短建设期，工程的提前投产也会带来可观的社会经济效益。同时水利工程与道路工程等不同，其在建设中还需要考虑水文条件的影响，如洪水期前必须达到某一高程等，否则会对工程安全和工期造成严重影响，因此土石坝建设中时间节点控制更加重要，为了确保工程按期完工和施工期的安全，有必要提高堆石料的压实施工效率。

针对土石坝建造的关键问题，本章将基于大坝智能建造理论框架提出土石坝智能控制的概念，综合应用无人驾驶碾压技术、基于声波的堆石料压实质量连续检测技术和振动碾压参数自动优化方法，建立土石坝智能控制成套技术与系统，开发土石坝智能控制系统，为土石坝建造领域的发展开辟了新路径，也为工程管理者实时监控工程建设过程、控制工程质量、提高管理水平与效率提供全新解决方案，充分论证大坝智能建造理论在土石坝建造领域应用的可行性。

5.1　土石坝建造关键问题

5.1.1　土石坝建造研究现状及特点

1. 土石坝概述

土石坝的种类有很多种，按其筑坝材料的不同，可分为土坝（筑坝材料主要为土和砂砾）、堆石坝（筑坝材料主要为石渣、卵石和爆破石料）、土石混合坝（以上两种材料所占比例相当）；按其施工方法的不同，可分为碾压式土石坝、冲填式土石坝、水中填土坝和定向爆破堆石坝等，其中以碾压式土石坝的应用最为广泛；按其坝高的不同又可分为低坝（$H < 30\text{m}$，H 为坝高）、中坝（$30\text{m} \leqslant H < 70\text{m}$）、高坝（$H \geqslant 70\text{m}$）；按照坝体结构分类，可分为黏土心墙土石混合坝、黏土斜墙土石混合坝、黏土斜心墙土石混合坝、钢筋混凝土心墙坝、沥青混凝土斜墙坝和钢筋混凝土斜墙坝。

土石坝获取建设材料非常简便，具有就地取材的优点，可节约大量水泥、木材和钢材，减少工地的外线运输量，也大幅降低施工材料的运输费用。土石坝结构简单，工作可靠，因此维修也较为方便，扩建及加高施工都十分便捷。坝身对地基的要求较其他坝型低，能适应各种不同的地形、地质条件，适应变形的能力很强，属于土石散粒体结构；土石坝施工所采用的技术也容易操作，随着技术的不断更新，现代化机械的应用，极大地缩短了施工项目的整体周期，工程项目后期的扩建及相关维护工作也非常容易开展。近年来随着我国水电建设重心向西南地区发展，工程面对的地质力学条件更加复杂，在此情况下土石坝更能充分发挥其优势。

土石坝的优势虽然比较突出，但是也存在一定的缺点：①土石坝因对材料的要求不高，整体坚固性较差，土石的黏性不高，无法很好地应对洪涝等自然灾害；②土石坝中土料的填筑受气候的影响比较大，会导致涂料的黏性逐渐消失，长时间受到雨水和风雪等自然气候的影响和侵蚀，坝体的土石便会逐渐散掉，形成淤泥，清理工作难度较大；③土石坝坝顶不允许过水，需另外修建溢洪道来泄洪；④渗透问题也是土石坝施工中较突出的问题。

2. 国内外土石坝发展概况

土石坝是历史最为悠久的一种坝型。均质土坝是土石坝早期发展阶段的唯一类型。早期均质土坝在全断面上使用低渗透性土料，常遇到渗透破坏和坝坡稳定问题，后来一些工程采用透水性较好的开挖砂砾石等材料覆盖在土体两侧，采用人力、畜力压实，作为保护性的坝壳，以提高坝体渗透稳定性和边坡稳定性，形成了心墙式的分区坝。

20 世纪四五十年代，碾压土质心墙逐步取代了搅拌黏土心墙、水力冲填心墙，成为最多见的心墙种类。土料选择范围、施工工艺也有了较大扩展，最为突出的，心墙土料对粒径的要求已较为宽松。1960 年前后，坝壳填筑方式从水冲抛填过渡到振动碾压。美国库加尔（Cougar）斜土石坝（坝高 158m，1964 年建成）成为第一座使用振动碾压实堆石的心墙坝，同期，美国纳佛角（Navajo）斜土石坝（坝高 118m，1963 年建成）首先开始使用振动碾压实坝壳砂砾料区。坝壳粗粒料填筑压实从水冲抛填过渡到碾压压实，堆石铺层厚度下降至 2m 以下，并在碾压过程中洒水。

1965 年后，在北美、欧洲、拉美和苏联等地区的强烈建设需求推动下，土石坝在前期技术积累基础上迎来高速发展，坝高取得大幅跨越，一大批 100 ～ 200m 级高土石坝在这个阶段成功建成，如印度尼西亚贾提路哈（Djatiluhur）斜土石坝（110m，1965 年建成）、埃及阿斯旺（Aswan）高土石坝（111m，1969 年建成）、加拿大波太基山（Portage Mountain）厚心墙砂砾石坝（183m，1967 年建成）和苏联查瓦克（Charvak）亚黏土土石坝（168m，1972 年建成）、澳大利亚达特茅斯（Dartmouth）土石坝（180m，1979 年建成）、美国纽麦洛（New Melone）土石坝（191m，1979 年建成）、美国奥罗维尔

（Oroville）黏土斜心墙砂砾石坝（234.8m，1968 年建成）、土耳其凯旋（Keban）土石坝（212m，1973 年建成）、加拿大买加（Mica）斜心墙砂砾石坝（242m，1973 年建成）、哥伦比亚奇沃尔（Chivor）斜土石坝（235m，1975 年建成）、墨西哥奇柯森（Chicoasén）土石坝（261m，1980 年建成）等。1980 年，苏联努列克（Nurek）心墙砂砾石坝（300m）建成，心墙坝最大坝高达到 300m，并超越其他坝型，成为当时世界上最高坝。

我国高土石坝工程建设虽然起步较晚，但发展速度之快在世界上绝无仅有。从 20 世纪 80 年代开始，中国针对土石坝建设开展了大量研究，建成了一批 100m 级高心墙土石坝，1976 年在深覆盖层上建成了坝高 101.8m 的碧口壤土心墙土石坝，坝壳采用砂砾石、堆石和石渣等多种材料填筑，是中国大陆第一座坝高超过 100m 的土石坝。对大坝性态认知水平快速提高、预测分析能力提升、施工工艺进步，推动了土石坝工程进步和发展。振动碾吨位不断提高，附加质量法等检测技术引入施工质量控制，数字大坝理论提出并应用到高坝质量控制中，并逐步向智能化发展。在此基础上，中国超 200m 特高心墙坝在坝高不断突破的同时，实现了高质量发展，建成了瀑布沟水电站大坝（坝高 186m，2009 年建成）、长河坝水电站大坝（坝高 240m，2018 年建成）、糯扎渡水电站大坝（261.5m，2012 年建成）等砾石土土石坝；随着我国河流梯级水电开发及水资源合理配置进程的推进，我国土石坝的建设高度已发展至 300m 级，如两河口水电站大坝（295m）、双江口水电站大坝（312m）、如美水电站大坝（315m）等 300m 级砾石土土石坝的建设，标志着中国的土石坝建设赶超国际水平。

3. 土石坝建设的特点

土石坝涉及资源供应、人员配置、施工质量等诸多方面，其施工过程具有投资额巨大、建设周期长、参与主体众多、技术复杂、施工难度大、项目管理任务艰巨、项目信息处理工作量庞大、工程建设社会影响深远等特点。其施工过程是一个极其复杂的系统，受到许多因素的影响和制约，其中施工进度的管理与控制尤为重要，进度管理不仅关系到项目的持续时间，更与项目的度汛安全紧密相关，并且进度管理与质量、成本的控制相互关联相互制约。同时坝料的储量及其物理力学性能、坝体心墙区土料的填筑、工程的防洪度汛等与自然条件的关系极为密切，在施工过程中必须全面考虑气象、水文、地质条件及其动态变化对施工的影响，重视调查研究，做好勘察和资料搜集工作。

坝体填筑是土石坝建设施工最主要的环节，主要包括土石料开挖、运输、上坝、铺料、碾压等工序。土石料的挖、运、填等各道工序均应由相互配套的施工机械完成，组织"一条龙"生产线，合理布置作业面，充分发挥机械的工作效率。坝面作业具有作业面小、工序多、工种多、机械多、机械之间相互干扰等特点，一般采用流水线施工的方法，根据施工工序数目将坝面划分为几个施工段，组织各工种的专业队依次进入所划分的施工段同时施工。

坝体填筑质量直接关系到土石坝安全，由于土石坝坝体是土石散粒体结构，在上下游水位差的压力下，容易出现渗透破坏（管涌、流土）、坝体开裂等安全事故，如果处理不当可能会导致严重溃坝后果，如美国的提顿土石坝因坝体局部渗漏产生的高水压对土体产生劈裂，最终导致严重的溃坝事故；我国的兰江防洪大坝因局部堤防出现严重渗漏和管涌，导致防洪大坝出现 50m 左右的溃坝。压实质量的好坏直接影响大坝结构安全，提高碾压土石坝的压实质量可以有效减少渗透破坏和坝体开裂等安全事故的发生，故有效控制填筑质量是保证大坝安全运行的前提。土石坝填筑质量控制主要包括坝料和坝体填筑两方面。坝料性质、级配、含水率等必须符合设计和相关规范要求；坝体填筑质量控制可以分为事前、事中和事后控制，即事前依靠碾压试验确定碾压参数，事中控制压路机碾压轨迹、碾压遍数、车速，事后通过试坑试验抽检压实质量。

4. 土石坝建设面临的挑战

传统的土石坝施工管理和控制方法存在着诸多弊端。施工控制多在施工过程执行完毕之后进行判断和检验，决策信息和反馈控制多体现为在施工完成后 进行重新组织和重新施工，不能对施工过程进行有效分析和预测，并在施工过程中进行及时反馈控制。随着科学技术的发展，信息技术和计算机技术同土石坝施工控制过程有效结合，产生了土石坝施工实时监控技术，施工信息的获 取变得更加高效和全面，使得管理者能够对施工信息进行及时、准确的掌握，为施工过程控制提供了有效的辅助手段，但是仍需依靠人工进行施工过程的分析、决策和执行。智能控制技术对不断变化的环境有较强的适应能力，并可对多种信息进行有效处理，从而减小不确定性，并可保证规划、生成和执行等过程的安全可靠性，从而达到预定的目标和良好的性能指标，为土石坝施工控制提供了新的思路和发展方向。

在土石坝施工控制中，由于多种施工环节和机械同时作业，不同施工环节的管理者和执行者无法对施工信息进行完整的获取或无法明确某些施工信息的作用，从而使得无法达到预期的施工控制效果；或由于主客观因素的影响，忽略或者回避某些施工信息，从而导致信息分析、决策和执行过程中的失真，无法对施工过程进行有效控制。随着信息化、自动化和智能化技术的发展，需要提出土石坝施工智能监控理论，并针对土石坝施工控制过程实现施工方案优化决策、施工过程智能调度控制和智能压实控制。在现有研究中，施工方案规划一般根据设计规范结合人工经验进行典型施工方案设计，并进行施工方案验证和专家优选，无法保证施工方案能够达到全局最优；在施工过程中，也无法及时跟进现场的施工进展，从而对施工方案进行动态的优化调整。在坝料运输过程中，虽然实现了对现场的运输车辆信息的实时采集和分析，但是工区交通运输主观、随意性大，无法实现路况信息的全面分析和场内交通的优化和控制；坝料加水虽然实现了加水过程的自动化控制，但尚未实现加水标准的动态调整。在坝料填筑过程中，无法实现对压实质量的实时分析和碾压过程的施工参数动态优化和调整；虽然在公路压实领域已有较为成熟的压实质量实时分析方法，但由于其仅适用于细粒料碾压的工况，需要保证碾轮振动过程中不得脱离被碾压材料的情况下对压实质量进行分析，而土石坝分区多，坝料颗粒大，仓面平整度差，公路压实领域的压实质量实时分析方法不具有可参考性。上述特点为土石坝施工智能控制带来了极大挑战。因此，有必要研究适合于土石坝施工智能控制的理论与方法，全局考虑土石坝施工过程中质量和进度等目标，建立土石坝施工智能监控理论构架，采用先进的、智能的技术和方法对土石坝施工方案和坝料运输、坝面填筑过程进行全面的控制，从而提高土石坝施工控制水平，促进土石坝施工目标的全面实现。

5.1.2 土石坝施工自动化

土石坝作为一种当地材料坝，施工速度快，造价低，相对于其他坝型对地质条件要求低，因此被广泛使用。近年来随着我国水电建设重心向西南地区发展，工程面对的地质力学条件更加复杂，在此情况下土石坝更能充分发挥其优势。目前有一大批在建和待建的土石坝工程，其中既有超过 300m 的超大型工程，如双江口水电站大坝（坝高 314m）和如美水电站大坝（坝高 315m），也有数量众多的中小型土石坝，如云南某山区地区小型土石坝占其大坝总数 90%。可以看出，无论是工程规模还是工程数量，土石坝都在我国将来的大坝建设中占据重要地位。

压实质量和压实效率问题一直是土石方工程建设中关注的重点，自振动压路机用于工程建设中，振动压实技术也在不断发展。为了克服传统施工方法的缺点，国内外研究者通过振动轮的动力特性评估土石料的压实质量，实现土石料压实质量连续监控；通过结合 GPS 和 GIS 等技术，实现振动压路机行驶轨迹和行车速度等碾压参数的监控；通过将两种技术相结合，发展出了连续压实控制（Continuous Compaction Control，CCC）等技术，同时一些压路机生产商也相继研发出配套的振动压实设备。目前 CCC 技术在国外公路建设领域有较为成熟的应用，但在水利工程建设中的应用相对较少。在国内，关于土石料压实监控系统方面的研究也取得了一定成果。钟登华团队提出监控理论、集成信息化技术、开发软硬件设备，建立了土石坝实时监控系统，并在糯扎渡水电站等大坝工程中应用，提高了土石坝施工水平，有效保障了施工质量。邓学欣等提出通过检测振动轮振动加速度间接反映土石料压实状况的压实度自动检测原理，并开发了响应检测系统。范云和汪英珍开展了填土压实质量检测及机载压实集成系统应用研究。对于工程量较大、工序复杂的面板堆石坝，基于GPS技术，黄声享等研制了可实时监控碾压遍数、压实厚度和行车速度的监控系统。针对南水北调中线工程干渠渠道大部分为高填方工程，土石方工程量巨大，工期紧等问题，李斌等研制开发了南水北调中线一期工程高填方段碾压施工质量实时监控系统，并在工程实践中得到应用。于子忠和黄增刚开展了智能压实过程控制系统在水利水电工程中的试验性应用研究。针对南水北调工程中高填方段的施工特点，余洋等开发了相应的填筑施工质量监控系统，并在该工程中进行了应用。

以上研究使土石料压实从机械化阶段发展到了自动化、数字化阶段。这个阶段以"监"为主，主要是对压路机工作状态和土石料压实质量进行监测，便于施工管理和分析，较少涉及对压实过程的主动控制。随着物联网、云计算和人工智能等技术的发展，人类社会开始从数字化时代进入智能化时代（李庆斌等，2015），土石料压实技术也得到进一步发展。美国联邦高速公路管理局（FHWA）在CCC技术基础上，加入自动反馈控制（automatic feedback control，AFC）系统，提出"智能压实"（intelligent compaction，IC）这一概念（Mooney，2010）。根据这一概念，振动压路机可以根据当前压实状态调整振动状态，反馈控制振动碾压参数。这一过程不仅可以对压实质量进行监测，还可以主动提高压实效率。

随着大坝建设进入智能4.0时代，智能温控等智能化技术已在溪洛渡等混凝土坝中得到初步应用（李庆斌等，2014），但土石坝碾压施工整体上还处于以"监"为主的自动化、数字化阶段，没有达到以"控"为主的智能化阶段，可以部分实现压实质量监测，但无法主动优化压实过程，提高压实效率，土石坝智能建造技术丞需发展。为了进一步提高土石坝施工水平，保障压实质量，提高压实效率，需要对堆石料振动压实进行深入研究，提出振动压实过程优化方法，相应研究成果将对我国土石坝建设及相关工程有重要意义。

5.1.3　土石料振动压实理论

土石料在外力作用下，颗粒重排列、彼此填充，孔隙率减小，密实度增大，形成更加稳定的结构，这一过程称为土石料的压实。土石料的压实性能主要由其材料性质决定，主要包括土石料种类、颗粒级配、颗粒形状和含水率等。Khilobok 等（1997）针对黏性土压实，研究了矿物成分、含水率和颗粒组度的影响，并建立最优含水量的线性回归模型。Omar 等（2003）研究了粗粒土各物理性质对压实特性的影响，并采用神经网络建立了最大干密度与最优含水率的预测模型。刘小伟等（2004）采用击实试验和显微电镜试验，建立了黄土的粒度成分、含水率和显微结构（颗粒接触、空隙特征等）与压实特性的定量关系。闫浩等（2017）采用离散元模拟研究了颗粒形状和颗粒粒径等 6 个细观指标对散体宏观压实特性的影响，认为颗粒摩擦因数和颗粒孔隙率为主要影响因素。庞康（2015）研究了颗粒级配对砾质土的压实性能影响，给出了宽级配砾质土最优含水率和合理的级配范围。陈宏伟（2004）采用室内击实试验研究了粗粒土的压实性能，认为粗粒土干密度随含水量的变化是双峰曲线，但含水率总体表现对压实效果影响较小，粗粒料含量对干密度影响较大，在 70% 左右能达到最大干密度。刘丽萍等（2006）认为良好级配的土石混合料具有较好的压实性，且粗粒料含量大于 75% 后，最大干密度基本保持不变。许锡昌等（2010）建议土石混合料中粗粒料含量最优范围为 60%～80%，且最大粒径越大则压实干密度越大。通过以上研究可知，严格控制土石料的级配、含水率等参数，使土石料具有较好的压实性能，是获得良好的压实效果的先决条件。

外荷载形式及采用的压实方式也对土石料压实有重要影响。目前常用的压实方式包括静压、夯实和振动压实。其中静压是利用压路机自重使土石体发生变形实现压实，夯实机械通过将夯锤的重力势能转换成动能提高冲击力实现压实，振动压实则是通过偏心块高速旋转产生激振力，与压路机自重共同作用于土体，产生的周期性压缩和剪切，在重复加载过程中土体被压密实，这也是振动压实机理中的重复荷载学说与交变剪学说的主要观点。提高土石料的压实质量一方面可以通过增大压实荷载和压实时间实现，如增大压路机吨位、增大夯锤重力、提高振动压路机的激振力、增加碾压遍数和夯击遍数。另一方面可以通过减小土石料内部的抗剪强度提高压实效果。土石料是由颗粒组成的散体物质，目前很多研究表明，振动能有效减小散体材料内部的摩擦力和抗剪强度。吴爱祥等（2001）采用自行研制的振动直剪仪，分别采用全盒振动和上盒振动，系统研究了振幅和振动频率对颗粒材料剪切应力－应变曲线以及对内摩擦角和黏聚力的影响，试验结果表明，两种模式下振动都会减小散体材料的土体刚度、抗剪强度、内摩擦角和黏聚力；孙志业（2002）进一步研究了铁矿石在振动场中的动力效应，相比于静止状态，振动场中铁矿石的内摩擦角减小了 $3.9°$，黏聚力几乎减小为 0，抗剪强度减小 $1/3 \sim 2/3$。闻邦椿（2007）提出振动摩擦学，研究了振动场中散体物质内部相互作用规律，滕云楠（2011，2013）将这一概念用于分析振动压实，认为压实过程中土颗粒受到强迫振动，不同质量的颗粒之间惯性力不同，当受到振动作用时，颗粒之间的惯性力差异可以破坏颗粒之间的咬合力，土体内部的摩擦力迅速减小，从而使土体更易压实。赵明华（2006）用土压力计测量填石料压实过程中的压力，根据试验结果认为振动波分为横波和纵波，其中横波的作用是使土颗粒进入运动状态，减小颗粒之间的摩擦力，纵波的作用是克服土颗粒之间的阻力使土体密实。振动加速度大小对压实效果也有影响。Ermolaev 和 Senin（1968）研究了振动加速度对砂土抗剪强度的影响，认为振动加速度对抗剪强度的影响存在阈值，小于阈值时，振动对抗剪强度影响较小，大于阈值时，抗剪强度迅速减小，并随着振动加速度的增大趋于一稳定值。Denies（2014）将无黏性的砂装在圆柱筒内放置在振动设备上，施加不同竖向振动加速度，结果表明振动加速度小于 $1g$ 时发生振密现象，等于 $1g$ 时砂土的表面开始不稳定，大于 $1g$ 时筒内的砂土发生振动对流现象。Holeyman（2017）认为 Ermolaev 的研究中存在阈值的原因是其试验中的砂土并非完全干燥，水分使颗粒之间存在黏聚力，加速度必须大于阈值才能破坏黏聚力，并通过振动直剪仪对完全干燥进行试验说明砂土不存在振动加速度阈值，抗剪强度随振动加速度增大而以指数形式减小。Forssblad 将旋转搅拌机放置在振动台上，分别测试静止与振动条件下的搅拌力矩大小，结果表明振动条件下搅拌力矩大大减小，以此说明了振动场中土体内摩擦角减小。

　　振动压实效果优于静碾压实效果的原因也可以从振动对临界状态影响的角度分析。临界状态指土体受剪切荷载变形，最终趋于体积（孔隙比）不再变化，而剪应变不断发展的状态，此时的状态称为临界状态，此时的孔隙比称为临界孔隙比。当土体剪切变形至临界孔隙比时孔隙比不再发生变化，这意味着土体无法进一步压实。Handy（1900）认为振动压实时减小了临界孔隙比，从而允许通过剪切达到更小的孔隙比，同时他还指出临近孔隙率是振幅的函数，因此在共振频率时压实效果最好；Taslagyan（2014，2015）认为振动会减小颗粒土的抗剪强度，改变其临界状态；Youd（1967，1970）通过试验研究了干砂的临界状态与振动的关系，认为临界孔隙比等于振动平衡孔隙比的，并通过不同的振动参数试验证明在振动场中临界孔隙比减小。通过振动减小土石料内摩擦角从而达到工程目的不仅应用于振动压路机，也应用于深部土体振动密实器、土体材料振动切削和矿石振动传输等领域。以上主要是振动压实的内摩擦减小、共振学说和液化学说的主要理论依据。实际上土石料的振动压实是一个复杂的过程，振动压实机理并不是只包含一种作用，而是各种作用综合的结果。

　　在对土石料压实机理认识不断深入的基础上，压路机械也不断更新发展。最初使用静碾压路机时，为了提高压实质量，人们不断提高静碾压路机的吨位，振动压路机被发明后，由于其既增大了作用于土体的压实力，同时又通过振动减小了土体内部摩擦力，压实效果远远好于静碾，因此得到了广泛应用。后来人们发现对于薄层碾压，振荡的效果更佳，由此发明了振荡压路机和振动振荡压路机；为了进一步增强深厚压实层的压实效果，人们尝试将振动与冲击的作用结合起来，发明了冲击振动压路机。这些压实机械在其各自适用的领域发展提高了压实质量和压实效率，但目前使用最为广泛的还是振动压路机。

　　在振动压路机发展初期，人们认为激振力越大，压实效果越好，但实践结果并非如此，人们意识到需要将振动压路机和土体作为一个整体进行研究。为了深入理解振动压实机理，研究各振动碾压参数对

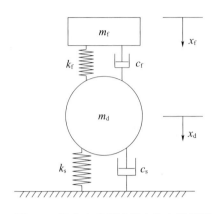

图 5.1　二自由度振动压实动力学模型

压实效果的影响，一些学者将振动压路机与土体作为一个整体进行研究，建立了振动压实动力学模型。T. S. Yoo 和 E. T. Seling（1979）假设土体为弹性体，振动轮与土体时刻接触，振动压路机被简化上机架与振动轮两个部分，利用"质—弹—阻"模型建立了二自由度振动压实动力学模型，（见图 5.1）。该模型是最早的振动压实动力学模型，虽然一些假设与实际情况并不相符，但模型简单，物理意义明确，是目前分析"振动压路机—土"系统应用最多的模型。当振动轮与土体的相互作用力比较大时，振动轮可能脱离地面，发生跳振现象。跳振现象在压实过程中较为常见，主要发生在压实的中后期，但经典二自由度动力学模型假设振动轮与土体一直处于接触状态，因此一些学者对其进行改进，提出了考虑跳振的振动压实动力学模型。当振动轮与土体处于接触状态时，振动轮—土相互作用力，处于脱离状态时。

以上模型将振动压路机用机架—振动轮系统简化模拟，但振动压路机实际是一个多自由度结构。一些学者考虑振动压路机整体结构，提出了多自由度压实模型。如严世榕（2000）、田丽梅（2002）、范小彬（2003）和 Kordestani（2010）等学者分别建立了多自由度模型。

弹性压实模型将土体假设为弹性体，但实际上土体在压实过程中发生塑性变形，对"振动压路机—土"系统的动力响应也有影响。为了准确模拟压实过程，一些学者将塑性变形考虑进压实模型中。目前主要采用两种方法，一种是考虑土体加卸载的不对称性，另一种是在模型中加入塑性元件。压实材料在加载过程中发生弹塑性变形，卸载过程中发生弹性变形，因此加卸载过程并不是对称的，而是形成滞回曲线。常见的滞回曲线模型有 Grade J（1993）的三角滞回模型和 Bouc-Wen 滞回模型（shen，2008）。图 5.2（a）为三角滞回模型，其

中 k_{21} 和 k_{22} 分别为加载刚度和卸载刚度，x_2 为一个加卸载过程中产生的塑性变形。图 5.2（b）为 Bouc-Wen 滞回模型，曲线为分段的非线性形式，根据位移将曲线分为不同部分，每部分 $f(x)$ 的表达式不同。

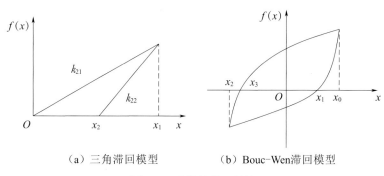

（a）三角滞回模型　　　（b）Bouc-Wen滞回模型

图 5.2　非线性滞回曲线

严世榕（1999）将三角滞回模型与振动压实动力学模型结合，提出了振动压实不对称滞回模型（见图 5.3）。此外还有别的研究者在三角滞回模型和 Bouc-Wen 滞回模型基础上，提出其他滞回曲线用于振动压实模型中（韩清凯，1998；管迪，2007；滕云楠，2016）。

图 5.3 中 $f(x)$ 为非线性滞回力。不对称滞回压实模型考虑了土体变形的不同阶段，相比于弹性模型，更符合土体变形特征，但缺点是模型中的屈服点不易确定，且不能直接反映土体的变形情况。

Pietzsch（1992）在振动压实模型中加入塑性弹簧，建立了四自由度振动压实模型（见图

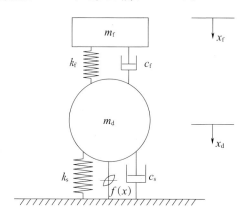

图 5.3　不对称滞回压实模型

5.4），图 5.4 中 m_s 和 m_a 分别为参振土体质量和附加土体质量；k_p、k_a 和 k'_p 分别为土体塑性刚度、附加土体弹性刚度和附加土体塑性刚度；c_a 为附加土体阻尼系数，其余参数同二自由度模型。该模型能够模拟振动压实过程中土体的弹塑性变形，同时也考虑了跳振情况。该模型

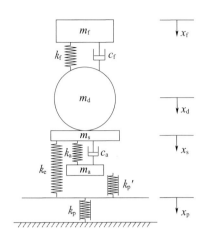

图 5.4 四自由度振动压实模型

理论上能更加准确模拟振动压实过程，但模型的缺点是结构比较复杂，参数较多且不易确定。

沥青材料的变形具有黏弹塑性性质，为了反映沥青材料的变形特性，Beainy 等（2013）在振动压实动力学模型中引入 Burgers 模型。模型中沥青材料的变形分为黏弹性、弹性和塑性变形。与上述模型采用塑性弹簧描述塑性变形不同，该模型中采用黏壶变形描述塑性变形，能够反映沥青塑性变形随时间发展的特性。在 Beainy 模型的基础上，Imran（2016）考虑压路机的行驶，建立了如图 5.5 所示的振动压实条块模型。模型假设振动轮与被压材料连续接触，将接触区分为 3 个条块。压路机行驶过程中每个条块依次经过 3 个压实阶段，振动轮与土体的相互作用力为 3 个条块的作用力之和，根据车速计算每个阶段的时间，计算条块的变形。该模型可以模拟土体变形和振动轮振动特性随碾压遍数的变化。

5.1.4 土石料压实质量评价

压实质量对土石方工程的安全与正常使用至关重要，特别是土石坝等水利工程，一旦出现工程事故会造成严重后果，因此压实质量控制是工程控制的关键。在公路、铁路和土石坝中土体密度或压实度是评价压实质量的重要指标。常用的土石料密度测量方法包括环刀法、灌砂法、灌水法、核子密度仪法等，其中环刀法、灌砂法和核子密度仪法适用

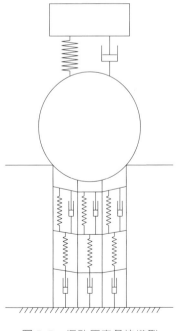

图 5.5 振动压实条块模型

于细粒土密度测量，常用于公路路基和土石坝心墙黏土；灌水法适用于大粒径土石料密度测量，主要用于堆石料等材料。除密度外，一些力学测试方法与指标也被用于评价土石料的压实质量，如落锤弯沉仪法（FWD）、克莱格冲击法（CIV）、承载比法（CBR）、灌入轻型挠度计法（LWD）和动力触探法（DCP）等，这些指标目前主要用于公路以及铁路工程中。以上方法是直接测量压实质量，还有一些间接方法对压实质量进行间接评价，如附加质量法，探地雷达法等。

以上指标虽然可以评价压实质量，但这些指标绝大多数属于事后抽样检测法。为了能够实时对全碾压面的压实质量进行评估，一些学者针对振动碾压的特点，提出压路机集成压实质量连续监测指标。Thurner（1980）发现振动轮的振动加速度信号的畸变程度与土体刚度有关，加速度频谱成分中的二次谐波增量随土体刚度的增大而增大，提出采用二次谐波幅值与基波幅值的比值评价土体刚度，并定义此数值为压实计值（compaction meter value，CMV），Geodynamik 随之将 CMV 应用于路基压实质量评估。自此之后 CMV 也被用于各类材料的压实质量评估中，成为目前应用最广泛的压实质量连续监测指标之一。Petersen（2006）通过试验研究了 CMV 与动态圆锥贯入仪（DCP）的关系，认为 CMV 与 8 到 16 英寸深度的 DCP 值有较强的相关关系。Zhu 等（2018）对土基和水泥稳定碎石底基层进行了试验研究，结果表明 CMV 与土体压实度和挠度的相关性较好，含水率和下承层对 CMV 有影响。Hu 等（2017）研究了 CMV 在沥青路面碾压中的适用性，并提出了排除下垫层对 CMV 影响的方法。窦鹏等（2014）分析了 CMV 与铁道路基动态变形模量 E_{vd} 的关系，认为两者具有较强相关性，CMV 可以作为压实质量评价指标。

一些学者注意到加速度频谱图中不仅存在二次谐波，也存在其他谐波分量，在 CMV 概念的基础上提出了一些压实质量连续监测指标。Gorman 等（2003）通过试验研究了碎石压实过程中振动加速度的频谱情况，提出了总谐波失真量（total harmonic distortion，THD），用出现的所有整数次谐波幅值之和代替 CMV 计算中的二次谐波幅值，由于考虑了频谱中的高次谐波，因此 THD 对压实度改变的敏感性更高；Scherocman 等（2007）提出压实控制值（compaction control value，CCV）作为压实质量连续监测指标，不仅考虑了整数次谐波，还考虑了分数次谐波，Xu（2013）利用此指标对沥青路面压实进行评价，试验表明 CCV 与 ELWD 的相关系数在 0.6 左右。当土石料刚度特别大时会出现二分之一次谐波，此时继续碾压可能会破坏已压实的土体，因此有学者（Adam，2004）提出共振计值（resonance meter value，RMV）作为控制指标，RMV 达到某数值时停止碾压，也有学者提出在评价压实时要综合考虑 CMV 与 RMV；刘东海（2013，2014）提出压实值（compaction value，CV）对堆石料压实质量进行评估，并通过多个工程验证说明了 CV 评价堆石料压实质量的适用性，并将该指标推广到高速路基压实等其他工程中。以上这些指标都是基于加速度频率分析提出的。加速度时域大小也能反映土体压实度情况。马丽英（2017）通过现场试验研究了振动加速度与路基压质量的关系，结果表明路基压实度与加速度的相关系数大于 0.9；易飞（2011）认为振动加速度随土体密度增大而增大，并利用神经网络建立加速度与土体密度的关系，实现了较高的预测精度；徐光辉（2005）认为加速度能反映土体的抗力情况，以加速度为指标对路基压实进行监控。

除了从加速度角度评估压实质量，一些研究人员也从振动轮与土体的相互作用力角度开展研究。Bomag 在 1982 年提出 Omega 并开发了相应的监控系统 Terrameter（Kröber，1988）。Omega 能反映土体吸收振动能量情况，值越大说明土体刚度越大，试验验证了 CMV 与 Omega 具有较强的相关性；随后 Bomag 又提出振动模量 E_{vib} 这一指标（Kröber，2001），利用振动位移与振动轮—土相互作用力计算土体加载的割线模量，E_{vib} 与 Omega 相比，力学意义更加明显，因此 Bomag 此后都使用 E_{vib} 作为指标。Hossain 通过试验表明 E_{vib} 对土体含水率和压实度较为敏感，通过 E_{vib} 可有效确定压实区域中的低刚度区。Suits 等（2008）进行试验比较了 E_{vib} 与通过轻型挠度计（LWD）、弯沉仪（FWD）和动态圆锥贯入仪（DCP）试验得到的模量，结果表明相关性不强，他解释这是由振动压路机与其余几种测试方式影响的土体范围不同导致的。振动压实动力学模型中假设土体为弹性，用刚度和阻尼描述土体的黏弹性性质，在此基础上 Anderegg 和 KauFmann（1998）在提出土体刚度参数 k_s 作为土体压实质量连续监测指标，该参数与土体性质直接相关，物理意义明确。Mooney 和 Rinehart（2007）通过砂土振动碾压试验研究了压路机的振动特性，结果表明 k_s 是铺层土刚度、铺层厚度、含水率和激振力的函数，同时他还通过多层土碾压试验，研究了下卧层对 k_s 的影响。Preisig 等（2003）比较了 k_s 与土体的首次加载模量 ME_1 和再加载模量 ME_2 的关系，其相关系数分别为 0.83 和 0.79，相关性较强；White 等（2007）研究了地基土的 k_s 与轻型扰度计模量、克莱格冲击值（CIV）和动力触探值（DCP）的关系，结果表明不同试验条带的离散性较大，相关系数在 0.48～0.86。Mooney 和 Rinehart（2009）在土中埋设应力应变传感器，研究了 k_s 与土体切线模量 M_t 和割线模量 M_s 的关系，结果表明浅层处 k_s 与 M_t 和 M_s 的相关性较弱，中层和深层处 k_s 与 M_t 和 M_s 的相关性较强；高雷（2018）采用 k_s 评价堆石料压实质量，结果显示 k_s 与碾压遍数的相关系数大于 0.85，与堆石料相对密度的相关系数大于 0.7，说明 k_s 能较好地反映堆石料压实质量。E_{vib} 和 k_s 的提出代表压实质量连续监测的一大进步，因为这两个指标直接与材料力学参数相关，物理意义明确，因此在提出后也得到了较广泛的应用。随着土体刚度的逐渐增大，振动轮与土体的相互作用也增大，基于此徐光辉（2005）提出地基反力 F_s 评价土体压实质量，并应用于公路、铁路等工程中。

　　以上指标是从振动轮与土体竖向相互作用力角度提出的，除此之外还有一些其他类型的指标。Barkan（1965）研究了车辆轮胎在地面上的运动特性，通过滚动阻力和土体沉陷确定车轮运动需要的能量。刚度越小、变形越大的土体，需要的能量越大。在此基础上，White 和 Thompson（2008a，2008b）提出机械驱动功率（machine drive power，MDP）用于评估土体的压实质量，并对 5 种颗粒土进行了碾压试验研究，试验结果表明 MDP 随碾压遍数减小，在对数关系下，MDP 与颗粒土的干密度、DCP，CIV 和平板载荷试验模量的相关系数超过了 0.80。White（2005）研究了凸块压路机碾压黏性土的情况，试验结果表明条带平均 MDP 与干密度、DCP、CIV 和 ELWD 的决定系数在 $0.63 \sim 0.73$ 范围，含水率对 MDP 有影响，考虑含水率后 MDP 与上述指标的决定系数范围为 $0.93 \sim 0.98$，同时试验还表明黏性土的 MDP 变化量大于非黏性土。Vennapusa 在不同地基上进行碾压试验，研究了下承层对 MDP 的影响，认为下承层刚度与非均质性对 MDP 均有影响。

5.1.5　土石料振动碾压参数优化

CCC 技术实现了压路机轨迹和压实质量的连续监控，在 CCC 技术的基础上，FHWA 提出了智能压实技术（IC），可根据填料当前压实状态，通过自动反馈控制（AFC）系统对振动碾压参数进行调整优化。国内外一些压路机生产厂商和相关科研单位开发了具有变振动参数功能的压路机。Ammann 采用双偏心块装置，通过调整两偏心块的夹角控制振幅，通过液压伺服阀控制振动频率，其开发的 ammann compaction expert（ACE）系统可以根据当前压实情况可无级调节振幅、振动频率和车速；Dynapac 公司开发 dynapac compaction optimizer（DCO）系统，采用双偏心块装置控制振幅，压实过程中监控 RMV，当 RMV 超过阈值时减小振幅防止跳振；Bomag 公司推出了 bomag variocontrol（BVC）系统，同样通过双偏心块装置夹角无级控制振幅，在压实度较小时采用大振幅，在压实度较大时采用小振幅防止破坏已压实路面。国内也有石家庄铁道学院和厦工集团研发了频率、振幅可调的振动压路机。

要实现振动碾压参数的优化控制必须了解振动碾压参数对压实效果的影响。在工程中一般采用室内击实试验研究土石料级配、含水率与击实功对压实密度的影响。但室内击实仪与现场振动压路机的压实形式相差较大。因此该方法一般只用于评价土石料的可压实性能，无法用于寻找合适的碾压参数，指导压实过程。表面振动压实仪更接近于实际振动压实施工，一些学者使用表面振动压实仪研究不同振动碾压参数对土石料压实效果的影响。如周浩（2013）通过自行设计的表面振动压实仪试验，认为对于水泥碎石土，合理的振动碾压参数为振动频率 26～30Hz，激振力 5～8kN；南兵章（2014）又使用此仪器研究了振动频率、激振力和静压力对黏土、砂土和土石混合料等不同材料的压实干密度的影响；马松林等（2001）采用表面振动压实方法，通过 26 组振动频率、激振力和名义振幅的组合试验，综合考虑压实密度和工作稳定性，确定最佳参数组合；王永等（2018）使用表面振动击实仪研究了材料性质和振动参数对铁路路基材料压实效果的影响；Wersall 等（2015）采用自制表面振动压实仪研究了振动频率对压实效果的影响，认为在共振频率附近压实效果最佳。

表面振动压实仪不仅可以帮助我们研究土石料的压实特性，还能够研究振动碾压参数对压实效果的影响。但是如前文所述，碾压参数对压实效果的影响由"振动压路机－土"系统的性质决定，不同的压路机结构参数和土石料力学参数都会影响压实效果的碾压参数相关性。表面振动压实仪虽然压实形式与实际振动压实相近，但其结构参数（如重量、激振力大小、减振刚度和阻尼等）与压路机相差较大，同时试验土料结构与实际土层结构也不相同。因此虽然使用室内表面振动压实仪研究不同的振动碾压参数进行试验对压实效果的影响具有一定的理论意义，但结果难以直接应用于实际压实过程中。为了选取更加合适的振动碾压参数，提高压实质量和效率，一些学者开展了现场碾压试验，研究振动碾压参数对压实效果的影响。哈尔胡塔（1957）在大量现场试验数据基础上，认为压路机重量、振动频率、激振力、振幅和压实时间都对压实效果有重要影响。Wersall 等（2018）对碎石土进行原位碾压试验，研究了振动频率对压实效果以及振动轮动力特性的影响，试验结果与其进行的室内试验结果相符，在共振频率附近压实效果最好，另外他还建议在压实后期采用较低频率以减小能耗。张青哲（2010）采用自制手推式振动压路机，研究振动频率，振幅和车速对土基的压实效果，按影响程度从高到低依次为振幅、车速和振动频率，并通过正交试验选取最优参数组合。杨东来（2005）研究了车速、振动频率和振动方式对沥青材料压实效果的影响，发现在相同频率和车速下，振荡方式对沥青材料的压实效果好于振动方式，振动频率和车速对压实效果影响明显，要通过现场试验对比选取合适的频率和车速。

一些学者也利用振动压实动力学模型研究振动参数对压实效果的影响。Pietzsch（1992）利用其提出的黏弹塑性压实模型研究了不同振动参数对压实效果的影响并给出参数选取建议。龚创先（2013）利用压实动力学模型研究了各振动参数和土体参数对系统动力响应的影响，认为最优振动频率和车速都随土体刚度的增大而增大。

基于以上振动碾压参数对压实效果影响的研究，一些学者提出了振动碾压参数的控制策略。Anderegg 和 Kaufmann（2004）提出振动碾压参数的力控制准则，基本思想是在保证能量平顺传递给土体的条件下，使振动轮与土体的作用力最大，具体包含以下控制策略：滞后相位角保持在 $140°\sim160°$；调节偏心块夹角使振动轮—土相互作用力达到设定值；如果出现次谐波振动则减小振幅；车速保持在使两次冲击间距为 $2\sim4cm$。王莉（2009）基于振动压实的共振理论，认为振动频率与土体固有频率相同时压实效果最好，并研发了检测地面振动信号的装置，测出当前土体的固有频率，下一遍碾压时调整振动频率至此频率。周昌雄（2000）根据振动压实动力学模型，以土体吸收能量最大为优化目标，以不发生跳振和车速满足要求等为约束，对振动频率和车速进行了优化。龚创先（2013）认为振动轮—土相互作用力与振动激振力相等时压实效果较好，将此作为目标函数，以激振力不大于压路机自重、减振系数大于 20 为约束，并根据建立的振动压实动力学模型进行振动碾压参数优化计算。杨东来（2005）对振荡压路机压实沥青材料过程，分别提出了振荡轮与地面不存在和存在滑转时的最优化目标，其中不滑转时以单位时间吸收压实能力最大为目标，滑转时还要考虑最佳滑转率。马学良（2009）提出要考虑被压实材料吸收压实能量的能力，在满足施加压实能力与吸收压实能量平衡的基础上，使施加压实能量最大，既可以提高压实效率，又可以防止过压现象。

一些研究者也提出使用智能化算法进行振动碾压参数优化。李军（2012）采用神经网络建立了振动碾压参数控制系统，包含两个网络模型，一个是预测模型，一个是控制模型，其中预测模型根据材料性质、振动参数和当前压实度预测下一遍能达到的最大压实度，控制模型根据此压实度确定振动频率、振幅和车速等参数。张奕（2009）提出了一种控制策略，采用模糊控制和遗传算法相结合的方法，将压实度、振动频率和振幅划分为不同等级，以下一遍碾压土体压实度增大最大为目标计算最佳的振动碾压参数组合。巨永锋（2006）提出采用模糊神经网络对振动碾压参数进行优化，通过试验结果建立模糊控制规则表对神经网络进行训练，判断不同振动碾压参数组合对压实度的影响，从而找到最优组合。

5.2　土石坝压实智能控制理论

5.2.1　土石坝压实智能控制概念

1. 定义

土石坝的压实质量直接关系到大坝的安全和稳定运行。传统碾压由于依靠人工方式抽检压实质量和控制压实参数，既无法确保整个施工区域的压实质量，也无法满足智能化高效施工的需求。为实现压实参数和压实质量的实时监测，一些研究者提出了数字碾压技术，如连续压实控制（CCC）、压路机集成压实监控（RICM）和智能碾压（IC）。截至目前，数字碾压理论与方法已被大量应用于道路、铁路和机场等工程建设，在土石坝方面也取得了若干与数字碾压技术相关的研究成果。在数字碾压中，压路机由人工驾驶，虽然可以监测碾压轨迹，但无法实现有效的主动控制，存在漏碾、缺振、交叉、重复和超速碾压等问题。为解决上述问题，研究者提出了无人碾压技术。无人碾压技术采用自动控制理论，实现了压路机的自动行驶，进一步排除了人为操作的影响，目前已在土石坝施工中得到应用。数字碾压和无人碾压技术部分克服了传统碾压工艺的不足，但技术水平仍停留于自动反馈控制阶段，按照规定的土石填筑碾压质量标准和参数进行施工作业，施工过程具有按步骤实施的程序化特点，压实质量的控制仍由人工线下决策评估完成，不同施工区域间采用固定不变的工作参数进行碾压，无法自主优化碾压参数，施工效率有待改善。

2．基本特征

智能控制的基本特征为：自主感知与认知信息、智能组织规划与决策任务、自动控制执行机构完成目标。具体到土石坝压实的智能控制理论，其基本特征如下：对于当前碾压遍数，检测单元对土石坝施工区域的压实参数与压实质量等各类数据自动采集，智能决策单元利用实时采集的数据从全局角度优化压实过程并给出最优压实计划，控制单元根据最优压实计划基于传统控制或智能控制方法设计的控制器对执行机构进行有效控制并完成压实动作；对于下一碾压遍数，系统根据检测单元提供的最新数据重新对压实过程进行全局优化给出新的最优压实计划，控制单元依据最优压实计划控制压路机执行压实动作。整个压实过程属于闭环循环滚动优化碾压，直至土石料的压实质量符合设计要求。

3．理论结构

智能控制的理论结构明显具有多学科交叉的特点，本书采用三元结构论的思想，即将智能控制看作人工智能、自动控制和运筹学的交叉。具体到土石坝，智能控制的基本构成包含三个关键要素，其中自动控制要素实现执行机构的动态反馈控制，人工智能要素需要与运筹学要素结合使用以实现土石坝压实过程动态优化，即对压实参数实现智能决策功能，因此，也可以认为土石坝智能控制的基本构成包含两个关键要素，即智能决策和自动控制。土石坝智能控制基本构成见图5.6。

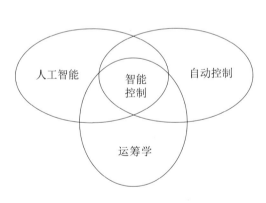

图5.6　土石坝智能控制基本构成示意图

5.2.2　土石坝压实智能控制理论

1．智能控制优化目标与控制指标

将人工智能算法、自动控制理论和运筹学方法结合，即构成土石坝压实的智能控制理论。该控制优化目标与控制指标如下：针对输出物理量 D，首先利用异常判别单元对该输出物理量进行判别，若异常判别指示器指标超过设定值，则当前压实材料属于异常填筑材料，将异常信息实时反馈给现场施工及监理人员进行处理；若异常判别指示器指标小于设定值，则将该物理量作为智能决策单元的输入，智能决策单元利用基于人工智能算法和运筹学方法结合的压实过程动态优化方法从全局角度对压实参数进行滚动优化，使总压实时间最短。经过自动控制理论设计的控制器调节，执行机构作用于被控对象，改善土石坝压实质量，随着新的土石坝压实质量作为智能决策单元的输入开启新一轮闭环循环，滚动优化直至压实质量符合设计质量标准，土石坝压实过程和压实质量通过闭环循环模式得到滚动优化和控制。

2. 控制方程

土石坝压实的智能控制方程见式（5.1）：

$$\begin{cases} D_{\text{final}} = D_1 + \sum_{k=2}^{n} \Delta d_k \\ \Delta d_k = g(p_k, d_{k-1}, M) \\ p_k = \mu(d_{k-1}, k, \varphi) \\ M = [m, p_g, w, \cdots] \\ \varphi = [D_{\text{final}}, T_{\min}, \cdots] \\ T_{\min} = \min T_{\text{RCT}} = \sum_{i=k}^{n} T_{i+1} \end{cases} \quad (5.1)$$

式中：D_{final} 为目标压实质量；D_1 为第 1 遍碾压后的压实质量即初始压实质量；Δd_k 为第 k 遍碾压后的压实质量增量；d_{k-1} 为第 $k-1$ 遍碾压后的压实质量；p_k 为智能决策单元输出的第 k 遍压实参数，其中，f_k 为第 k 遍压路机的振动频率，v_k 为第 k 遍压路机的行车速度，a_k 为第 k 遍压路机的振幅；M 为包括诸如压路机质量 m、填筑材料级配 p_g、填筑材料含水率 w 等在内的施工机械与填筑材料固有特性的物理量；φ 为包括诸如目标压实质量 D_{final}、最小化剩余压实时间 $T_{\min}$ 这些物理量极限或目标指标；T_{RCT} 为剩余压实时间；T_{i+1} 为第 $i+1$ 遍压实层每单位长度的压实所需时间。

5.2.3　智能控制系统

1. 智能控制系统概况

如图 5.7 所示，土石坝压实的智能控制系统由双闭环控制系统组成。外闭环控制系统由智能决策单元、异常判别单元和自动控制单元组成；内闭环控制系统由控制器、执行机构、测量元件和被控对象组成。对于外闭环控制系统，智能决策单元采用基于人工智能算法和运筹学方法结合的压实过程动态优化算法从全局角度对压实参数进行滚动优化；异常判别单元通过实时检测的压实质量连续检测值与大量现场碾压试验确定的连续压实指标值上下限之间的相对误差，即异常判别指示器，来判断当前填筑材料是否异常。其中，根据实测压实质量大于上限或小于下限来计算异常判别指标 α；自动控制单元依据智能决策单元给出的压实参数控制执行机构实施碾压动作。对于内闭环控制系统，控制器采用自动控制理论进行设计；执行机构为控制振动泵和步进电机的液压阀门；测量元件用于检测实际作用于各个阀门的电压信号；被控对象包括压路机和填料。

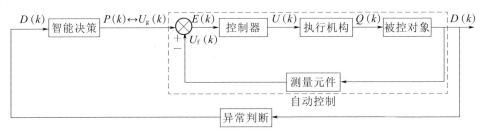

图 5.7　土石坝压实的智能控制系统框架图

2. 智能控制系统组成

（1）碾压施工参数实时监控系统。采用碾压施工参数实时监控系统能快速连续有效监控整个施工区域的碾压施工参数（碾压遍数、行车轨迹、行车速度、压实厚度等）并及时提供监控数据给现场施工、监理人员及远程监控中心，以及时调整施工参数来避免碾压质量缺陷，提高土石方工程填筑施工质量。在实际的大型工程建造过程中，首先关心的是坝体的填筑碾压质量，在把握每层填筑材料料源质量的前提下，对关键位置、关键区域、关键时间段的碾压施工参数进行实时全过程监控以实现坝体填筑施工质量精细化管理。填筑施工过程中环节的精细化，全天候、实时监控和智能化压实对于确保填筑施工质量具有重要工程意义。因此，目标是构建一种基于自动驾驶技术的碾压施工参数实时监控的解决方案，并研发相应系统，使得该系统对于确保土石方工程碾压施工质量和改善基础设施建设质量具有显著作用。本章所介绍的基于自动驾驶技术的碾压施工参数实时监控系统分为自动碾压系统与料源上坝实时监控系统，该系统的组成结构见图 5.8。

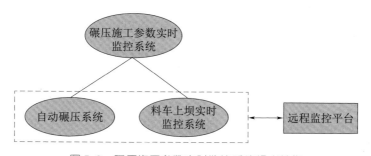

图 5.8 碾压施工参数实时监控系统组成结构

图 5.9 所示的自动碾压系统包括远程监控装置（如卫星、GPS 基站、远程监控站等）和机载自动导航控制装置。远程监控装置制定导航线路，实时接收机载自动导航控制装置反馈的各种状态信息和紧急请求信息，向机载自动导航控制装置实时发送控制指令；机载自动导航控制装置实时采集振动压路机的状态信息并向远程监控装置反馈，接收远程监控装置发送的导航线路实现自动导航，接收控制指令实现遥控碾压。上述状态信息包括压路机的当前位置、速度、与障碍物的距离、转向轮转角度数及作业环境视频图像；控制指令包括振动压路机的上电、点火、启动、转向、油门、刹车及熄火。

图 5.10 为自动碾压控制系统方框图，包括被控对象、检测反馈原件（速度、转角、位置）、输入量、控制器与执行元件。其中输入量是由远程监控装置发送的实时控制信息；被控对象为碾压机；检测反馈元件通过 RTK-GPS 检测被控对象的位置，测速传感器检测被控对象的速度，转角传感器检测被控对象的转向角度，同时将检测量分

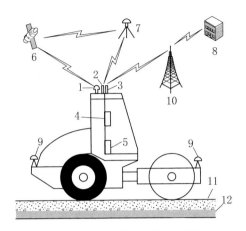

图 5.9　自动碾压系统结构图

1—GPS 接收天线；2—数传电台天线；3—无线通信天线；4—机载导航；

5—GPS 接收机；6—卫星；7—GPS 基站；8—远程监控站；

9—避障雷达；10—通信中继站；11—填筑层；12—下承层

别反馈到机载自动控制器和远程监控平台；远程监控平台根据反馈量及施工进度确定控制对象导航线路，实时输出并作为自动碾压控制系统的输入量；机载自动控制器根据输入量和反馈量，应用自适应控制算法输出控制信号至执行元件；执行元件接收机载控制器信号，辅助调节控制对象。

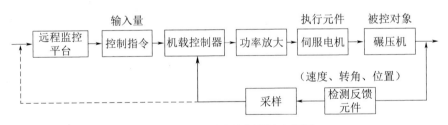

图 5.10　自动碾压控制系统方框图

　　料源运输实时监控系统通过在填筑施工时的料源运输车上安装自动定位设备，基于 RTK-GPS 技术，实现对运料车从料场到填筑施工区的全过程监控，料源运输实时监控系统结构见图 5.11。其主要实现的功能如下。

　　1）料车实时定位。料车机载定位设备对运输车进行位置空间信息定位。根据料车的位置空间信息数据在地图上实时显示运输车辆的位置、装料点信息、目的卸料区域、车辆编号，并在地图上用颜色标注出运输路线。

2）料车运输路径规划。通过 GPS 和米尺可以获取道路中心点的坐标和道路宽度，形成工程的三维路网模型。将三维路网模型投影到水平面上，可以得到二维路网模型，根据某工程的二维路网模型，可以依次计算出料场到上游围堰、上游围堰到营地、料场到营地的最优路径。通过路径规划算法，计算出每次运输车要行驶的最优运输线路，该路径规划算法可以获得路网上上任意两点间的最优路径及最短距离，为土石方填筑施工料车快速高效地运输提供了坚实保障。

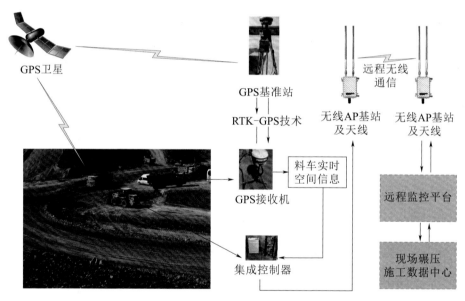

图 5.11 料源运输实时监控系统结构图

（2）基于集成声波检测技术的土石坝压实质量连续检测系统。本书提出一种新的基于集成声波检测技术的压实检测方法，该方法可以用于土石坝堆石料填筑碾压质量的检测与控制，基于该方法研发的检测装备可以在不破坏土石坝填筑体的前提下，简单、高效且精确地检测土石坝填筑材料压实质量，以便于控制其填筑碾压质量。该方法包含两部分：理论分析和技术实现。理论分析无线障板上活塞式辐射声场模型，建立了连续压实指标——声波压实值（sound compaction value，SCV）与干密度的关系模型，即 A-model。技术实现方面基于自主设计研发的硬件设备与软件系统实现，结合 RTK-GPS 技术、远程无线通信技术等完成现场压实监控系统及远程监控平台的搭建。该方法可以有效解决现有土石坝工程堆石料压实质量检测方面存在的精度低、低效、检测装备或系统结构复杂、价格昂贵、非全区域实时测量等问题，实现对土石坝堆石料压实度的快速、无损、精确高效测量。

土体与振动轮的相互作用可被视为兰姆（Lamb）问题，即振动在半无限各向同性弹性固体表面振动的传播问题，相互作用产生的声场被认为是无限障板上活塞式辐射声场（见图 5.12）。集成声波检测技术基于的发声机制如下：当振动轮与土体相互作用时，土体受垂直接触力和水平摩擦力的影响。这两种力的共同作用使土体中相应的颗粒以一种复合的方式垂直和水平振动，同时发出声音。同时，颗粒振动引起的波动引起土体与空气界面处的空气介质的密度和压力发生变化，即在固体—气体分界面处的空气介质的状态发生变化。因此，声波在固体—气体界面处产生，并通过空气介质以某种形式辐射出去。考虑到振动轮与土体相互作用的形式及其边界条件，在固体—气体分界面上形成的声波辐射场可以看作无限障板上活塞式辐射声场。也就是说，当位于固体介质表面的振动波传播时，无限障板上活塞式辐射器可视为填充在固体介质表面特定区域中，声波将随着辐射器的振动向外辐射。

土体在简谐荷载 $Q(t) = Q_0 \cos \omega t$ 作用下一个周期内任意时刻半空间表面上的真实竖向位移 u_z 为

$$u_z(r,0,t) = \frac{Q_0}{A_0 \pi G r} \cos \omega_0 t \tag{5.2}$$

式中：$A_0 = 0.03605$，$\omega_0 = 2\pi / T_0$，$T_0 = 0.036\text{s}$。

无限障板上活塞式辐射器及其辐射声场见图 5.12。P 点为辐射源外部空间中任意一点。基于已有研究成果，P 点处的远场辐射声压可以描述如下。

$$p = i\frac{a\,\rho_a c\,u_A}{2\,r_P\sin\theta}\,J_1(ka\sin\theta)\,\mathrm{e}^{i(\omega t - kr_P)} \tag{5.3}$$

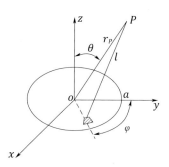

图 5.12 无限障板上活塞式辐射器及其辐射声场

对于 N 阶第一类贝塞尔函数，当 n 为正整数或 0 时，$\Gamma(n+m+1)$ $=(n+m)$！另外，考虑零阶与一阶贝塞尔函数之间的关系，令 $n=0$，$n=1$ 得

$$J_1(x) = \frac{x}{2} - \frac{x^3}{2^3\times 2!} + \cdots + (-1)^k\frac{x^{2k+1}}{2^{2k+1}k!(k+1)!} + \cdots \tag{5.4}$$

由于本书考虑的是声远场特性，则有 $r_P \gg a$，$r_P \gg a^2/l$，又根据贝塞尔函数的小宗量性质，即若 $x\to 0$ 时，将式（5.3）代入式（5.4）中，可得到式（5.5）：

$$p(r_P,t) = i\frac{k\,a^2\,\rho_a c\,u_A\left[\dfrac{1}{2} - \dfrac{1}{16}(ka\sin\theta)^2\right]}{2\,r_P}\,\mathrm{e}^{i(\omega t - kr_P)}$$

$$\approx i\frac{k\,a^2\,\rho_a c\,u_A}{4\,r_P}\,\mathrm{e}^{i(\omega t - kr_P)} \tag{5.5}$$

由于在声学中，声压和质点速度是表示声场的主要变量，常需要对其运算（相加、相乘等），为了运算方便，常常采用电路理论中的复数表达式。活塞在 z 方向振动的速度表达式可写成 $u = u_A\cos\omega t$，活塞在 z 方向上的位移见式（5.6）：

$$\overline{u}_z^0 = \int_0^t u\,\mathrm{d}t = u_A\sin\omega t \tag{5.6}$$

当 $\tau = 1.088$ 时，瑞利波（Rayleigh）才到达，则有 $\tau = c_T t_0/r = 1.088$，因此有 $t_0 = 1.088r/c_T$。由于 $c_T = \sqrt{G/\rho}$，由土体与空气介

质的分界面的边界条件知，在 t_0 时刻，存在：

$$\bar{u}_z^0 \mid_{t=t_0} = u_z(r,0,t_0) \tag{5.7}$$

将式（5.1）和式（5.5）代入式（5.6），由于 $k = \omega/c$，其中 k 是波数，ω 是角频率，c 是波速，则有

$$k = \frac{1}{c}\arcsin\left[\frac{Q_0}{\pi G r\, u_A}\cos\left(1.088\,\omega_0 r\sqrt{\frac{\rho}{G}}\right)\right] \tag{5.8}$$

将式（5.8）代入式（5.5），声压表达式见式（5.9）：

$$p(r_P,t) = i\frac{a^2\rho_a u_A}{4\,r_P}\arcsin\left[\frac{Q_0}{\pi G r\, u_A}\cos\left(1.088\,\omega_0 r\sqrt{\frac{\rho}{G}}\right)\right]e^{i(\omega t - kr_P)} \tag{5.9}$$

式中：$u_A = p_0/\rho_a c_0$，p_0 为空气中常温条件下的标准大气压；c_0 为常温条件下声波在空气介质中传播的速度；ρ_a 为平均空气密度；ρ 为土颗粒的质量密度；μ 为土体剪切模量。

对式（5.9）进行 FFT 变换，求得均方根（RMS）幅值如式（5.10），其中 b_0 是常数。

$$A = \frac{a^2\rho_a u_A}{4\,r_P}b_0\arcsin\left[\frac{Q_0}{\pi G r\, u_A}\cos\left(1.088\,\omega_0 r\sqrt{\frac{\rho}{G}}\right)\right] \tag{5.10}$$

Lade 和 Nelson 针对粗粒料的弹性行为进行了建模研究，在他们的研究中，杨氏模量的表达式如下：

$$E = M p_a\left[\left(\frac{I_1}{p_a}\right)^2 + R\frac{J_2'}{p_a^2}\right]^\lambda \tag{5.11}$$

基于 Lade 和 Nelson 的研究，Liu 等对承受循环荷载的密集砾石土料进行了本构模型研究，剪切模量 G 被进一步表达成下式：

$$G = G_0\, p_a\frac{(2.97-e)^2}{1+e}\left[\left(\frac{3p}{p_a}\right)^2 + 9\frac{K_0}{G_0}\frac{J_2}{p_a^2}\right]^{m/2} \tag{5.12}$$

式中：G 为剪切模量；G_0 和 m 为材料常数；e 为孔隙率；p_a 为大气压。

将式（5.12）和 $e = 1 - \rho_0/\rho$ 代入式（5.10）得

$$AA = A_0\arcsin\left\{B_0\cos\left[1.088\,\omega_0 r\frac{\rho}{1.97\rho+\rho_0}\sqrt{M_0(2\rho-\rho_0)}\right]\right\} \tag{5.13}$$

其中
$$A_0 = a^2\rho_a u_A b_0/4\,r_P$$

$$B_0 = (Q_0 \, M_0 / \pi r \, u_{\mathrm{A}})\left[2 \, \rho^2 - \rho \rho_0 / (1.97\rho + \rho_0)^2\right]$$

$$M_0 = G_0 \, p_{\mathrm{a}} \left[(3p/\, p_{\mathrm{a}})^2 + 9(K_0/\, G_0)(J_2/\, p_{\mathrm{a}}^2)\right]^{m/2}$$

式中：ρ 为土颗粒的质量密度；ρ_0 为土的干密度。

脉冲荷载持续 $\Delta\tau$ 时间作用时的压实区域见图 5.13。压路机的行车速度为 v。如上文提及的，简谐荷载被离散化成 N 份。每一个脉冲荷载持续时间为 $\Delta\tau$。在这个时刻，区域 $ABCD$ 可以被认为是由 N_{c} 行 M_{c} 列的小圆形活塞辐射器构成。则振动轮与土体相互作用形成的辐射声场由无限障板上 N_{c} 行 M_{c} 列的小圆形活塞辐射器构成。每个小圆形活塞辐射器的半径 a 为 $0.01\mathrm{cm}$。由于振动轮的长度 L 为 $2.2\mathrm{m}$，因此在每一列的小活塞的数量为 $N_{\mathrm{c}} = L/2a = 11000$，在每一行的小活塞数量为 $M_{\mathrm{c}} = v\Delta\tau/2a$，$M_{\mathrm{c}} \in Z$。

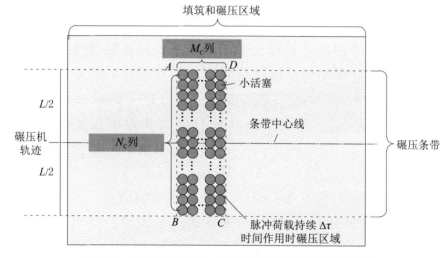

图 5.13　脉冲荷载持续 $\Delta\tau$ 时间作用时的压实区域示意图

则振动轮与土体相互作用时，所有无限障板上活塞式辐射声场在远场 P 点共同作用的结果为

$$A_{\mathrm{all}} = 2 \, M_{\mathrm{c}} \int_{r_{P_0}}^{r_{P_{N/2}}} A \, \mathrm{d} r_P$$

$$= C_0 \ln\left[\frac{r_{P_{N/2}}}{r_{P_0}}\right] \arcsin\left\{B_0 \cos\left[1.088 \, \omega_0 r \, \frac{\rho}{1.97\rho + \rho_0} \, \sqrt{M_0(2\rho - \rho_0)}\right]\right\}$$

$$(5.14)$$

其中
$$C_0 = a^2 \rho_a u_A M_c b_0 / 2$$

基于式（5.14），声压均方根幅值（amplitude of sound mean square root）与土粒干密度之间的关系模型可被建立，我们称为 A-model。

在碾压施工期间，压实层受静压力和振动力的综合影响。综合作用的效果可使材料状态从静态转变为振动态，从而减小土（或岩石）颗粒之间的摩擦力和黏聚力。因此，较小的土（岩石）颗粒可以填筑较大颗粒之间的空隙，使得填筑材料在碾压作业时变得致密。当碾压施工开始时，填筑材料是比较松散的 [见图 5.14（a）]，其声压曲线比较平滑 [见图 5.14（d）]，相应的声音频谱以基频（f_0）为主，SCV 的幅值（$2f_0$）相对来说比较小 [见图 5.14（g）]。随着碾压遍数的增加，填筑材料变得越来越密实 [见图 5.14（b）]，高次谐波成分变得越来越多 [见图 5.14（e）]。同时，SCV 逐渐发生变化 [见图 5.14（h）]。随着碾压遍数增加到一定程度，高次谐波成分的含量趋于稳定 [见图 5.14（f）]，填筑材料变得更加密实，压实度趋于稳态 [见图 5.14（c）]。SCV 进一步改变并趋于稳定 [见图 5.14（i）]。本书定义一种实时 SCV 作为表征堆石料压实状态的压实指标，见式（5.15）：

$$SCV = k \times SHA \times 100\% \tag{5.15}$$

式中：k 为材料的标定系数；SHA 为二次谐波幅值。

基于连续压实指标 SCV 与干密度的关系模型，提出了堆石料压实质量集成声波检测技术。该技术包括检测、信号分析两部分。基于振动压路机，检测设备包括声场拾音器、信号采集分析仪、显示器以及 GPS 接收机。压路机碾压填筑层时，碾压层附近形成的声波场时域信号被安装在压路机振动轮外机架上的声场拾音器接收，然后被采集分析仪采样形成声波场数字信号；同时安装在压路机上的 GPS 接收机提供与碾压位置相关的空间信号。信号采集分析仪对声波信号进行滤波、频谱分析，得到有效声信号二次谐波幅值。依据二次谐波幅值与土石料压实度或密度的相关性，建立连续压实度指标值，结合空间位置信息在机载显示器上呈现碾压区域时空压实度分布图。此外，通过

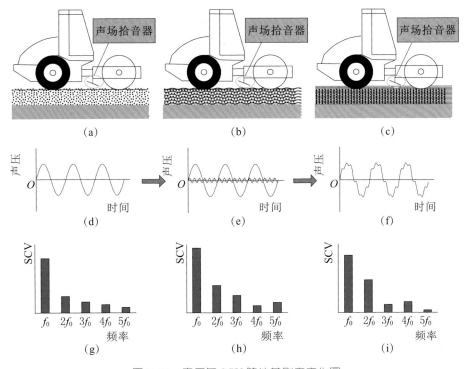

图 5.14 声压与 SCV 随地基刚度变化图

压实度反馈控制压路机振动轮的振动频率与振动幅值也很容易实现智能连续压实功能。

　　压路机集成声波检测技术的原理图见图 5.15。该技术具备非接触、高效、高精度、连续性、实时性和便利性的特征。该技术非常适合堆石料的填筑碾压质量检测。如图 5.15 所示，检测设备（2）包括声场拾音器（3）、拾音器安装装置（10）、信号调理模块（4）、数据采集模块（5）、分析处理模块（6）、显示器（7）及 GPS 接收机（9）。此外，该系统还包括加载设备（1）即振动压路机、反馈控制模块（8）及机载蓄电池（11）。加载设备（1）即振动压路机，用于实施现场碾压施工作业。声场拾音器（3）主要用于接收压路机碾压填筑层时，碾压层附近形成的声波场时域信号。信号调理模块（4）用于将声场拾音器（3）接收到的信号通过放大、滤波等操作转换成数据采集模块（5）能够识别的标准信号。数据采集模块（5）用于采集声场拾音器（3）接收到的并经过信号调理模块（4）调理后的声波场时域信号，并同步采集由 GPS 接收机（9）提供的与碾压位置相关的空间信号，将声波场时域信号与振动压路机位置空间信号通过有线通信方式传输到分析处理模块（6）。分析处理模块（6）用于对声场时域信号进行滤波、频谱分析及对数化处理，得到有效声信号二次谐波幅值，依据二次谐波幅值与土石料压实度的强相关性，建立起来连续压实度指标值，实时计算出当前填筑碾压区域压实度值；并依据差分算法对与碾压位置相关的空间信号进行差分处理，以计算得到振动压路机的当前位置坐标值，该坐标值精确度可到达厘米级。显示器（7）用于实时显示现场填筑碾压作业时的碾压区域时空压实度分布图，并显示现场其他相关信息，如车速、碾压层概况、碾压遍数等。反馈控制模块（8）用于给振动压路机作业员及现场监理人员提供压实作业情况的反馈信息，以便相关人员采取有效措施，提高填筑层的压实质量。GPS 接收机（9）用于获取与碾压位置相关的空间信号信息，RTK-GPS 接收机、卫星、GPS 基站等通过差分算法计算共同实现压路机的精确位置定位（定位精度为厘米级）。拾音器安装装置（10）用于声场拾音器（3），声场拾音器（3）与安装装置接触的部位以及安装装置与加载设备（1）接触的部位均利用软橡胶进行了隔振处理。机载蓄电池（11）为连续压实控制声波检测系统提供电源支持。

在上游围堰施工区域，开展了 4 个试验条带的试验，获取堆石料的干密度、压实度和其他特性参数（P_5 含量，最小干密度和最大干密度）以及对应的声波检测信号。总共 24 组数据被采集用于相关性分析。图 5.16 表明 SCV 与压实度存在强线性相关关系，其决定系数范围为 0.7371～0.8064，说明 SCV 是一个可以有效反映堆石料压实状态的指标。

与目前常用的压实质量连续检测指标相比，集成声波的土石坝压实质量连续检测系统具有精确性高、离散性小、适合大粒径（>200mm）堆石料压实度检测和便于大规模施工应用场景的特点。如图 5.17 所示，利用集成声波检测技术的土石坝压实质量连续检测系统，可以清晰地确定整个施工区域的压实质量和压实性能。

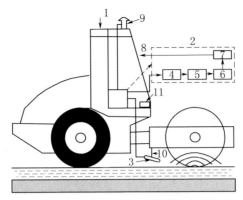

图 5.15 压路机集成声波检测技术原理图

1—振动压路机；2—检测设备；3—声场拾音器；4—信号调理模块；5—数据采集模块；

6—分析处理模块；7—显示器；8—反馈控制模块；9—GPS 接收机；

10—拾音器安装装置；11—机载蓄电池

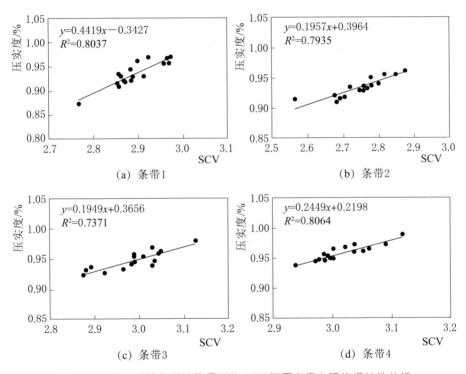

图 5.16 整个试验条带计算得到的 SCV 与压实度之间的相关性分析

（3）振动碾压参数自动优化系统。振动碾压参数对堆石料压实效果影响较大，通过振动碾压参数自动优化系统，可以在碾压过程中根

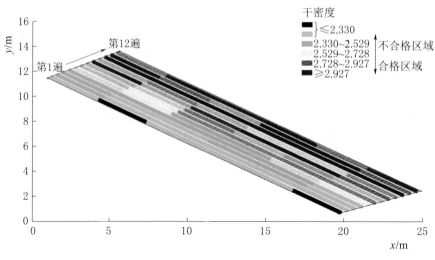

图 5.17　试验条带使用 SCV 表征的压实质量云图

据堆石料当前压实状态，自动优化调节振幅、振动频率、车速等参数，实现堆石料高质量、高效率压实。本节建立了考虑压路机行驶的振动压实动力学模型，讨论了振动频率、振幅和碾压车速等振动碾压参数对堆石料压实效果的影响，在此基础上提出一种基于全局优化的振动碾压参数的动态优化方法。

　　堆石料振动压实是一个复杂的过程，涉及振动压路机与堆石料的相互作用和堆石料压实变形等问题。在振动压实过程中，振动压路机竖直方向的激振力和自重对土体的压实起主要作用，因此模型中考虑振动轮竖向的振动和土体竖向的变形。

　　堆石料受压实荷载作用时发生变形，当压实荷载不足以克服颗粒之间的切向阻力时，堆石料只发生可恢复的弹性变形；当压实荷载能克服堆石料颗粒之间的切向阻力时，颗粒发生相互移动并重新排列，发生不可恢复的塑性变形。由于颗粒的移动和排列过程需要时间，因此堆石料的塑性变形发展也需要时间，具有黏性性质。基于以上讨论与假设，本书提出如图 5.18 所示的堆石料压实变形力学模型。模型由黏弹性与黏塑性两部分串联组成，其中 k_e 为弹性刚度，c_e 为弹性阻尼系数，$f(x)$ 为荷载—塑性变形关系，c_p 为塑性阻尼系数，σ 为施加荷载。

本书选取式（5.16）形式的双曲线作为塑性弹簧的荷载－变形关系。

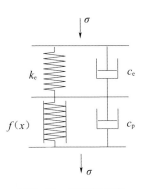

$$F = \frac{Ax}{1 - Bx} \qquad (5.16)$$

式中：F 为荷载；x 为塑性弹簧变形量；A 和 B 为双曲线中的两个参数，本书将其称为塑性参数。

塑性参数 B 控制双曲线的趋近极限，由堆石料最松散状态和最密实状态决定，只与堆石料颗粒组成有关，当 $F \to \infty$ 时，易得 $x \to$

图 5.18　堆石料压实变形力学模型

$1/B$，即极限压实变形量 $S_{\lim} = 1/B$。塑性参数 A 控制双曲线的形状，反映了堆石料的压实性能。

根据堆石料压实变形力学模型的形式，其荷载－变形关系见式（5.17）：

$$\begin{cases} \sigma(t) = k_e \varepsilon_{ve}(t) + c_e \dot{\varepsilon}_{ve}(t) = f[\varepsilon_{vp}(t)] + c_p \dot{\varepsilon}_{vp}(t) \\ \varepsilon(t) = \varepsilon_{ve}(t) + \varepsilon_{vp}(t) \end{cases} \qquad (5.17)$$

其中：

$$f[\varepsilon_{vp}(t)] = \frac{A\varepsilon_{vp}(t)}{1 - B\varepsilon_{vp}(t)} \qquad (5.18)$$

式中：$\sigma(t)$ 为 t 时刻的荷载；$\varepsilon(t)$ 为 t 时刻总变形；k_e 为弹性刚度；$\varepsilon_{ve}(t)$ 为 t 时刻弹性变形；c_e 为弹性阻尼系数；$\varepsilon_{vp}(t)$ 为 t 时刻塑性变形；$\dot{\varepsilon}_{ve}(t)$ 为 t 时刻弹性变形速率；c_p 为塑性阻尼系数；$\dot{\varepsilon}_{vp}(t)$ 为 t 时刻塑性变形速率。

塑性变形速率根据式（5.19）计算：

$$\dot{\varepsilon}_{vp}(t) = \frac{\sigma(t) - f[\varepsilon_{vp}(t)]}{c_p} \qquad (5.19)$$

压实过程中振动轮只能对堆石料产生压力，不产生拉力，堆石料的塑性变形只能朝一个方向发展，因此 $\dot{\varepsilon}_{vp}(t)$ 只能为正，当 $\sigma(t) - f(\varepsilon_{vp}(t)) \leqslant 0$ 时不发生塑性变形，即 $\dot{\varepsilon}_{vp}(t) = 0$。

如图 5.19 所示，为了能够考虑堆石料每一遍的压实过程，同时使堆石料参数独立于振动轮与堆石料的接触宽度，将堆石料沿振动压

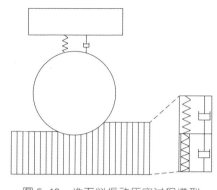

图 5.19 堆石料振动压实过程模型

路机行驶方向划分为若干条块，条块设定为固定宽度，不考虑条块之间的相互作用。振动轮与堆石料的接触宽度可根据堆石料的变形情况计算，避免了人为规定接触宽度。由于堆石料条块的宽度固定，因此堆石料参数与接触宽度无关。在振动压实模型中假设碾压铺层内的堆石料为连续均质体，模型参数通过对堆石料铺层进行碾压试验得到，模型中的参数并不是一个堆石料试块单元的参数，而是整个堆石料铺层的等效参数。根据现场试验，碾压过程中振动轮与堆石料的接触宽度一般在 $10 \sim 25 \mathrm{cm}$。综合考虑建模和计算精度，本书中条块宽度设置为 $1 \mathrm{cm}$。

在模拟振动压实过程时，由于振动轮在水平方向行驶，振动轮与堆石料的接触时刻发生变化。如何判断某一时刻振动轮与堆石料的接触区域是模拟压实过程的关键。振动轮与堆石料接触后堆石料发生弹塑性变形，振动轮离开堆石料条块后，堆石料弹性变形恢复，塑性变形不可恢复，形成堆石料累积沉降。如图 5.20 所示，根据几何分析，振动轮圆心正下方的条块总变形最大，以此位置为分界，可将振动轮与堆石料的接触区域分为后方部分与前方部分，接触宽度分别为 b_1 和 b_2。振动轮与堆石料的接触宽度为

$$\begin{cases} b = b_1 + b_2 \\ b_1 = \sqrt{R^2 - [R - (\varepsilon_t - \varepsilon_p)]^2} \\ b_2 = \sqrt{R^2 - (R - \varepsilon_t)^2} \end{cases} \quad (5.20)$$

其中 ε_t 为 t 时刻振动轮正下方土体条块的总变形，包括塑性变形与弹性变形 $\varepsilon(t) = \varepsilon_e(t) + \varepsilon_p(t)$，$\varepsilon_p$ 为该遍碾压之后的残余变形，即该遍碾压的沉降。一般来说，压实前期堆石料塑性变形远大于弹性回弹，因此一些学者在分析车轮与地面的接触时忽略 b_1，但随着堆石料被不断压实，塑性变形减小，b_1 与 b_2 的差距也越来越小。本书计算振动轮与

堆石料的接触宽度时考虑 b_1 与 b_2。

若碾压车速为 v，则在 t_0 时刻振动轮的中心位置为 vt_0，此时振动轮与堆石料前方接触宽度为 b_2，后方接触宽度为 b_1，振动轮与堆石料接触和非接触的分界点位置分别为 $vt_0 - b_1$ 和 $vt_0 + b_2$，即 $[vt_0 - b_1, vt_0 + b_2]$ 范围内的堆石料条块与振动轮发生相互作用。与振动轮接触的各条块由于变形不同，因此受力不同，但

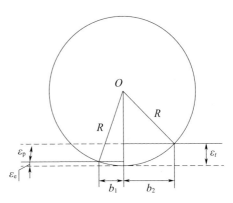

图 5.20 振动轮与堆石料接触宽度示意图

振动轮作为一个刚体，各处振动状态一样，因此与振动轮接触的各条块的总变形速率都与振动轮的振动速率相同。

假设在 t 时刻条带 $m \sim n$ 与振动轮接触，如图 5.21 所示，为"振动压路机－土"系统的受力情况，式（5.21）～式（5.24）为堆石料振动压实过程模型的动力学方程。

考虑跳振情况，第 i 块条块与振动轮的相互作用力为

$$f_s(i) = \begin{cases} k_e(i)\lambda_2(i) + c_e(i)\dot{\lambda}_2(i) & k_e(i)\lambda_2(i) + c_e(i)\dot{\lambda}_2(i) > 0 \\ 0 & k_e(i)\lambda_2(i) + c_e(i)\dot{\lambda}_2(i) \leqslant 0 \end{cases}$$

$$(5.21)$$

振动轮与堆石料的总的相互作用力为所有接触条块作用力之和：

$$F_s = \sum_{i=m}^{n} f_s(i) \tag{5.22}$$

振动压路机动力学方程为

$$\begin{cases} m_f \ddot{x}_1 = m_f g - c_f \dot{\lambda} - k_f \lambda_1 \\ m_d \ddot{x}_2 = F_0 \sin(\omega t) + m_d g + c_f \dot{\lambda}_1 + k_f \lambda_1 - F_s \end{cases} \tag{5.23}$$

堆石料条块的变形为

$$\begin{cases} \dot{\lambda}_3(i) = \dfrac{f_s(i) - f(\lambda_3)}{c_p} \\ \dot{\lambda}_2(i) = \dot{x} - \dot{\lambda}_3(i) \end{cases} \tag{5.24}$$

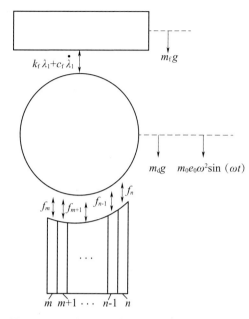

$k_f\lambda_1+c_f\dot{\lambda}_1$

$m_f g$

$m_d g$　$m_0 e_0\omega^2\sin(\omega t)$

f_n

f_m　f_{m+1}　f_{n-1}

m　$m+1$　$\cdots$　$n-1$　n

图 5.21　振动压路机与堆石料相互作用示意图

通过建立的振动压实动力学模型，可以分析堆石料参数和振动碾压参数对"振动压路机－土"系统动力响应和压实效果的影响，帮助我们更加深入地了解振动压实机理，为堆石料压实过程优化提供理论依据。采用振动压实动力学模型分别分析堆石料刚度、振幅、振动频率和车速对振动轮－土相互作用力和堆石料沉降的影响。定义地基反力为最大振动轮－土相互作用力。图 5.22 为堆石料刚度分别为 5MN/m、15MN/m 和 25MN/m 时的地基反力和堆石料沉降。地基反力随振动频率的变化是单峰曲线，随着振动频率增大，地基反力先快速增大，到达峰值后逐渐下降并趋于平稳。在上升段地基反力随弹性刚度的增大略有减小，峰值及其之后的地基反力随弹性刚度的增大明显增大，且峰值地基反力对应频率也增大，这表明随着堆石料刚度增大，振动轮与土的相互作用增强，"振动压路机－土"系统的共振频率也增大。沉降的变化规律与地基反力的变化规律基本相同，都是先增大后减小，峰值沉降出现在峰值地基反力处。但峰值沉降之后的沉降量变化较小，这主要是因为虽然频率增大使地基反力减小，但频率增大同时也导致相同车速下激振力冲击次数的增多，两者综合作用导致沉降变化不大。

名义振幅为偏心块的偏心质量矩 $m_0 e_0$ 与振动轮质量 m_d 的比值。偏心质量矩 $m_0 e_0$ 分别为 4.25 kg·m、5.50 kg·m 和 7.25 kg·m 时的地基反力和堆石料沉降见图 5.23，可以看出振幅对地基反力和沉降均有显著影响。随着振幅增大，地基反力曲线变高变陡，各频率下地基反力均明显增大。沉降同样随振幅增大而显著增大，因此增大振幅

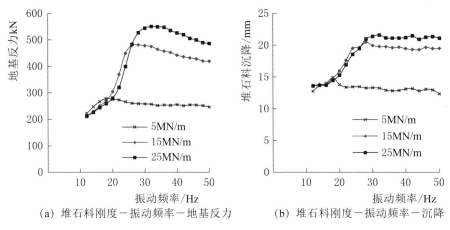

(a) 堆石料刚度－振动频率－地基反力 (b) 堆石料刚度－振动频率－沉降

图 5.22　堆石料刚度对地基反力和堆石料沉降的影响

可以显著提高压实效果，但振幅过大可能会对薄层碾压面造成破坏，因此在碾压过程中要选择合适的振幅。

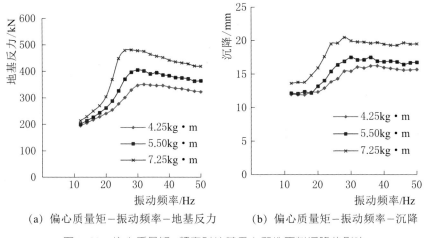

(a) 偏心质量矩－振动频率－地基反力 (b) 偏心质量矩－振动频率－沉降

图 5.23　偏心质量矩－频率对地基反力和堆石料沉降的影响

　　压路机车速－频率对地基反力和堆石料沉降的影响见图 5.24。车速越慢则土体受到的冲击次数越多，吸收的压实能量越多，变形越充分，因此沉降越大。将与振动轮接触区域的土体看作一个整体，则车速越慢接触宽度越大，此部分土体的总刚度也越大，导致振动轮与土体的相互作用力增大。

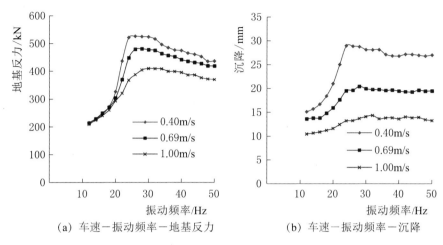

(a) 车速－振动频率－地基反力　　　(b) 车速－振动频率－沉降

图 5.24　车速－频率对地基反力和堆石料沉降的影响

从上述分析可以看出，针对不同压实阶段的堆石料，通过优化振动频率、振幅、车速，可以提高压实效果和压实效率。堆石料振动压实过程由多遍连续碾压组成的，振动压实过程优化需要在每一遍碾压之后根据当前压实状态做出决策，调整振动碾压参数，因此可以认为振动压实过程优化问题是一个多阶段决策问题。多阶段决策问题指任务由一系列阶段组成，这些阶段存在时序性，决策者需要在每个阶段制定决策，最终完成任务，如最短路径问题等就是典型的多阶段决策问题。对于多阶段决策问题，下一阶段面对的初始状态是上一阶段的结束状态，因此本阶段所做的决策会对下一阶段产生影响，人们关心的是最终结果，而不是每个阶段的阶段性结果，因此在考虑多阶段决策问题的优化时，不应以某阶段最优为目标，而是应该以整体最优为目标。如图 5.25 所示，压实过程相当于一条从初始状态 D_0 到达目标状态 D_{set} 的路径，有无数种路径（即碾压方案）可以到达目标状态，振动压实过程优化的目标就是在所有路径中寻找最短的一条。

虽然目前已有优化方法的优化标准不同（如压实力最大、吸收能量最大和密度增量最大等），采用的手段不同（通过振动压实动力学模型或神经网络模型等），但这些方法的基本优化思想是一样的，即对下一遍碾压参数进行优化，使下一遍碾压的压实效果最好。但堆石料振动压实过程优化的最终目的是以最短时间完成压实任务，提高整体的压实效率，而非每一遍的压实效率。吸取多阶段决策问题的思想，提出堆石料压实过程动态优化方法（compaction process-dynamic optimization method，CPDOM）。图 5.26 说明了本书提出的 CPDOM 与已有优化方法之间的区别：已有优化方法以当前压实度为输入，下一遍振动碾压参数为输出，

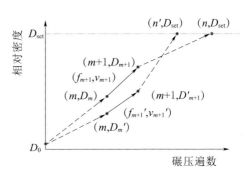

图 5.25　振动压实路径示意图

只考虑下一遍压实度增量最大；而 CPDOM 对碾压过程进行全局优化，以当前压实度为输入，以从当前压实度碾压至规定压实度的时间最短为优化目标，输出最优碾压方案（包括还需要的碾压遍数和每一遍的振动碾压参数）。

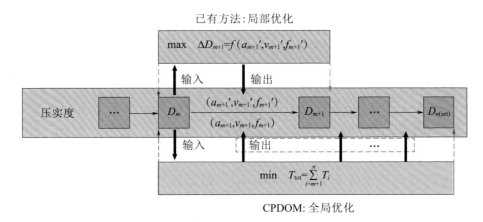

图 5.26　CPDOM 与已有优化方法区别

定义剩余压实时间（remaining compaction time，RCT）为单位长度铺层从当前相对密度达到规定相对密度的时间，则堆石料压实过程优化可转化为式（5.25）的数学优化问题。

$$\min RCT = \sum_{i=m+1}^{n} T_i$$

$$\text{s. t. } g_j(x_1, x_2, \cdots, x_k) \leqslant 0$$

$$(5.25)$$

式中：RCT 为剩余压实时间；$g（x）$ 为约束条件。

从式（5.25）形式可以看出优化目标函数是离散的，总碾压遍数 n 也不是固定的，需要在计算中确定。由于目标函数的复杂性，传统的最优梯度法是不适用的。本书采用人工智能优化算法——遗传算法（genetic algorithm，GA）对压实过程进行优化。遗传算法是一种基于遗传学和生物进化思想的全局优化方法。在遗传算法中，待优化问题的一个可行解组成一条染色体，染色体组成种群。不同于最优梯度法等传统优化算法，遗传算法采用概率化搜索方法。在每一次迭代中，对每条染色体的适应度进行评估，适应度相当于个体适应环境的程度，个体越适应环境则越有可能被选中通过交叉繁殖后代。一般常用轮盘赌法选择出下一代染色体，适应度越大，被选择的概率越大。这种概率化的搜索方法能逐渐淘汰不利的基因，具有较强的全局优化能力。

基于遗传算法的 CPDOM 的具体优化流程见图 5.27。首先通过现场试验或数值仿真结果建立堆石料相对密度增量方程（RDIF）。在振动压实过程中，通过监测系统测量当前堆石料相对密度和碾压遍数并输入 CPDOM。然后利用遗传算法对整个压实过程进行全局优化，给出能在最短时间内完成压实的最优碾压方案。振动碾压参数由压路机的液压伺服系统调节，执行下一遍碾压。由于堆石料的离散性，下一遍碾压后的实际相对密度可能不等于 CPDOM 预测的相对密度，因此需要根据实际相对密度再次进行优化，调整碾压方案。此过程一直重复进行，直到堆石料相对密度达到要求为止，实现堆石料振动压实的动态优化。

染色体由待优化问题的可行解组成，在堆石料振动压实过程优化中，需要优化的参数包括振幅、振动频率和车速等振动碾压参数。本书对振动压路机进行了无级调频改造，因此优化参数为振动频率和碾压车速。图 5.28 为染色体结构，对于堆石料碾压，一般最大碾压遍数不会超过 12 遍，因此染色体由 12 个片段组成，每个片段由碾压车速 v_i 和振动频率 f_i 两个基因组成。

适应度是对染色体进行选择的标准，CPDOM 中的适应度为剩余

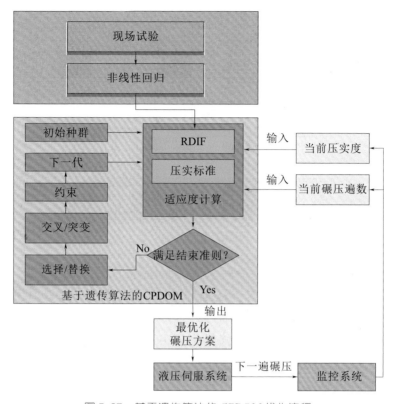

图 5.27 基于遗传算法的 CPDOM 优化流程

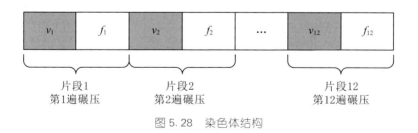

图 5.28 染色体结构

压实时间 RCT，其计算公式为式（5.26）：

$$RCT = \sum_{i=m+1}^{n} T_i = \sum_{i=m+1}^{n} 1/v_i \qquad (5.26)$$

式中：m 为当前碾压遍数；n 为最终碾压遍数；T_i 为第 i 遍碾压单位长度铺层的碾压时间；v_i 为第 i 遍碾压的车速。

图 5.29 说明了适应度的计算方法和碾压方案可行解的确定方法。

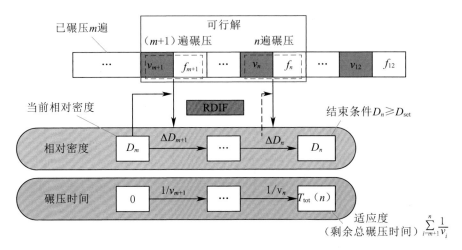

图 5.29　适应度计算和可行解确定方法示意图

假设当前已进行 m 遍碾压，堆石料相对密度为 D_m。在每一遍碾压时按照染色体上基因的排列顺序，按式（5.27）对相对密度和压实时间进行累加。式（5.28）为相对密度和压实时间的初始状态。

$$\begin{cases} \Delta D_i = f(D_{i-1}, f_i, v_i) \\ D_i = D_{i-1} + \Delta D_i & m < i \leqslant n \\ T_{cct}(i) = T_{cct}(i-1) + T_i = T_{cct}(i-1) + 1/v_i \end{cases}$$

（5.27）

$$\begin{cases} D_m = D_m \\ T_{cct}(m) = 0 \end{cases}$$

（5.28）

式中：D_i 为第 i 遍碾压之后的相对密度；ΔD_i 为第 i 遍碾压之后的相对密度增量；$f(D_{i-1}, f_i, v_i)$ 即相对密度增量方程 RDIF；$T_{cct}(i)$ 为单位长度铺层从第 m 遍至第 i 遍累积碾压时间；v_i 为第 i 遍碾压的车速；f_i 为第 i 遍碾压的振动频率；D_m 为当前相对密度。

堆石料相对密度和累积碾压时间不断累积，直到第 n 遍碾压后相对密度达到目标值 D_n，即式（5.29），此时 n 即为最终碾压遍数，$T_{cct}(n)$ 即为适应度 RCT，染色体上第 $m+1$ 到第 n 个片段就是一组碾压方案的可行解。

$$D_n = D_m + \sum_{i=m+1}^{n} \Delta D_i \geqslant D_{set}$$

（5.29）

使用单钢轮振动压路机压实堆石料过程中，为了防止后车轮对已经压实好的堆石料产生剪切破坏，一般采用"前进－后退"方法一来一回进行碾压，因此总的碾压遍数一般为偶数。若总碾压遍数 n 为偶数，则还是按照式（5.26）计算 RCT；若总碾压遍数 n 为奇数，则对适应度 RCT 按式（5.30）进行修正，再增加一遍车速为 $0.83\mathrm{m/s}$ 的后退碾压。

$$RCT = \begin{cases} \sum\limits_{i=m+1}^{n} 1/v_i & n\text{ 为偶数} \\ \sum\limits_{i=m+1}^{n} 1/v_i + 1/0.83 & n\text{ 为奇数} \end{cases} \qquad (5.30)$$

振动碾压参数受到振动压路机机械性能和堆石料压实准则的限制。在本研究中，对振动压路机进行了无级调频改造，振动频率可以在 $0\sim34\mathrm{Hz}$ 范围调节。当振动频率小于共振频率范围时，振动轮与堆石料之间的作用力较小，堆石料内部的摩擦较大，压实效果很差。因此本书在进行振动碾压参数优化时考虑的频率范围为 $20\sim34\mathrm{Hz}$。合适的碾压车速既能保证压实质量，又能提高压实效率，中国水科院通过碾压试验建议车速不要超过 $3\mathrm{km/h}$，而车速过慢则会使压实效率降低，还会出现过压现象。经综合考虑，本书选择的车速范围为 $0.56\sim0.83\mathrm{m/s}$（$2\sim3\mathrm{km/h}$）。在振动压实过程中，振动频率和车速的选取还要使冲击间距保持在 $2\sim4\mathrm{cm}$ 范围，以保证堆石料在碾压过程中能充分变形并防止过压现象。

综上所述，堆石料压实过程动态优化的约束条件为式（5.31）：

$$\begin{cases} 20\mathrm{Hz} \leqslant f_i \leqslant 34\mathrm{Hz} \\ 0.56\mathrm{m/s} \leqslant v_i \leqslant 0.83\mathrm{m/s} \\ 0.02\mathrm{m} \leqslant v_i/f_i \leqslant 0.04\mathrm{m} \end{cases} \qquad (5.31)$$

式中：v_i 为第 i 遍碾压的车速；f_i 为第 i 遍碾压的振动频率。

5.3 理论应用

为验证本书提出的土石坝压实智能控制理论与方法，在前坪水库大坝进行了一组现场压实试验，采用的填筑材料取自上游堆石料场。

本书采用 12m 长，3m 宽的试验条带，以及单刚轮振动压路机，每个试验条带等间距选取 3 个测点，利用灌水法测取每个点的相对密度。试验组和压实参数见表 5.1，试验组包含 1 条常规试验条带和 1 条智能控制试验条带，两条条带的填筑厚度一致，其碾压结果直接对比。

　　利用基于 SCV 与常规点测方法数据建立的压实质量评估模型，可根据实测 SCV 精确估算对应的压实质量，因此，对于现场压实试验，压实过程中利用连续压实控制声波检测系统实时采集相对密度，采用灌水法对测点相对密度进行测量。常规组与智能控制组所在试验条带分别按照表 5.1 所示的试验参数进行碾压作业。

表 5.1　　　　　　　　　　　　试验组及对应试验参数

编号	类型	振动频率/Hz	车速/(m/s)	碾压遍数
1	常规组	28	0.83	1～8
2	智能控制组		动态优化方案	

　　智能控制组采用的最优压实计划见表 5.2，其试验条带的实测相对密度与智能决策单元预测的相对密度之间的关系见图 5.30，智能决策单元预测精度可满足要求。

表 5.2　　　　　　　　第 1 遍至第 6 遍使用的最优压实计划

碾压遍数	车速/(m/s)	振动频率/Hz
1	0.83	28.0
2	0.76	27.2
3	0.77	27.6
4	0.78	28.0
5	0.75	28.2
6	0.61	28.4

　　常规组与智能控制组实时采集的部分 SCV 见图 5.31。智能控制组第 6 遍碾压整个试验条带的相对密度合格，而常规组第 8 遍才合格，且智能控制组第 6 遍的整体相对密度要优于常规组。常规组和智能控制组第 8 遍碾压和第 6 遍碾压的相对密度的复核试验表明，常规组 3 个测点的相对密度分别为 81.5%、87.5% 和 90.3%，而智能控制组的分别为 85.5%、

88.6%和93.5%。复核表明，常规组第8遍碾压与智能控制组第6遍碾压的相对密度均能符合设计质量标准，但采用智能控制理论与方法的试验条带的整体相对密度要明显优于常规组所在试验条带。此外还从压实效率的角度对常规组和智能控制组的结果

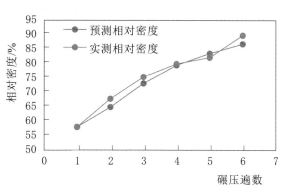

图5.30 智能决策单元预测相对密度与实测相对密度之间的关系

进行了对比分析（见图5.32）。结果表明，与常规组相比，智能控制组单位长度压实时间从9.63s减至8.07s，压实效率提升16.2%，碾压遍数从8遍减至6遍。

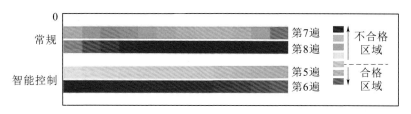

图5.31 常规组与智能控制组连续压实指标值对比

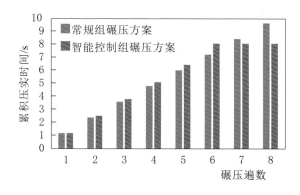

图5.32 常规组与智能控制组累计压实时间对比

5.4　本章小结

　　本章针对土石坝建造的关键问题，提出了土石坝智能控制的概念，介绍了无人驾驶碾压、压实质量连续检测、压实过程动态优化等技术的发展现状。结合无人驾驶碾压技术、基于声波检测技术的堆石料压实质量连续检测技术和振动碾压参数自动优化方法，建立了土石坝智能控制成套技术与系统，开发了土石坝智能控制系统，为土石坝建造领域的发展开辟了新路径，也为工程管理者实时监控工程建设过程、控制工程质量、提高管理水平与效率提供了全新解决方案。

第6章
大坝智能建造工程实例

从单元智能发展到全线智能、全场智能是大坝智能化建设的最终目标，根据前述章节可知，在大坝建设中依据智能化程度可分为执行级、协调级和组织级三个层次，要实现上述目标需要统筹考虑建设过程中执行级、协调级与组织级的全面应用，目前，大坝智能建造技术在执行级单元智能取得了显著进展，协调级全线智能、组织级全场智能也随着智能化建造理论、技术、装备迅速发展与广泛应用取得了一定的进展。首先是执行级的智能，即针对施工建造管理的具体问题，如养护、调度、温控、碾压等，研发具备感知分析控制功能的装置或设备，构成诸如第 2 章中所提到的应用模糊 PID 技术构建的智能温控，以 BP 神经网络、遗传算法、微粒群优化、R-CNN 等算法为核心的智能监控，以及智能喷雾等智能控制单元；第二是协调级的智能，综合考虑安全、质量、进度、经济等核心建造要素，融合运人工智能、运筹学、信息论构建智能决策优化的理论和系统解决非线性控制、多目标决策、不确定性调控的大坝建造难题，实现建造主线多要素、多目标、多对象的优化与调控，提供智能优化策略，进而实现全线智能，诸如第 3、第 4 章中所提大体积混凝土温度应力智能控制系统、混凝土拱坝温度应力与横缝性能智能控制系统、施工进度智能仿真系统、智能碾压支持决策系统、智能成本分析控制系统等；第三是组织级的智能，即在单元智能、全线智能的基础上，采用多智能体联合协同控制理论，形成大坝建造全过程多智能体协作施工最优方案，闭环控制动态优化，共同实现全场智能化施工建造，目前，土石坝无人碾压施工等领域已经开展了初步实践。

因此，本章基于大坝智能建造理论框架，通过前坪土石坝工程建设项目构建具备感知、分析、控制功能的监测、检测、控制智能单元体，构建多智能体单元协同联动的决策支持系统，实现建造过程协调级的智能优化决策控制，融合建造现场全要素实现无人化、智能化高效、高质施工，从执行级、协调级、组织级三个层面实践大坝智能建造理论，验证前坪水库土石坝智能控制系统对大幅度提升土石坝填筑施工质量和效率的作用，以及对提高填筑工程管理水平的积极影响。探讨研究开发和建设可扩展、模块化、全面化的智能土石坝智能系统具有的重要理论意义和实际应用价值，为我国在建及待建超高土石坝的建设提供强有力的技术支撑。

6.1 工程介绍

北汝河发源于河南省洛阳市嵩县车村乡，流经嵩县的竹园乡上庄村娄子沟进汝阳县境内，曲折东流，至小店乡黄屯村东北入平顶山市境内，在襄城县丁营乡崔庄村岔河口处入沙颍河，全长约 250km，河道坡降 $1/300\sim1/200$，流域面积 6080km^2。

前坪水库位于淮河流域沙颍河支流北汝河上游、河南省洛阳市汝阳县县城以西 9km 前坪村，水库是以防洪为主，结合灌溉、供水，兼顾发电的大（2）型水库，水库总库容 5.84 亿 m^3，控制流域面积 1325km^2。

前坪水库工程可控制北汝河山丘区洪水，将北汝河防洪标准由 10 年一遇提高到 20 年一遇，同时配合已建的昭平台、白龟山、燕山、孤石滩等水库、规划兴建的下汤水库，以及泥河洼等蓄滞洪区共同运用，可控制漯河下泄流量不超过 3000m^3/s，结合漯河以下治理工程，可将沙颍河的防洪标准远期提高到 50 年一遇。水库灌区面积 50.8 万亩，每年可向下游城镇提供生活及工业供水约 6300 万 m^3，水电装机容量 6000 kW，多年平均发电量约 1881 万 kW·h。

前坪水库设计洪水标准采用 500 年一遇，相应洪水位 418.36m；校核洪水标准采用 5000 年一遇，相应洪水位 422.41m。工程主要建筑物包括主坝、副坝、溢洪道、泄洪洞、输水洞、电站等。

主坝采用黏土心墙砂砾（卵）石坝，跨河布置，坝顶长 810m，坝顶路面高程 423.50m，坝顶设高 1.2m 混凝土防浪墙，最大坝高 90.3m。副坝位于主坝右侧，采用混凝土重力坝结构，坝顶长 165m，坝顶高程 423.50m，坝顶设高 1.2m 混凝土防浪墙，最大坝高 11.6m。左岸布置溢洪道，闸室为开敞式实用堰结构型式，采用 WES 曲线型实用堰，堰顶高程 403.00m，共 5 孔，每孔净宽 15.0m，总净宽 75.0m。闸室长度 35m，闸室下接泄槽段，出口消能方式采用挑流消能。泄洪洞布置在溢洪道左侧，进口洞底高程为 360.00m，控制段闸室采用有压短管型式，闸孔尺寸为 6.5m×7.5m（宽×高），洞身采用无压城门洞型隧洞，断面尺寸为 7.5m×8.4m＋2.1m（宽×直墙高＋拱高），洞身段长度为 518m，出口消能方式采用挑流消能。右岸布置输水洞，采用竖井式进水塔，进口底高程为 361.00m，控制闸采用分层取水，共设 4 层，最底部取水口孔口尺寸为 4.0m×5.0m（宽×高），其余三取水口孔口尺寸均为 4.0m×4.0m（宽×高）。洞身为有压圆形隧洞，直径为 4.0m，洞身长度为 275m，洞身出口压力钢管接电站和消力池。电站总装机容量为 6000kW，电站安装 3 台机组，其中 2 台机组为利用农业灌溉及汛期弃水发电，1 台机组为生态基流、城镇及工业供水发电。电站厂房由主厂房、副厂房和开关站组成，电站尾水管与尾水池相接，尾水池末端设灌溉闸和退水闸。工程施工采用分期导流，一期利用原河道导流，在左岸施工泄洪洞、右岸施工导流洞；二期利用导流隧洞和泄洪洞导流，施工主坝、副坝、溢洪道、输水洞及电站等其他工程。工程总工期为 60 个月。

6.2 碾压施工参数实时监控系统

6.2.1 自动碾压系统

针对三一重工的 SSR260C－6 型振动压路机进行自动碾压系统改装（见图 6.1），并基于多机任务平衡安全调度和离散组合优化算法，构建了机群协同作业筑坝系统（见图 6.2）。中央控制器即机载自动导航控制装置，图 6.1 中的 RTK-GPS 基准站接收 GPS 卫星信号并实时确定发射载波相位差。改装后的无人压路机利用 GPS-RTK 原理来实

现高精度的定位，实时获取压路机的位置信息和方位角信息，并通过无线传输与远程监控中心建立连接，远程监控系统可以使工作人员在监控中心内实时监测和控制实施自动碾压作业的压路机，提高人机交互能力，并将现场碾压数据实时传输至监控中心，以便于数据实时分析及质量监控。

图 6.1　经过改装的无人压路机

图 6.2　前坪水库土石坝无人驾驶压路机集群化作业

6.2.2　料源上坝运输实时监控系统

前坪水库的三维路网模型中，主要含有料场 1～料场 7、上游围堰、营地。根据该路网模型，结合工程场地路径规划算法，可以实时计算出各个料场到上游围堰填筑施工区的最优运输路径，并对料源上坝运输过程进行实时监控，其中，料场 4 到上游围堰的最优运输路径见图 6.3。

6.2.3　远程监控平台

前坪水库远程监控平台包含大坝建造施工现场实时监控系统、远程监控系统、坝体填筑施工进度三维可视化仿真和堆石料碾压质量信息可视化管理四部分。图 6.4 为 C/S 模式下的远程监控平台结构图。基于 C/S 模式实现与被控对象进行数据通信的远程监控系统需要采用

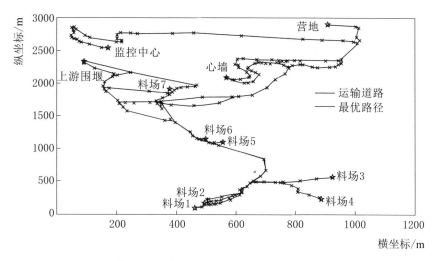

图 6.3 料场 4 到上游围堰的最优路径图

四层体系结构，即显示层、业务逻辑层、数据层和远程控制层，用户通过自主研发的监控平台客户端访问应用程序服务器，业务逻辑处理均在服务器端，数据处理则由数据库服务器完成，这样通过无线网络可以进行远距离及本地的数据存取和访问。

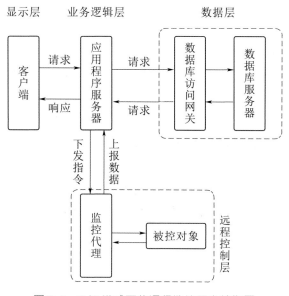

图 6.4 C/S 模式下的远程监控平台结构图

1. 大坝建造施工现场实时监控系统

大坝建造施工现场实时监控系统主要实现整个填筑碾压施工区域的料车、压路机、推土机等工况监控及施工现场整体状况监控。该系统主要由服务器、工控机、摄像头及无线传输电台构成。服务器端采用无线通信与工控机、摄像头进行数据传输。摄像头将现场实时画面传输到服务器端，工控机将料车、压路机的状态信息实时反馈到服务器。大坝建造施工现场实时监控系统见图6.5，现场远程监控室见图6.6，某时刻大坝建造施工现场摄像头监控画面见图6.7。

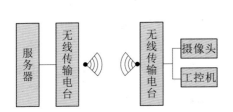

图6.5　大坝建造施工现场实时监控系统示意图　　图6.6　现场远程监控室

图6.7　某时刻大坝建造施工现场摄像头监控画面

2. 远程监控系统

在危险环境或极限条件下，远程监控平台提供的远程监控系统可实现压路机的远程遥控功能，同压路机机载自动控制系统一样，采用 A * 算法实现整体和避障局部路径规划，并结合 RTK-GPS 技术实现自动导航功能。该监控系统可为土石坝压实监控系统提供有效补充，以应对危险环境或极限条件下的填筑碾压施工作业。远程监控平台制定导航线路，实时接收机载自动控制系统反馈的各种状态信息和紧急请求信息，向机载自动控制系统发送控制指令，状态信息包括压路机的当前位置、速度、与障碍物的距离、转向轮转角度数及作业环境视频，控制指令包括压路机的上电、点火、转向、调速、刹车及熄火。

图 6.8 为无人驾驶远程监控系统界面。远程监控装置启动后，首先进行初始化，显示监控设备系统的状态，显示所监控压路机的信息状况；其次，按压路机编号顺序依次人机交互远程发送上电命令；第三，建立与机载自动控制系统的无线通信连接；第四，接收并显示压路机发送的视频、RTK-GPS、各种传感器的信息，以及显示紧急状况的处理请求信息等；第五，根据压路机状况，人机交互远程发送压路机点火、启动命令，随后进入远程导航控制或人机交互遥控子程序。远程监控程序可切换自动导航和遥控碾压模式，当遥控转为自动导航时，需自动修改导航目标，以免发生短时跳跃现

图 6.8　无人驾驶远程监控系统界面

象。碾压作业时，人工碾压优先级最高，远程遥控次之，自动导航最低。

3. 坝体填筑施工进度三维可视化仿真

主要实现大坝填筑碾压施工过程中的进度三维可视化仿真功能，根据设计的进度方案及资源设备的配置情况，采用仿真的手段，实现施工进度的可实时监控性。根据实际碾压施工进度，采集相关进度信息如填筑区施工高程、填筑层厚度、填筑高程区域宽度等，建立工程实际施工进度的三维动态信息模型，以供现场填筑碾压实时监控及后续查询与分析。前坪水库上游围堰工程某时刻施工进度三维可视化图见图6.9。

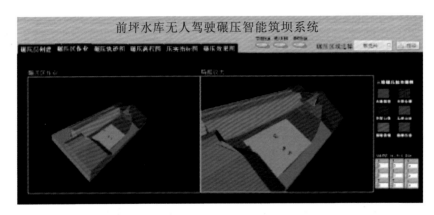

图6.9 前坪水库上游围堰工程某时刻施工进度三维可视化图

4. 堆石料碾压质量信息可视化管理

采用 AutoCAD、LabView 等软件建立土石坝上游围堰 3D 模型并开发基于 C/S 模式客户端的堆石料碾压质量信息可视化管理系统。另外，将该三维模型导入到服务器数据库中，建立基于碾压时间与碾压质量信息——对应的数据表信息，实现堆石料碾压质量信息可视化及后续进一步评估功能，基于数据库文件可实现碾压质量信息的动态更新。该堆石料碾压质量信息可视化管理系统主要包括两个模块：基于连续压实指标 SCV 值的碾压质量可视化模块、堆石料填筑碾压 3D 模型可视化模块。堆石料碾压质量信息可视化管理系统界面见图 6.10。

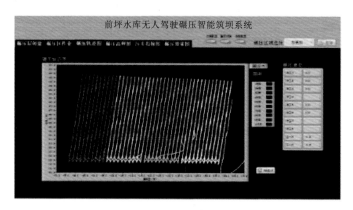

图 6.10　堆石料碾压质量信息可视化管理系统界面

6.2.4　碾压施工参数实时监控系统运行成果

　　利用研发的碾压施工参数实时监控系统进行现场实践应用，碾压完成后远程监控平台输出当前碾压层概况图、当前碾压区三维可视化作业图、当前碾压作业区实时碾压轨迹图、碾压高程图、压实指标图和碾压效果图。这里选取下游坝体填筑碾压施工过程中的区域 A（0+200～0+400m）和区域 B（0+400～0+680m）作为分析对象，下游坝体填筑碾压区域见图 6.11。

图 6.11　下游坝体填筑碾压区域

　　1. 工作面碾压轨迹及碾压遍数结果分析

　　按照区域 A 和区域 B 进行工作面碾压轨迹及碾压遍数结果统计，

统计结果显示两个区域每一层填筑碾压过程中，各个压路机碾压遍数达标率均超过 95%，绝大部分达标率超过 98%，部分未达标的原因是系统运行初期部分无人压路机超负荷运转维护不及时、无人碾压区域现场管理不到位、远程监控站管理人员与碾压现场管理人员配合不够顺畅、无线通信受恶劣天气等影响不顺畅以及现场其他非人为非系统因素。前坪水库土石坝下游坝体填筑碾压过程中区域 A 的碾压遍数达标率情况见图 6.12，区域 B 的碾压遍数达标率情况见图 6.13。

图 6.12 与表 6.1 显示，区域 A 在 2017 年 11 月 8 日至 2017 年 11 月 25 日期间共填筑了 9 层，这 9 层的填筑碾压作业各个桩日碾压遍数达标率介于 95.5%～99.5%，超过半数高于 98%，大部分高于 97.8%；图 6.13 与表 6.2 显示，区域 B 在 2017 年 9 月 23 日至 2017 年 11 月 24 日期间共填筑了 14 层，这 14 层的填筑碾压作业各个桩日碾压遍数达标率介于 95.7%～100%，绝大部分高于 97.5%。整体来说，具有机载自动控制系统的压路机作业达标率极高，相比于人工驾驶碾压作业具有显著优点。

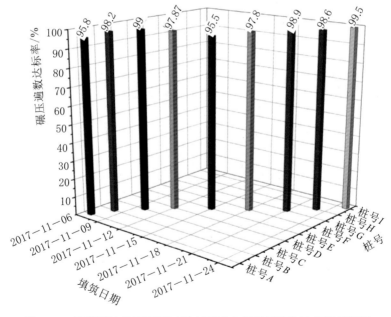

图 6.12　下游坝体填筑碾压过程中区域 A 的碾压遍数达标率情况图

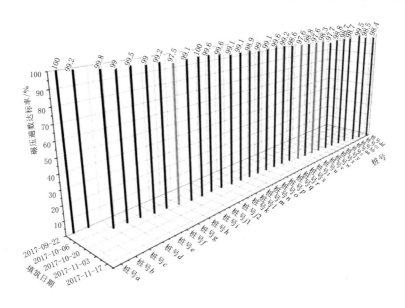

图 6.13 下游坝体填筑碾压过程中区域 *B* 的碾压遍数达标率情况图

表 6.1 下游坝体填筑碾压过程中区域 *A* 上各桩号的施工情况表

桩号	碾压层号	位　置	偏中距	开始时间	结束时间
桩号 *A*	1	0＋250～0＋370m	−68～−140m	2017 年 11 月 7 日	2017 年 11 月 8 日
桩号 *B*	2	0＋250～0＋370m	−73～−180m	2017 年 11 月 8 日	2017 年 11 月 8 日
桩号 *C*	3	0＋250～0＋370m	−76～−174m	2017 年 11 月 10 日	2017 年 11 月 10 日
桩号 *D*	4	0＋250～0＋400m	−80～−170m	2017 年 11 月 12 日	2017 年 11 月 12 日
桩号 *E*	5	0＋240～0＋380m	−80～−170m	2017 年 11 月 15 日	2017 年 11 月 16 日
桩号 *F*	6	0＋240～0＋330m	−61～−170m	2017 年 11 月 18 日	2017 年 11 月 18 日
桩号 *G*	7	0＋220～0＋400m	−80～−165m	2017 年 11 月 21 日	2017 年 11 月 21 日
桩号 *H*	8	0＋220～0＋400m	−85～−166m	2017 年 11 月 23 日	2017 年 11 月 23 日
桩号 *I*	9	0＋220～0＋400m	−87～−164m	2017 年 11 月 25 日	2017 年 11 月 25 日

表 6.2 下游坝体填筑碾压过程中区域 *B* 上各桩号的施工情况表

桩号	碾压层号	位　置	偏中距	开始时间	结束时间
桩号 *a*	1	0＋500～0＋680m	−40～−200m	2017 年 9 月 23 日	2017 年 9 月 23 日
桩号 *b*	1	0＋450～0＋520m	−40～−200m	2017 年 9 月 24 日	2017 年 9 月 24 日

续表

桩号	碾压层号	位　置	偏中距	开始时间	结束时间
桩号 c	2	0＋500～0＋680m	−40～−200m	2017 年 10 月 10 日	2017 年 10 月 10 日
桩号 d	2	0＋450～0＋550m	−40～−200m	2017 年 10 月 11 日	2017 年 10 月 11 日
桩号 e	1	0＋400～0＋450m	−55～−180m	2017 年 10 月 12 日	2017 年 10 月 12 日
桩号 f	3	0＋560～0＋650m	−55～−180m	2017 年 10 月 15 日	2017 年 10 月 15 日
桩号 g	3	0＋450～0＋560m	−55～−180m	2017 年 10 月 16 日	2017 年 10 月 16 日
桩号 h	2	0＋400～0＋450m	−55～−180m	2017 年 10 月 18 日	2017 年 10 月 18 日
桩号 i	4	0＋550～0＋650m	−55～−180m	2017 年 10 月 21 日	2017 年 10 月 21 日
桩号 $j1$	3	0＋400～0＋460m	−55～−180m	2017 年 10 月 22 日	2017 年 10 月 22 日
桩号 $j2$	4	0＋450～0＋560m	−55～−180m	2017 年 10 月 22 日	2017 年 10 月 22 日
桩号 k	4	0＋400～0＋450m	−55～−180m	2017 年 10 月 23 日	2017 年 10 月 23 日
桩号 l	5	0＋550～0＋650m	−65～−170m	2017 年 10 月 25 日	2017 年 10 月 25 日
桩号 m	5	0＋400～0＋560m	−68～−172m	2017 年 10 月 26 日	2017 年 10 月 26 日
桩号 n	6	0＋550～0＋650m	−70～−165m	2017 年 10 月 27 日	2017 年 10 月 27 日
桩号 o	6	0＋400～0＋560m	−169～−180m	2017 年 10 月 28 日	2017 年 10 月 28 日
桩号 p	7	0＋560～0＋650m	−70～−168m	2017 年 10 月 29 日	2017 年 10 月 29 日
桩号 q	7	0＋400～0＋560m	−72～−168m	2017 年 10 月 30 日	2017 年 10 月 30 日
桩号 r	8	0＋575～0＋650m	−73～−165m	2017 年 10 月 31 日	2017 年 10 月 31 日
桩号 s	8	0＋400～0＋575m	−73～−165m	2017 年 11 月 1 日	2017 年 11 月 1 日
桩号 t	9	0＋400～0＋550m	−73～−162m	2017 年 11 月 5 日	2017 年 11 月 5 日
桩号 u	9	0＋550～0＋650m	−73～−162m	2017 年 11 月 5 日	2017 年 11 月 5 日
桩号 v	10	0＋400～0＋550m	−78～−163m	2017 年 11 月 6 日	2017 年 11 月 6 日
桩号 w	10	0＋550～0＋650m	−78～−163m	2017 年 11 月 7 日	2017 年 11 月 7 日
桩号 x	11	0＋400～0＋500m	−82～−160m	2017 年 11 月 9 日	2017 年 11 月 9 日
桩号 y	11	0＋500～0＋650m	−82～−160m	2017 年 11 月 10 日	2017 年 11 月 10 日
桩号 z	12	0＋400～0＋560m	−84～−158m	2017 年 11 月 12 日	2017 年 11 月 12 日
桩号 aa	12	0＋560～0＋650m	−84～−158m	2017 年 11 月 12 日	2017 年 11 月 12 日
桩号 bb	13	0＋420～0＋510m	−91～−150m	2017 年 11 月 18 日	2017 年 11 月 18 日
桩号 cc	13	0＋500～0＋680m	−85～−150m	2017 年 11 月 20 日	2017 年 11 月 20 日
桩号 dd	14	0＋400～0＋680m	−87～−149m	2017 年 11 月 24 日	2017 年 11 月 24 日

从图 6.14～图 6.17 可以看出，无人碾压作业系统相比于人工驾驶来说，具有明显的优点，如碾压轨迹齐整，解决了相邻碾压作业面间漏碾、交叉、重复碾压的问题，碾压遍数合格率高，压路机作业数据实时可视化，碾压精度高，显著提高压实作业施工质量和效率，尤其适用于危险环境或极限条件下的填筑碾压作业，减少人为因素造成的作业面筑坝料压实密度不足、碾压不均匀的问题。通过工程实例研究表明，碾压施工参数实时监控系统能有效改善碾压施工质量和提高施工效率，确保前坪水库土石坝工程建设质量。

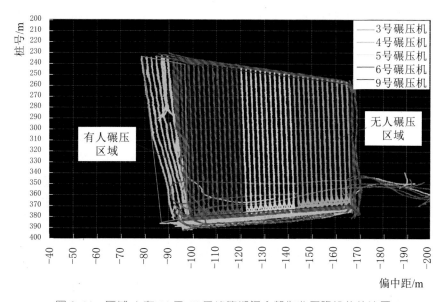

图 6.14 区域 A 在 11 月 15 日填筑期间全部作业压路机的轨迹图

2. 无人驾驶压路机上坝强度统计与分析

分别统计了区域 A（见图 6.18）在 2017 年 11 月 7 日至 2017 年 11 月 25 日期间、区域 B（见图 6.19）在 2017 年 9 月 23 日至 2017 年 11 月 24 日期间填筑碾压施工过程中具有机载自动控制系统的压路机和有人驾驶的压路机上坝强度情况。从图 6.18 和图 6.19 中可知，具有机载自动控制系统的压路机上坝强度高于有人驾驶压路机，具有机载自动控制系统的压路机负责下游坝体填筑过程中主要区域的碾压作业，而有人驾驶压路机主要负责边角、夹缝等零碎位置的碾压作业。

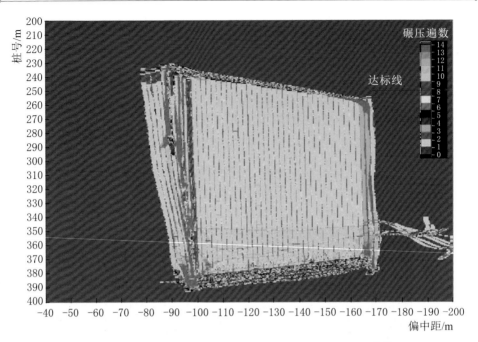

图6.15　区域 *A* 在 11 月 15 日碾压作业完成后的碾压遍数图

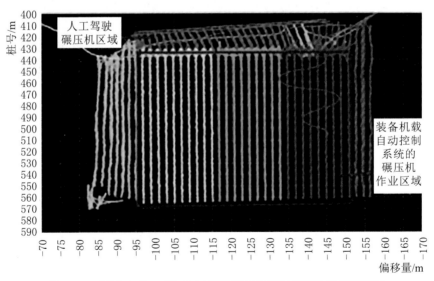

图6.16　区域 *B* 在 11 月 12 日填筑期间全部作业压路机的轨迹图

总体来说，具有机载自动控制系统的压路机在整个坝体填筑过程中起到主体作用，显著提高压实作业施工效率，大幅降低了人为因素的影响。

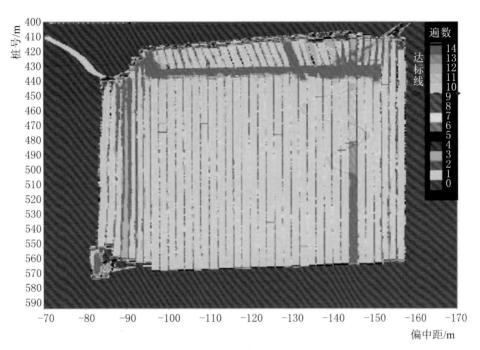

图 6.17 区域 B 在 11 月 12 日碾压作业完成后的碾压遍数图

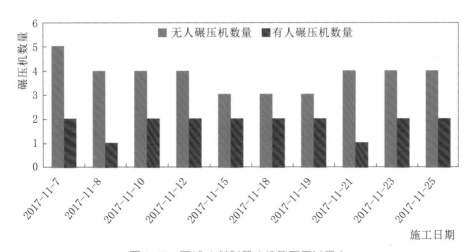

图 6.18 区域 A 某时段内填筑碾压过程中
两种类型压路机上坝强度统计

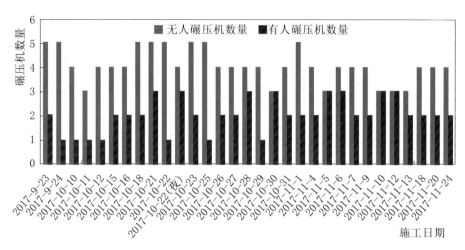

图 6.19　区域 B 某时段内填筑碾压过程中两种类型压路机上坝强度统计

3. 无人驾驶压路机故障情况统计与分析

从表 6.3、表 6.4 和图 6.20 可以明显看出，具有机载自动控制系统的压路机在本书选择的统计数据对象日期内整体上故障率处于较低水平。在填筑碾压作业过程中，压路机装备的机载自动控制系统在整个填筑施工过程中保持较高可靠性。整体来说，无人驾驶压路机具有运行平稳、适应能力强、维护方便快捷和安全性高的特点。

表 6.3　具有机载自动控制系统的压路机在区域 A 施工过程中故障情况表

日　　期	总数量	无故障/辆	处于维护状态/辆	有故障/辆	故障率/%
2017 - 11 - 7	5	5	0	0	0
2017 - 11 - 8	5	4	1	1	0.2
2017 - 11 - 10	5	4	1	0	0
2017 - 11 - 12	5	4	0	1	0.2
2017 - 11 - 15	5	3	2	0	0
2017 - 11 - 18	5	3	1	1	0.2
2017 - 11 - 19	5	3	2	0	0
2017 - 11 - 21	5	4	1	0	0
2017 - 11 - 23	5	4	1	0	0

表 6.4 具有机载自动控制系统的压路机在区域 *B* 施工过程中故障情况表

日 期	总数量	无故障/辆	处于维护状态/辆	有故障/辆	故障率/%
2017 - 9 - 23	5	5	0	0	0
2017 - 9 - 24	5	5	0	0	0
2017 - 10 - 10	5	4	1	0	0
2017 - 10 - 11	5	3	1	1	0.2
2017 - 10 - 12	5	4	0	1	0.2
2017 - 10 - 15	5	4	1	0	0
2017 - 10 - 16	5	4	1	0	0
2017 - 10 - 18	5	5	0	0	0
2017 - 10 - 21	5	5	0	0	0
2017 - 10 - 22	5	5	0	0	0
2017 - 10 - 22	5	4	1	0	0
2017 - 10 - 23	5	5	0	0	0
2017 - 10 - 25	5	5	0	0	0
2017 - 10 - 26	5	4	0	1	0.2
2017 - 10 - 27	5	4	1	0	0
2017 - 10 - 28	5	4	1	0	0
2017 - 10 - 29	5	4	0	1	0.2
2017 - 10 - 30	5	3	2	0	0
2017 - 10 - 31	5	4	1	0	0
2017 - 11 - 1	5	5	0	0	0
2017 - 11 - 4	5	4	0	1	0.2
2017 - 11 - 5	5	3	1	1	0.2
2017 - 11 - 6	5	4	1	0	0
2017 - 11 - 7	5	4	1	0	0
2017 - 11 - 9	5	4	0	1	0.2
2017 - 11 - 10	5	3	2	0	0

续表

日 期	总数量	无故障/辆	处于维护状态/辆	有故障/辆	故障率/%
2017 - 11 - 12	5	3	1	1	0.2
2017 - 11 - 13	5	3	1	1	0.2
2017 - 11 - 18	5	4	1	0	0
2017 - 11 - 20	5	4	1	0	0
2017 - 11 - 24	5	4	0	1	0.2

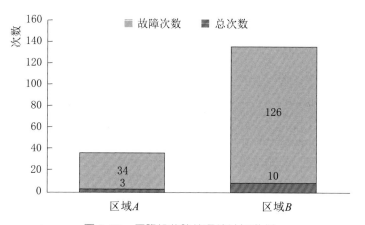

图 6.20 压路机故障情况统计与分析

4. 碾压高程结果统计与分析

对区域 A 从 11 月 7 日到 11 月 25 日填筑碾压施工期间的监控数据，以及区域 B 从 9 月 23 日到 11 月 24 日填筑碾压施工期间监控数据进行碾压高程结果统计。区域 A 共填筑了 9 层，区域 B 共填筑了14 层。每一层填筑过程中各个桩号所在区域按照设计要求碾压完毕后，整个碾压工作面的高程信息通过可视化信息进行统计，统计结果显示具有机载自动控制系统的压路机作业时碾压均匀性较好，碾压的工作面沉降量可保持均匀一致。图 6.21 为区域 A 在 2017 年 11 月 12日填筑第 4 层时碾压作业完毕后得出的工作面高程信息图，图 6.22 为区域 B 在 2017 年 11 月 12 日填筑第 12 层时碾压作业完毕后得出的工作面高程信息图。

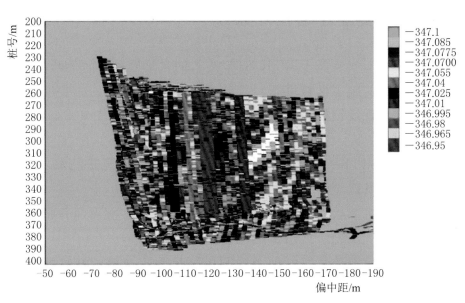

图 6.21 区域 *A* 在填筑第 4 层时碾压作业完毕后的
工作面高程信息

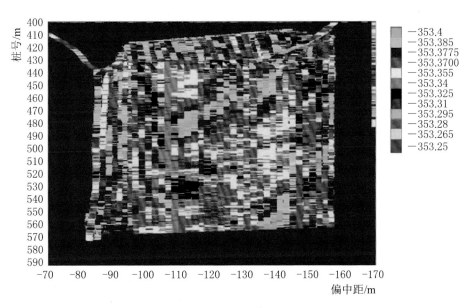

图 6.22 区域 *B* 在填筑第 12 层时碾压作业完毕后的
工作面高程信息

6.3　压实质量连续检测系统

在压路机上安装基于 RTK-GPS 技术的自动定位装置和检测设备，实现对压路机的施工区域堆石料填筑质量的实时监测，加装反馈控制模块，则可实现反馈控制功能，该系统的整体构架见图 6.23。该系统主要功能如下：

（1）机载 RTK-GPS 设备对压路机位置空间信息进行状态监测，并将监测数据发送至远程监控平台。

（2）利用机载检测设备实时计算连续压实指标 SCV，并将该指标值实时反馈给现场施工人员及远程监控平台。

（3）根据监测数据实时动态绘制压路机施工轨迹，并自动计算碾压遍数，将数据实时传输至远程监控平台。

（4）根据该检测系统测量得到的数据，对堆石料填筑质量进行实时监控。在现场压实监控系统及远程监控平台同步显示当前碾压施工状况，如果填筑过程中发生超压、欠压或漏碾、重复碾压状况发生时，可自动在显示器上显示这些不达标情况，提醒现场施工人员及监理或远程监控人员，以便及时进行现场调控，使压实质量处于有效监控状态。

（5）将该系统测量得到的所有数据传输至远程监控平台并实时写入数据库，可为工程完工后验收及后续补充分析提供支持。采用 CompactDAQ 系统中的 C 系列声音与振动输入模块作为声波检测设备，C 系列声音和振动输入模块继承了软件可选的 AC/DC 耦合、IEPE 开路/短路检测和 IEPE 信号调理。输入通道可同步测量多个信号。每个通道还具有内置的抗混叠滤波器，可自动调整采样率。利用该采集模块的同步测量功能，可将压路机实时空间信息与实时 SCV 监测值同步采集，并输入集成控制器做进一步处理。声场拾音器采用自由场传声器，该传声器为 1/2 英寸驻极体电容传声器，为新一代 IEPE 前置放大器，具有低噪声、高输入阻抗、高输出电压等特点，标配的前置放大器采用 4mA 恒流源（IEPE）供电，BNC 口输出，可很好地与声波检测设备集成。该传声器频响范围为（6.3～40）Hz±2dB，开路灵敏度为12.5mV/Pa（±1.5dB）。控制声波检测设备正常工作的软件由LabView实现。

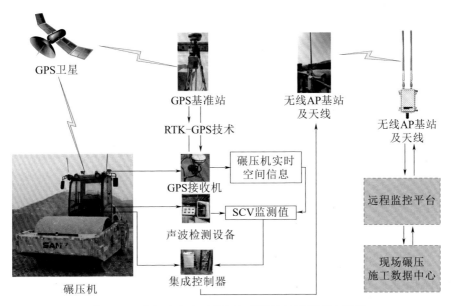

图6.23 前坪水库土石坝压实质量连续检测系统构架

以上游围堰某一桩号长24m、宽12m的填筑碾压作业面为例。采用克里格插值算法中的普通克里格法进行插值计算，由于要使用克里格插值算法，要判断所采集的采样点数据是否服从正态分布，利用GS+软件和Arcgis软件同时对其进行判断，图6.24表明所采样数据基本上服从正态分布。

根据施工现场工程质量控制要求，当碾压遍数达到设计要求遍数时，干密度需满足不小于2.242，即压实度满足$K \geqslant 96.43\%$时认为施工区域压实质量达标。当压实度为96.43%时，利用第3章中建立的回归模型Ⅰ可求出与其对应的SCV值为2.69，即当$SCV \geqslant 2.69$时，压实度$K \geqslant 96.43\%$。利用Kriging插值算法对经过2遍静碾、8遍振碾的上游围堰某桩号的试验区进行插值计算并结合第3章所建立的回归模型得出SCV及干密度的插值云图，其云图见图6.25。碾压施工全工作面压实质量的合格率可按照公式（6.1）来计算。

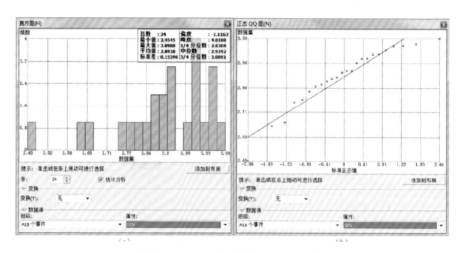

图 6.24　SCV 直方图及正态 QQ 图

$$r = \frac{S_D}{S} \times 100\% \tag{6.1}$$

式中：r 为碾压施工全工作面压实质量的合格率；S_D 为压实质量云图中坝体压实质量表征指标（SCV、干密度或压实度 K）大于合格值的区域面积；S 为整个碾压工作面的面积。

r 越大，说明坝体填筑碾压施工过程中的压实质量控制得越好。利用式（6.1）并根据图 6.25 对上游围堰某桩号的试验区进行全工作面压实质量合格率进行计算，得出此区域合格率分别为 99.65%（SCV 达到2.69 以上）和 98.96%（干密度达到 2.242 以上），结果不仅表明上游围堰某桩号的试验区进行 8 遍碾压之后，该试验区的全工作面压实质量控制较好，也说明 SCV 指标表征压实质量具有较高的精确度。

6.4　压实过程智能决策系统

采用动态优化碾压方案进行堆石料碾压，碾压施工工艺为静碾 2遍，采用振动频率 28Hz、车速 0.83m/s 振碾第 1 遍，后续碾压过程中通过土石坝压实质量连续检测系统评估每一遍碾压后的堆石料相对密度，采用 CPDOM 对碾压方案进行优化，下一遍碾压按照最优化碾压方案进行，直到满足碾压结束条件。

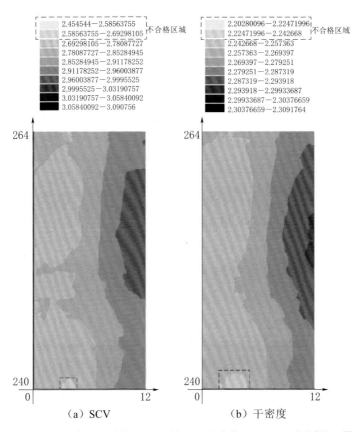

图 6.25 上游围堰某桩号 SCV 值及干密度值 Kriging 空间插值云图

动态优化碾压方案第 1 遍碾压过后,通过土石坝压实质量连续检测系统得到的条带堆石料相对密度情况见图 6.26。条带堆石料的平均相对密度为 55.28%,将其带入 CPDOM 进行碾压方案优化,优化结果见表 6.5,第 2 遍碾压的振动碾压参数为 27.9Hz,0.76m/s。

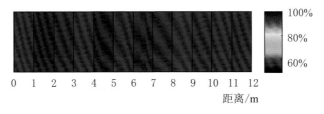

图 6.26 第 1 遍碾压后条带堆石料相对密度

表 6.5　　　　　　　　第 1 遍碾压后最优化碾压方案

碾压遍数	车速/(m/s)	振动频率/Hz	预测相对密度/%	RCT/s
2	0.76	27.9	62.38	
3	0.71	28.4	69.46	
4	0.68	28.8	75.80	
5	0.63	29.1	81.63	
6	0.60	29.5	86.84	7.45

　　第 2 遍碾压后条带堆石料相对密度见图 6.27，条带实际平均相对密度为 66.18%。由于实际相对密度与表 6.5 中预测的相对密度不相等，因此需要重新对碾压方案进行优化。将 66.18% 代入到 CPDOM 进行碾压过程优化，优化结果见表 6.6，第 3 遍碾压的振动碾压参数为 28.7Hz，0.77m/s。

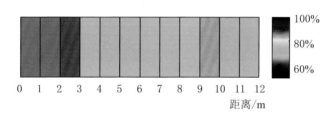

图 6.27　第 2 遍碾压后条带堆石料相对密度

表 6.6　　　　　　　　第 2 遍碾压后最优化碾压方案

碾压遍数	车速/(m/s)	振动频率/Hz	预测相对密度/%	RCT/s
3	0.77	28.7	71.82	
4	0.71	28.9	77.40	
5	0.69	29.2	82.29	
6	0.65	29.5	86.84	5.69

　　第 3 遍碾压后条带堆石料相对密度见图 6.28，条带实际平均相对密度为 72.50%，代入到 CPDOM 进行碾压过程优化，优化结果见表 6.7，第 4 遍碾压的振动碾压参数为 29.0Hz，0.73m/s。

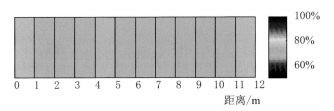

图 6.28　第 3 遍碾压后条带堆石料相对密度

表 6.7　　　　　　　　第 3 遍碾压后最优化碾压方案

碾压遍数	车速/(m/s)	振动频率/Hz	预测相对密度/%	RCT/s
4	0.73	29.0	77.70	
5	0.71	29.2	82.38	
6	0.65	29.5	86.84	4.32

第 4 遍碾压后条带堆石料相对密度见图 6.29，条带实际平均相对密度为 76.22%，代入到 CPDOM 进行碾压过程优化，优化结果见表 6.8，第 4 遍碾压的振动碾压参数为 29.2Hz，0.66m/s。

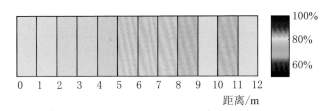

图 6.29　第 4 遍碾压后条带堆石料相对密度

表 6.8　　　　　　　　第 4 遍碾压后最优化碾压方案

碾压遍数	车速/(m/s)	振动频率/Hz	预测相对密度/%	RCT/s
5	0.66	29.2	81.73	
6	0.61	29.4	86.84	3.15

第 5 遍碾压后条带堆石料相对密度见图 6.30，条带实际平均相对密度为 81.27%。虽然平均相对密度超过了 80%，但条带中的最小相对密度为 78.5%，相对密度小于 80% 的区域占 50%，不能满足工程要求，需要继续进行碾压。将平均相对密度代入到 CPDOM 进行碾压过程优化，优化结果见表 6.9，第 6 遍碾压的振动碾压参数为

29.4Hz，0.59m/s。

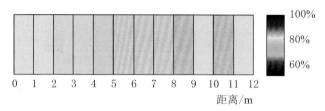

图 6.30　第 5 遍碾压后条带堆石料相对密度

表 6.9　　　　　　　　　第 5 遍碾压后最优化碾压方案

碾压遍数	车速/(m/s)	振动频率/Hz	预测相对密度/%	RCT/s
6	0.59	29.4	86.84	1.69

采用动态优化方案碾压 6 遍后条带堆石料相对密度见图 6.31。此时条带平均相对密度为 88.40%，大于设定的 86.84%，最小相对密度为 83.83%，最大相对密度 92.24%，均满足不小于 80% 的工程规范要求，碾压结束。在条带上取 3 个试坑，采用灌水法核验堆石料相对密度，3 处的相对密度为分别为 82.55%、84.29% 和 89.34%，均满足工程规范要求，说明堆石料压实质量综合评估方法可以有效保障压实质量。

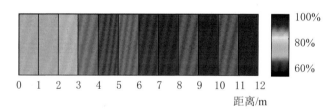

图 6.31　第 6 遍碾压后条带堆石料相对密度

动态优化碾压方案与固定碾压方案压实效果对比见图 6.32。根据图 6.32（a），固定碾压方案达到工程质量要求需要 8 遍碾压，动态优化碾压方案 6 遍碾压即可达到工程质量要求。根据图 6.32（b），固定碾压方案和动态优化碾压方案的单位长度铺层累计压实总时间分别为 8.40s 和 9.64s，压实效率提高了 12.8%。由于工程中使用的振动压路机工作频率 28Hz 恰巧接近最优振动频率，因此频率优化的优势在本对比试验中没有充分体现，否则压实效率会提高更多。由此可见，采用压实过程动态优化可以在确保压实质量的同时显著提高堆石料压实效率。

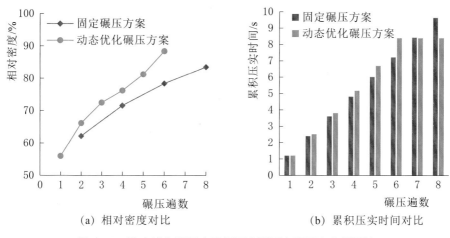

（a）相对密度对比　　　　（b）累积压实时间对比

图 6.32　动态优化碾压方案与固定碾压方案压实效果对比

6.5　本章小结

基于大坝智能建造理论框架，通过土石坝工程建设项目构建了具备感知、分析、控制功能的监测、检测、控制智能单元体，构建了多智能体单元协同联动的决策支持系统，实现了建造过程协调级的智能优化决策控制，融合建造现场全要素实现了无人化、智能化高效、高质施工，从执行级、协调级、组织级三个层面实践了大坝智能建造理论，前坪水库土石坝智能控制系统大幅度提升了土石坝填筑施工质量和效率，提高了填筑工程管理水平，研究开发和建设可扩展、模块化、全面化的智能土石坝智能系统具有重要的理论意义和实际应用价值，将为我国在建及待建超高土石坝的建设提供强有力的技术支撑。同时，前坪水库的系统化应用论证了大坝智能建造理论为智能建造提供的从单体智能、全线智能到全场智能的通用性技术路线，为未来进一步深入推动智能化建造提供了理论与技术支撑，具有广阔的推广应用前景。

第 7 章
总结与展望

7.1 总结

本书回顾了大坝建造发展历程，总结了大坝智能建造的发展趋势和关键技术，梳理了大坝智能建造的关键问题与智能控制的关系，提出以智能控制为核心的大坝智能建造理论，并从智能控制的概念、定义、特征、理论结构、要素进行了详细阐述，明确了"智能决策＋自动控制"为智能控制的两大核心要素，并在此基础上构建了"自主感知与认知信息、智能组织规划与决策任务、自动控制执行机构完成目标"的大坝智能控制系统，并对其设计理念、组成要素、模块特征、应用层级及工程实例进行了介绍。本书所提出的智能控制理论为解决大坝建造过程中结构服役状态调控、全寿命周期安全性能评估、施工风险预测预警难题，实现"安全、高质、高效、经济、绿色"的智能建设目标提供了理论基础，对深化大坝智能建造技术的应用和推广有重要的作用。

针对混凝土坝建造的关键问题，在智能建造理论框架下提出了大体积混凝土结构智能建造理论，构建了具备感知、分析、控制闭环控制理念的智能控制系统，从材料、结构、施工三个层次系统化解决了建造过程中质量、进度、安全协同的组织级问题，破解了大体积混凝土结构防裂控裂的难题。通过应用举例探究了混凝土坝防裂控裂难题的智能化解决方案，考虑大坝建造全过程控制目标与全要素可控性，并基于此对大坝智能建造理论、基本控制理念、控制目标、控制单元、控制系统进行了完整的验证，结果表明构建的智能控制系统能够有效解决防裂控裂难题，同时保证工程质量、进度与安全。

　　针对土石坝建造的关键问题，基于大坝智能建造理论框架提出了土石坝智能控制的概念，综合应用无人驾驶碾压技术、基于声波检测技术的堆石料压实质量连续检测技术和振动碾压参数自动优化方法，建立了土石坝智能控制成套技术与系统，开发了土石坝智能控制系统，为土石坝建造领域的发展开辟了新路径，也为工程管理者实时监控工程建设过程、控制工程质量、提高管理水平与效率提供了全新解决方案，充分论证了大坝智能建造在土石坝建造领域应用的可行性。

　　基于大坝智能建造理论框架，通过土石坝工程建设项目构建了具备感知、分析、控制功能的监测、检测、控制智能单元体，构建了多智能体单元协同联动的决策支持系统，实现了建造过程协调级的智能优化决策控制，融合建造现场全要素实现了无人化、智能化高效、高质施工，从执行级、协调级、组织级三个层面实践了大坝智能建造理论，前坪水库土石坝智能控制系统大幅度提升了土石坝填筑施工质量和效率，提高了填筑工程管理水平，研究开发和建设可扩展、模块化、全面化的智能土石坝智能系统具有重要的理论意义和实际应用价值，将为我国在建及待建超高土石坝的建设提供强有力的技术支撑。同时，前坪水库的系统化应用论证了大坝智能建造理论为智能建造提供的从单体智能、全线智能到全场智能的通用性技术路线，为未来进一步深入推动智能化建造提供了理论与技术支撑，具有广阔的推广应用前景。

7.2　展望

　　大坝智能建造进入新的发展阶段，为更好地推动大坝智能建造技术发展，本节将梳理目前大坝建造的智能化层次，探讨大坝智能建造的基础理论、关键技术、核心产品未来发展的方向（见图7.1）。

7.2.1　智能化从执行级、协调级逐渐向组织级发展

　　依据智能化程度可分为执行级、协调级和组织级三个层次，目前大坝智能建造技术在执行级单元智能取得了显著进展，协调级全线智

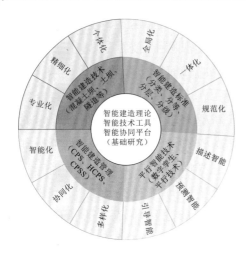

图 7.1 智能建造理论、技术、方法研究方向

能、组织级全场智能也随着智能化建造理论、技术、装备迅速发展与广泛应用取得了一定的进展。首先是执行级的智能，即针对施工建造管理的具体问题，如养护、调度、温控、碾压等，研发具备感知分析控制功能的装置或设备，构成诸如应用模糊 PID 技术构建的智能温控，以 BP 神经网络、遗传算法、微粒群优化、R-CNN 等算法为核心的智能监控，以及智能喷雾等智能控制单元；第二是协调级的智能，综合考虑安全、质量、进度、安全、经济等核心建造要素，融合运人工智能、运筹学、信息论构建智能决策优化的理论和系统解决非线性控制、多目标决策、不确定性调控的大坝建造难题，实现建造主线多要素、多目标、多对象的优化与调控，提供智能优化策略，进而实现全线智能，诸如大体积混凝土温度应力智能控制系统、混凝土拱坝温度应力与横缝性能智能控制系统、施工进度智能仿真系统、智能碾压支持决策系统、智能成本分析控制系统等；第三是组织级的智能，即在单元智能、全线智能的基础上，采用多智能体联合协同控制理论，形成大坝建造全过程多智能体协作施工最优方案，闭环控制动态优化，共同实现全场智能化施工建造，目前，诸如土石坝无人碾压施工等领域已经开启了初步的实践，未来全场智能将有更大的发展空间。总体而言，大坝智能建造理论与应用目前主要还集中在执行级的智能化，协调级与组织级智能化仍有很大的发展空间，是未来大坝智能建造研究的主要方向，同时大坝智能建造需要综合考虑三个层次实现顶层智能化设计。

7.2.2 完善智能建造基础理论、创新智能建造通用技术、升级智能建造集成平台

智能建造基础理论、智能技术工具与智能协同平台是未来大坝建

造智能化进步的基础。实现大坝"高质、高效、安全、经济、绿色"建设是智能建造的目标，大坝智能建造由人、信息和物理系统共同构成，三个要素均具有感知、分析、控制的功能。在智能建造发展的不同阶段，信息化技术的演变决定了各要素感知性能、分析层次的高度，以及控制的效率与精度，因此其重点解决的问题也有所不同。正如7.2.1节所述，从智能化发展的三个层次来看，执行级的单体智能正在日趋完善，核心建造过程多目标优化协调级的全线智能，处于起步阶段，智能决策＋自控控制系统是实现途径，大坝建造全过程的多智能体实时协调联控仍属于空白，参建各方、各智能体单元、全建造流程的融通协作是多智能体实时优化控制的关键，当前执行层的智能体决策是分布式的，每个独立的智能体在感知分析的基础上自主做出决策与控制，而"人－信息－物理"系统的复杂性、不确定性导致智能体之间的合作协议、控制规则难以用一般方法解决，而智能化阶段与数字化网络化阶段最本质的区别在信息系统具备了信息感知、分析抽象、认知学习、决策推理与反馈控制的能力，因此这是未来大坝建造智能化进步与突破的关键。

为实现全场智能建设，需要加强智能建造通用理论、技术、方法研究与平台建设（见图7.1），包括以下几方面。

（1）构建适用于各类主体工程或子工程的智能建造通用理论，在通用智能控制理论框架下依据工程特征构建具体完备的控制系统。如：大坝智能建造系统、专家系统、模糊控制系统等，视控制层级而定。

（2）深化新一代信息技术在水利学科中的应用研究。人工智能算法是实现智能建造的基础；大数据、云计算、物联网等技术是实现现实世界的物理实体与虚拟空间的数字副本之间的映射、互动、驱动的桥梁；全面掌握各类人工智能算法、物联网设备的功能与特性，依据工程类别与特点准确选用适用算法，高效部署云计算服务器等，为智能建造真实－虚拟数据融合分析提供专业化、基础性的技术工具，降低学科交叉门槛，提高智能化技术应用的深度、广度和效率。

（3）打造新一代智能建造集成平台。智能建造必须依托智能建平台，智能建造平台集成智能建造各子系统，是数据存储、分析、交换的中枢，也是软硬件反馈控制、工程质量－进度－安全－造价评估管理的核心，其架构与部署直接影响设计－建造－运行－管理全过程。

7.2.3　研发个性化智能建造技术、创建智能建造管理体系、制定智能建造标准、实施平行智能技术

推动数字孪生、平行智能等智能建造技术进一步解决大坝工程建造过程中非物理机制因素或非确定性因素带来的结果不确定或难以确定的工程问题，发展针对不同类型工程的个性化智能建造技术是未来大坝建造智能化技术突破的关键。平行智能建造技术是利用仿真过程，实现现实世界的物理实体与虚拟空间的数字副本之间的映射、互动、驱动等，以选择最优的智能建造方案。同时，在智能建造技术的背景下，需要与之相适应的建设模式和管理模式，以发挥智能建造的优势和效率。另外，智能建造也需要一整套标准和规范，统一指导和规范相应的操作和程序，下面将详细说明。

（1）智能建造技术。智能建造通用理论、技术为解决建造难题提供了途径，水利工程类型多样，不同水利工程建造目标、建造难题、施工特性、结构特征、管理体系有显著差异。例如，混凝土建造过程中大体积混凝土防裂控裂为关键问题；土石坝施工更加关注无人化碾压设备高效协同、高质量施工；隧洞工程对超前探测、TBM 掘进、适时衬砌支护有更高要求。因此，以大坝智能建造理论为基础，发展适用于不同工程类型的专业化、精细化、个性化智能建造技术是未来研究的方向。具体包括：①混凝土坝智能建造技术；②碾压式大坝智能建造技术；③电站厂房智能建造技术；④隧洞智能建造技术；⑤枢纽工程智能建造技术。

（2）智能建造管理体系。不同水利工程对建造过程中人、机、信息系统的智能化程度要求不同，管理目标与管理模式也有显著差异。例如，部分工程关注如何通过智能化技术实现无人化施工，其核心要素是构成物理系统与信息系统的智能化协同优化调控；由于大坝建造

过程的复杂性，除了信息系统与物理系统，人也是核心要素之一，因此构成了具有一定开放性和复杂性的"人－信息－物理"系统，因此在管理层面需要考虑各要素本身、各要素之间以及"人－信息－物理"系统整体的闭环控制与协调管理，即多系统三层次的闭环控制与管理；对于大型枢纽工程而言，其核心要素构成了"社会物理信息"系统，该系统属于复杂的开放系统，更加贴合实际建造过程，需要考虑系统要素合作、竞争、博弈、协同进而从管理角度实现组织级智能化协调管理，使枢纽建造创造最大化的工程、社会、生态等价值。因此，需要基于不同工程的不同需求及系统构成多样化开展不同层次的协同化、智能化管理模式，具体包括：①智能建造管理模式；②混凝土工程智能建造管理；③土石方工程智能建造管理；④地下及隐蔽工程智能建造管理；⑤枢纽工程智能建造管理。

（3）智能建造标准。当前阶段施工过程的智能化是智能建造的重点，是针对关键问题的局部寻优，即通过智能单元实现局部最优，设计与运维尚未完全融入智能建造体系，未来要实现全局最优，即向前融通智能化设计、向后延伸为智能化运维，设计－建造－运行共同构成广义的智能建造。实现这一目标需要分类、分等、分层、分级构建智能建造技术标准与管理规范，推动智能建造技术在设计－建造－运维全过程全局一体化、规范化应用，同时，智能化技术的快速发展与可扩展性决定了标准与规范也要及时更新与完善。研究方向包括：①智能建造技术标准；②智能建造管理规范。

（4）平行智能技术。数字孪生技术已经广泛应用于大坝智能建造领域，同时数字孪生技术也是解决"信息－物理"系统理论中的关键技术，数字孪生技术与大坝建造体系深度融合是深化执行级、协调级智能化的关键，该技术体系涵盖了大坝建造的闭环控制理念与水利专业知识的应用，落实到智能建造过程、智能大坝产品和建设管理体系等三个方面。其核心在于发展多维度、多尺度建模及仿真分析技术；实现多源异构多噪数据实时感知、分布式处理，具备较高的容错性；基于机器学习、深度学习、迁移学习、强化学习、宽度学习等技术的数据智能化驱动与多尺度、多要素、多过程耦合模型分析技术深度融合，具备强大分析决策能力；人、机械、信息可视化时空交互、虚实协同，具备可视化精准反馈控制能力；基于水利工程信息安全重要性实现被动、主动安全防御；为参建各方提供信息集成服务。由于大坝智能建造过程中存在不确定性、随机性以及隐性变量等，以"牛顿定律"为核心的数字孪生技术预测控制难以实现对复杂开放的"社会物理信息"系统的协调控制，因此需要借助 ACP 技术构建平行系统解决问题。通过构建可计算、可重构、可编程的软件定义的建造要素、施工流程、管理关系等组成人工系统，经过从小数据到大数据，从大数据到数据智能的历程，进而实现简单智能到复杂智能，在此基础上通过计算实验实现多智能体不同场景下的协调交互及优化策略，进而通过平行执行的方式实现人工系统与实际建造系统的双向交互调控，引导实际系统向最优策略方向发展。平行系统以"默顿定律"为核心思想，通过描述智能、预测智能、引导智能推动具有部分变量不可测、部分过程不可控的复杂建造过程向最优的建造目标靠近，并且其具备学习认识能力，将持续优化建造过程。综合而言，数字孪生技术为信息与物理空间构建实时、精准、高效的沟通桥梁，实现实时交互与融合，提供设计与施工动态优化策略，但是由于数字孪生属于先感知，后分析控制，总体上属于被动控制，在此基础上要推动，数据智能技术，进而实现平行智能，即描述智能、预测智能、引导智能，实现复杂建造系统向最优方向发展。数字孪生技术是当前大坝建造智能化关注的重点，平行控制技术是未来大坝智能建造可能的发展方向，因此需要具体开展如下研究：①数字仿真技术；②数字施工仿真技术；③数字孪生技术；④数据智能技术；⑤平行智能技术。

7.2.4　融通大坝智能建造与智能大坝研究

对于大坝智能建造和建造智能大坝而言，二者之间核心关系在于生产与产品，从传统角度看，智能化的生产线未必制造出智能化的产品，但智能化的生产线可以提高产品质量、生产效率、创造更高的社会经济价值，同样普通的生产线也可能生产出智能化的产品，智能化的产品可以更好地服务于业主、社会乃至国家。如图 7.2 所示，水利工程的重要属性决定了大坝智能建造与建造智能大坝具有共享的"人－信息－物理"系统、"社会物理信息系统"框架；共用的数字化、网络化、智能化技术；共通的闭环控制理念；高效、高质、安全、经济建设与长期安全、稳定运行的共同目标。因此，要融通大坝智能建造与智能大坝理论研究，推动二者设计－建造－运维整体化、协同化闭环反馈控制技术研究，加强一体化

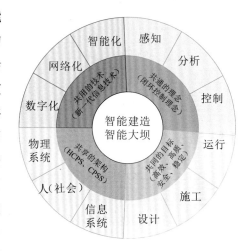

图 7.2　大坝智能建造与智能大坝关系

的建设管理体系研究，深化水利工程领域智能化技术研究、提升水利工程价值。

综上，我国高坝建设将进入新的发展阶段，对大坝工程智能化建设的关键问题提出了新的要求，新一代信息技术革命为大坝建造智能化提供了新的发展途径，深度融合新一代信息技术进一步推动大坝建造智能化是未来研究的重点，也是实现"安全、高质、高效、经济、绿色"建设目标、打造创新产品智能大坝的关键。

参 考 文 献

安再展，刘天云，皇甫泽华，等. 利用 CMV 评估堆石料压实质量的神经网络模型 [J]. 水力发电学报，2020，39（4）：110 - 120.

柏龙君，周绍武. 基于物联网的灌浆监测系统的应用研究 [J]. 水利水电技术，2013，44（4）：14 - 16.

蔡永强. 大坝随机裂缝的光纤智能检测、预警系统设计 [J]. 广西水利水电，2005（S1）：5 - 8.

蔡自兴，余伶俐，肖晓明. 智能控制原理与应用 [M]. 北京：清华大学出版社，2014.

蔡自兴. 递阶智能控制系统的一般结构 [J]. 控制与决策，1999（6）：642 -647.

曾怀恩，刘金平. 土石坝碾压实时监控系统模拟试验研究 [J]. 水利水电技术，2013，44（12）：47 - 50.

柴世杰. 基于 CCD 技术的大坝变形智能监测仪设计与开发 [D]. 长沙：湖南大学，2011.

陈芳清，陈由旺. 大坝 300m 禁区智能界碑告警装置 [J]. 科技创新导报，2018，15（21）：105 - 106.

陈广森. 水利水电工程智能化"工期—费用"综合控制方法 [Z]. 中国河南郑州：20188.

陈豪. 基于 GIS 的小湾电站坝基监测信息系统构建与分析 [D]. 昆明：昆明理工大学，2008.

陈宏伟. 粗粒土压实试验研究 [D]. 西安：长安大学，2004.

陈连军. 基于 GPS 的面板堆石坝监测与填筑质量控制研究 [J]. 科技风，2009（20）：149 - 150.

陈全，邓倩妮. 云计算及其关键技术 [J]. 计算机应用，2009，29（9）：2562 -2567.

陈胜宏. 水工建筑物 [M]. 北京：中国水利水电出版社，2004.

陈尧隆，何劲. 用三维有限元浮动网格法进行碾压混凝土重力坝施工期温度场和温度应力仿真分析 [J]. 水利学报，1998（S1）：3 - 6.

陈引禄. HT - 16F 振弦式大坝监测自动化智能采集系统通过技术评审 [J]. 西北电力技术，2005（1）：53.

陈禹只.大系统理论及其应用［M］.北京：清华大学出版社，1988.

程正飞，王晓玲，任炳昱，等.基于代理模型的碾压混凝土坝坝体渗控结构多目标优化［J］.天津大学学报，2019，52（8）：793-803.

崔博，胡连兴，刘东海.高心墙堆石坝填筑施工过程实时监控系统研发与应用［J］.中国工程科学，2011，13（12）：91-96.

崔博.心墙堆石坝施工质量实时监控系统集成理论与应用［D］.天津：天津大学，2010.

戴刚，向科.卡洛特水电站施工区物联网建设［J］.人民长江，2018（s2）：192-193，207.

党江亮.奴尔水库大坝GPS智能碾压管理系统的应用［J］.工程建设与设计，2018（2）：248-249，270.

邓春霞，林晓贺.丰满水电站重建大坝智能通水温控系统的应用［J］.建筑技术开发，2017，44（23）：3-4.

邓凤铭，田斌，徐卫超.清江隔河岩大坝混凝土弹性模量的智能反演［J］.大坝与安全，2005（4）：50-52.

邓学欣，王太勇，任成祖，等.压实度自动检测技术及其应用［J］.西南交通大学学报，2003（5）：505-508.

董国义.以高密聚乙烯（HDPE）管代替金属管冷却大坝混凝土的分析论证［J］.水电站设计，1996（1）：18-23.

董永，周建波.水电站大坝安全智能巡检系统研究与设计［J］.大坝与安全，2020（1）：1-5.

杜关，陈波，杨洪.GPS碾压监控系统在土石坝施工质量管理中的应用［J］.水电站设计，2012，28（S1）：111-113.

段军雨，侯俊丞.面向物联网的无线传感器网络综述研究［J］.物联网技术，2019，9（4）：61-62.

多伊尔，慕春棣.反馈控制理论［M］.北京：清华大学出版社，1993.

樊启祥，段亚辉，王业震，等.混凝土保湿养护智能闭环控制研究［J］.清华大学学报（自然科学版），2021，61（7）：671-680.

樊启祥，洪文浩，汪志林，等.溪洛渡特高拱坝建设项目管理模式创新与实践［J］.水力发电学报，2012，31（6）：288-293.

樊启祥，林鹏，魏鹏程，等.智能建造闭环控制理论［J］.清华大学学报（自然科学版），2021，61（7）：660-670.

樊启祥，陆佑楣，周绍武，等.金沙江水电工程智能建造技术体系研究与实践［J］.水利学报，2019，50（3）：294-304.

樊启祥，张超然，陈文斌，等.乌东德及白鹤滩特高拱坝智能建造关键技术

[J]. 水力发电学报，2019，38（2）：22-35.

樊启祥，张超然，汪志林，等. 白鹤滩水电站工程建设关键技术进展和突破 [J]. 中国水利，2019（18）：9-14.

樊启祥，周绍武，林鹏，等. 大型水利水电工程施工智能控制成套技术及应用 [J]. 水利学报，2016，47（7）：916-923.

樊振宇. BP神经网络模型与学习算法 [J]. 软件导刊，2011，10（7）：66-68.

范云，汪英珍. 填土压实质量检测及机载压实集成系统分析 [J]. 岩土力学，2004（4）：605-608.

高隽. 人工神经网络原理及仿真实例 [M]. 北京：机械工业出版社，2003.

高雷. 基于智能碾压理论的土石坝压实质量实时监测指标研究 [D]. 天津：天津大学，2018.

高平，薛桂玉. 基于小波网络的大坝变形监测模型与预报 [J]. 水利学报，2003（7）：107-110.

葛从兵，鲍亮. 基于智能客户端的GPS大坝变形监测资料整编与分析系统 [J]. 水利水电科技进展，2010，30（5）：53-56.

龚创先. 振动压路机压实性能研究与优化 [D]. 湘潭：湘潭大学，2013.

猴小凡. 自动化大坝安全监测及智能振弦压力数据采集系统 [D]. 西安：西北工业大学，2005.

郭婷婷. 基于物联网模式的智能大坝安全监测预警系统研究 [J]. 数码世界，2017（10）：257.

郭享. 小湾水电站施工总布置三维可视化建模与分析研究 [D]. 天津：天津大学，2005.

哈尔胡塔，H. Я. 压实土壤的理论及机械 [M]. 北京：水利出版社，1957.

韩建东，张琛，肖闯. 糯扎渡水电站数字大坝技术应用研究 [J]. 西北水电，2012（2）：96-100.

韩兴. 长河坝水电站智能施工管理系统的开发与应用 [J]. 水利水电施工，2017（4）：129-132.

何清，李宁，罗文娟，等. 大数据下的机器学习算法综述 [J]. 模式识别与人工智能，2014（4）：327-336.

何清华，钱丽丽，段运峰，等. BIM在国内外应用的现状及障碍研究 [J]. 工程管理学报，2012，26（1）：12-16.

何勇军. 大坝安全监控的人工智能技术研究 [D]. 南京：河海大学，2002.

何勇军. 模糊测度理论在大坝安全智能决策支持系统中的应用 [J]. 河海大学学报（自然科学版），2008，36（5）：605-609.

胡晶，陈祖煜，王玉杰，等. 基于区块链的水利工程施工管理平台架构 [J]. 水力发电学报，2020，39（11）：40-48.

胡世英，王根元．基于DIM为核心的智能大坝系统平台的认知与应用［J］．水电站设计，2019，35（1）：22-25.

胡永利，孙艳丰，尹宝才．物联网信息感知与交互技术［J］．计算机学报，2012，35（6）：1147-1163.

胡昱，林鹏，孙志禹，等．拱坝梯度控裂理论与方法［J］．水力发电学报，2017，36（11）：102-110.

胡昱，左正，李庆斌，等．高拱坝施工期横缝增开现象及其相关成因研究［J］．水力发电学报，2013，32（5）：218-225.

黄华东，郭张军．大坝安全智能监控模型对比分析研究［J］．中国水运（下半月），2019，19（6）：71-73.

黄鹏嘉，王广铭，王之龙．"智慧大藤峡"顶层设计［J］．中国水利，2020（4）：18-20.

黄其欢，张理想．基于GBInSAR技术的微变形监测系统及其在大坝变形监测中的应用［J］．水利水电科技进展，2011，31（3）：84-87.

黄声享，刘经南，吴晓铭．GPS实时监控系统及其在堆石坝施工中的初步应用［J］．武汉大学学报（信息科学版），2005（9）：813-816.

黄仕俊，赵华，段会文，等．小湾水电站进水口高边坡监测及信息反馈研究［J］．地下空间与工程学报，2006（6）：1025-1028.

黄耀英，丁月梅，吕晓曼，等．闸墩混凝土结构温控防裂措施智能优选研究［J］．中国工程科学，2014，16（3）：59-63.

黄耀英，郑宏，向衍，等．不确定性大坝地基几何尺寸智能识别初探［J］．长江科学院院报，2013，30（6）：76-79.

吉根林．遗传算法研究综述［J］．计算机应用与软件，2004，21（2）：69-73.

江汉臣，林鹏，强茂山．基于实时定位系统的监理人员管理和评价［J］．清华大学学报（自然科学版），2015，55（9）：950-956.

姜立新，康飞，胡军．大坝变形非线性智能组合预测方法研究［J］．四川建筑科学研究，2008，34（3）：129-132，171.

金强国．基于遗传算法的大坝土石料运输智能动态调配应用研究［D］．天津：天津大学，2016.

金有杰，王海妹，雷雨，等．大坝安全实测信息三维可视化方法研究与应用［J］．水利信息化，2017（1）：10-15.

景奉韬，夏昊，朱明清．混凝土智能生产管理技术研究与应用［J］．中国港湾建设，2020，40（10）：65-68，74.

巨永锋．振动压路机压实智能控制与故障智能诊断的研究［D］．西安：长安大学，2006.

巨玉文，李克非，韩建国. 混凝土早龄拉伸徐变的试验与理论研究 [J]. 工程力学，2009，26（9）：43-49.

康飞. 大坝安全监测与损伤识别的新型计算智能方法 [D]. 大连：大连理工大学，2009.

康荣学，张优云，韩崇昭，等. 混凝土生产输送浇注过程计算机综合监控系统 [J]. 西安交通大学学报，2001（10）：1072-1075.

康向文，唐茂颖，段斌，等. 智慧工程理念下的双江口智能大坝工程系统建设 [Z]. 20198.

梅塔，蒙特罗. 混凝土微观结构、性能和材料 [M]. 北京：中国电力出版社，2008.

雷鹏，苏怀智，张贵金. 基于 RNN 模型的坝体和岩基区间参数反演方法研究 [J]. 岩土力学，2011，32（2）：547-552.

李国杰，程学旗. 大数据研究：未来科技及经济社会发展的重大战略领域——大数据的研究现状与科学思考 [J]. 中国科学院院刊，2012，27（6）：647-657.

李斌，杨斌，韦国虎，等. 碾压施工质量实时监控系统在南水北调工程中的应用 [J]. 南水北调与水利科技. 2012，10（2）：30-33.

李军. 基于土壤压实特性的振动压路机控制技术研究 [D]. 西安：西安理工大学，2012.

李鹏祖. 糯扎渡水电站施工可视化仿真及可视化仿真框架构建的初探 [D]. 天津：天津大学，2007.

李品钰，霍亮，宋继哲，等. 测量技术大坝三维监测报警信息系统研究与实现 [J]. 矿山测量，2020，48（2）：48-53.

李庆斌，林鹏，胡昱，等. 大体积混凝土实时在线个性化换热智能温度控制系统 CN201210298994.0 [P]. 2013-01-02.

李庆斌，林鹏. 论智能大坝 [J]. 水力发电学报，2014，33（1）：139-146.

李庆斌，马睿，胡昱，等. 大坝智能建造理论 [J]. 水力发电学报，2021：1-14.

李庆斌，马睿，朱贺，等. 拱坝横缝的张开温度及其应用 [J]. 水力发电学报，2019，38（9）：29-36.

李庆斌，石杰. 大坝建设4.0 [J]. 水力发电学报，2015，34（8）.

李庆斌，张兆省，刘天云，等. 土石材料振动压实模型综述 [J]. 人民黄河，2020，42（3）：105-111.

李士勇. 模糊控制·神经控制和智能控制论 [M]. 哈尔滨：哈尔滨工业大学出版社，1996.

李守巨，于申，孙振祥，等. 基于神经网络的堆石料本构模型参数反演 [J]. 计算机工程，2014，40（6）：267 – 271.

李向东，霍莉莉，刘艳娟. 三维技术与 BIM 在水利设计行业的应用现状与发展探索 [J]. 水利规划与设计，2017（10）：141 – 143.

李小帅，张乐. 乌东德水电站枢纽工程 BIM 设计与应用 [J]. 土木建筑工程信息技术，2017，9（1）：7 – 13.

李雅华. 大坝无线监测智能终端设计 [D]. 西安：西安科技大学，2014.

李永利，唐茂颖，段斌，等. 双江口水电站智能大坝系统建设探索 [J]. 人民长江，2018，49（S2）：124 – 127.

李院生. 土石坝技术的实践与创新 [Z]. 昆明：2018.

李玥，李松辉，张国新. 混凝土坝防裂智能监控系统及其工程应用 [J]. 水利水电技术，2016，47（2）：37 – 41，57.

李宗春，李广云. 我国大坝变形监测技术现状与进展 [J]. 测绘通报，2002（10）：19 – 21.

林鹏，宁泽宇，李明，等. 特高拱坝通水冷却管网智能联控原型试验研究 [J]. 水利学报，2021，52（7）：819 – 828.

林仪，何勇军. 综论大坝安全监控中的智能遥控技术 [J]. 水利水文自动化，2001（1）：1 – 4.

刘成栋，向衍，张士辰，等. 水库大坝安全智能巡检系统设计与实现 [J]. 中国水利，2018（20）：39 – 41.

刘东海，王爱国，柳育刚，等. 基于碾轮振动性态分析的土石坝压实质量实时监测与评估 [J]. 水利学报，2014，45（2）：163 – 170.

刘观标. 南瑞大坝安全监测智能分布式工程安全自动监测系统 [J]. 中国水利，2006（6）：67.

刘光廷，邱德隆. 含横缝碾压混凝土拱坝的变形和应力重分布 [J]. 清华大学学报（自然科学版），1996（1）：20 – 26.

刘家鑫，林彦松. CDM 智能工作站一种大坝安全监控系统模式 [J]. 大坝观测与土工测试，1988（2）：17 – 24.

刘建伟，刘媛，罗雄麟. 深度学习研究进展 [J]. 计算机应用研究，2014，31（7）：1921 – 1930.

刘金飞，王飞，谭尧升. 耦合多维约束的高拱坝施工进度仿真研究 [J]. 水力发电，2019，45（4）：70 – 73.

刘金琨. 智能控制. 第 3 版 [M]. 北京：电子工业出版社，2014.

刘丽萍，折学森. 土石混合料压实特性试验研究 [J]. 岩石力学与工程学报，2006（1）：206 – 210.

刘六宴，温丽萍. 混凝土坝型分类及特征分析 [J]. 水利建设与管理，2016，37

（11）：1-10.

刘琼，李能. 深度学习在大坝变形预测中的应用研究 [J]. 测绘与空间地理信息，2020，43（3）：201-203.

刘同萍，崔建波，张文君. 大坝渗流监测系统中电源智能控制子系统的设计与实现 [J]. 齐鲁工业大学学报，2014（4）：30-32.

刘小伟，谌文武，梁收运，等. 黄土压实的影响因素研究 [J]. 中国沙漠，2004（5）：141-145.

刘昕，王晓，张卫山，等. 平行数据：从大数据到数据智能 [J]. 模式识别与人工智能，2017，30（8）：673-681.

刘洋，杨静. 白鹤滩水电站特高拱坝智能通水冷却施工工艺及要点 [J]. 中国水利，2019（18）：50-52.

刘有志，张国新，谭尧升，等. 仿真大坝建设关键技术与实践应用 [J]. 清华大学学报（自然科学版），2021，61（7）：714-723.

刘智敏，林文介. 大坝变形监测自动化技术的最新发展 [J]. 桂林工学院学报，2000，20（1）：89-94.

卢纯. 开启我国能源体系重大变革和清洁可再生能源创新发展新时代——深刻理解碳达峰、碳中和目标的重大历史意义 [J]. 人民论坛·学术前沿，2021（14）：28-41.

卢吉，崔博，吴斌平，等. 龙开口大坝浇筑碾压施工质量实时监控系统设计与应用 [J]. 水力发电，2013，39（2）：53-56.

陆华. 浅谈水利工程造价管理的智能化发展 [J]. 陕西水利，2020（3）：137-138.

罗淋耀，杨一帆，巫宇涵. 大体积混凝土的智能通水系统研究 [J]. 科学技术创新，2020（11）：118-119.

吕铁，韩娜. 智能制造：全球趋势与中国战略 [J]. 人民论坛·学术前沿，2015（11）：6-17.

吕砚山，赵正琦. BP 神经网络的优化及应用研究 [J]. 北京化工大学学报（自然科学版），2001，28（1）：67-69.

马洪琪，钟登华，张宗亮，等. 重大水利水电工程施工实时控制关键技术及其工程应用 [J]. 中国工程科学，2011，13（12）：20-27.

马洪琪，钟登华，张宗亮，等. 重大水利水电工程施工实时控制关键技术及其工程应用 [J]. 中国工程科学，2011.

马洪琪. 小湾水电站枢纽工程特点及关键技术 [J]. 云南水力发电，2002（1）：7-9.

马景山. 小湾水电厂安全管理信息化实践 [J]. 现代职业安全，2015（9）：60-63.

马睿，张庆龙，胡昱，等. 混凝土拱坝温度应力与横缝性态智能控制方法 [J].
　　水力发电学报，2021，40（8）：100－111.

马松林，王龙，王哲人. 土石混合料室内振动压实研究 [J]. 中国公路学报，
　　2001，14（1）：5－8.

马学良. 振荡压路机压实动力学及压实过程控制关键技术的研究 [D]. 西安：
　　长安大学，2009.

马艳艳. 全球定位系统（GPS）技术在水利工程中的应用 [J]. 山东水利，2009
　　（Z2）：15－17.

马永法. 水工混凝土结构裂缝成因分析及其危害性评价 [D]. 扬州：扬州大
　　学，2013.

毛良明，沈省三，肖美蓉. 物联网时代来临大坝安全监测技术的未来思考 [J].
　　大坝与安全，2011（1）：11－13.

梅杰，李庆斌，陈文夫，等. 基于目标检测模型的混凝土坯层覆盖间歇时间超时
　　预警 [J]. 清华大学学报（自然科学版），2021，61（7）：688－693.

美国内务部垦务局. 混凝土坝的冷却 [M]. 北京：水利电力出版社，1958.

孟庆春，齐勇，张淑军，等. 智能机器人及其发展 [J]. 中国海洋大学学报（自
　　然科学版），2004（5）：831－838.

孟小峰，慈祥. 大数据管理：概念、技术与挑战 [J]. 计算机研究与发展，2013，
　　50（1）：146－169.

南兵章. 路基填料室内振动压实及沉降变形研究 [D]. 西安：长安大学，2014.

宁志新，何鹏. 传感器在大坝安全监测中的发展与应用 [J]. 传感器世界，2004，
　　10（6）：21－24.

欧阳步云. 分布式光纤传感技术在智能大坝安全监测中的应用研究 [J]. 科技创
　　新与应用，2016（6）：6－7.

庞靖鹏. 关于推进"互联网＋水利"的思考 [J]. 中国水利，2016（5）：6－8.

庞康. 宽级配砾质土压实性和渗透性研究 [D]. 北京：北京交通大学，2015.

庞琼，王士军，倪小荣，等. 世界已建高坝大库统计分析 [J]. 水利水电科技进
　　展，2012，32（6）：34－37.

庞文台，范志永，王文彬，等. 基于 IOT 模式建设水库大坝智能安全监测信息
　　系统研究 [J]. 内蒙古水利，2017（9）：7－10.

彭虹. 混凝土坝应力应变监测仪器的应用研究 [J]. 水电能源科学，2014，32
　　（9）：178－182.

戚德虎，康继昌. BP 神经网络的设计 [J]. 计算机工程与设计，1998（2）：
　　47－49.

钱学森，宋健，等. 工程控制论 [M]. 戴汝为，等，译. 北京：科学出版

社，1958.

乔静. 基于 ZIGBEE 的大坝安全监测系统设计 [D]. 大连：大连理工大学，2012.

郄志红. 大坝安全监测资料正反分析的智能软计算方法及其应用 [D]. 天津：天津大学，2005.

瞿伟廉，吕明云. 三峡大坝升船机地震鞭梢效应的智能控制 [J]. 华中科技大学学报（城市科学版），2002，19（1）：27-32，38.

汝乃华，牛运光. 土石坝的事故统计和分析 [J]. 大坝与安全，2001（1）：31-37.

上官军胜. 智能控制技术 [J]. 经营管理者，2010（8X）：1.

沈培辉，林述温. 智能振动压实系统的整体动力学耦合分析 [J]. 中国机械工程，2008（20）：2395-2399.

沈乔楠，安雪晖，于玉贞. 基于视觉信息的堆石质量评价 [J]. 清华大学学报（自然科学版），2013，53（1）：48-52.

盛俭，刘丹，杨泓渊，等. 智能无线大坝水位监测仪的设计 [J]. 东北水利水电，2009，27（11）：6-7.

石春先. 以规划为引领强力推动"十四五"水利高质量发展 [J]. 水利发展研究，2021，21（7）：6-8.

石晓杰，普新友. 智能通水在乌东德大坝混凝土温控中的应用 [J]. 建设监理，2020（2）：79-84.

水利部印发水利业务需求分析报告、智慧水利指导意见和总体方案 [J]. 水利信息化，2019（4）：40.

司红云，曹邱林，郑东健. 基于神经网络的大坝参数反演法 [J]. 水利与建筑工程学报，2003（4）：22-23.

宋健. 工程控制论 [J]. 系统工程理论与实践，1985（2）：1-4.

宋玉波，巩维屏. 智能采集系统在察尔森水库大坝渗流监测中的应用 [J]. 东北水利水电，2011，29（10）：60-61.

宋志宇. 基于智能计算的大坝安全监测方法研究 [D]. 大连：大连理工大学，2007.

苏怀智，顾冲时，吴中如. 综论人工智能技术在大坝安全监控中的应用 [J]. 大坝观测与土工测试，2000，24（3）：7-9.

苏怀智，吴中如，戴会超. 初探大坝安全智能融合监控体系 [J]. 水力发电学报，2005，24（1）：122-126，52.

苏怀智. 大坝安全监控感智融合理论和方法及应用研究 [D]. 南京：河海大学，2002.

孙宏涛. 智能控制及其工程应用［D］. 北京：北京工业大学，2000.

孙其博，刘杰，黎羴，等. 物联网：概念、架构与关键技术研究综述［J］. 北京邮电大学学报，2010，33（3）：1-9.

孙少楠，张慧君. BIM 技术在水利工程中的应用研究［J］. 工程管理学报，2016，30（2）：103-108.

孙业志. 振动场中散体的动力效应与分形特征研究［J］. 岩石力学与工程学报，2003，22（1）：44.

孙玉红，雷永久. Microsoft Project 项目管理软件在水利工程建设管理中的应用［J］. 黑龙江水利科技，2014，42（7）：209-210.

孙志久，朱福星，刘远财，等. 多源信息融合的大坝安全智能诊断关键技术与系统实现［J］. 水电能源科学，2020，38（11）：85-89.

谭界雄，李星，杨光，等. 新时期我国水库大坝安全管理若干思考［J］. 水利水电快报，2020，41（1）：55-61.

谭恺炎，陈军琪，马金刚. 大体积混凝土冷却通水数据自动化采集系统研制与应用［Z］. 杭州：2012292-295.

谭尧升，樊启祥，汪志林，等. 白鹤滩特高拱坝智能建造技术与应用实践［J］. 清华大学学报（自然科学版），2021，61（7）：694-704.

唐海涛，王国光，张业星，等. 水电工程混凝土监控系统研究与应用［J］. 大坝与安全，2019（4）：53-57.

唐世斌. 混凝土温湿型裂缝开裂过程细观数值模型研究［D］. 大连：大连理工大学，2009.

陶丛丛，胡波，马文锋. 碾压式土石坝施工质量实时监控系统设计［J］. 水电与抽水蓄能，2017，3（6）：40-43.

陶飞，刘蔚然，刘检华，等. 数字孪生及其应用探索［J］. 计算机集成制造系统，2018.

陶飞，张萌，程江峰，等. 数字孪生车间——一种未来车间运行新模式［J］. 计算机集成制造系统，2017，23（1）：1-9.

滕云楠. 若干振动机械系统的振动摩擦动力学特性及实验研究［D］. 沈阳：东北大学，2011.

田学成. 水利工程项目施工成本控制与管理优化研究［J］. 珠江水运，2014（6）：57-59.

田育功. 大坝与水工混凝土关键核心技术综述［J］. 华北水利水电大学学报（自然科学版），2018，39（5）：23-30，52.

涂建维，瞿伟廉，陈静，等. 大坝升船机地震鞭梢效应智能控制的振动台试验［J］. 建筑结构学报，2007（4）：44-50.

王爱玲，邓正刚. 我国超级高坝的发展与挑战 [J]. 水力发电，2015，41（2）：45-47.

王德厚. 水利水电工程安全监测理论与实践 [M]. 武汉：长江出版社，2007.

王飞，刘金飞，尹习双，等. 高拱坝智能进度仿真理论与关键技术 [J]. 清华大学学报（自然科学版），2021，61（7）：756-767.

王飞跃. 基于 ACP 方法的平行计算：从分而治之到扩而治之 [J]. 软件和集成电路，2019（9）：30-31.

王飞跃. 平行控制与数字孪生：经典控制理论的回顾与重铸 [J]. 智能科学与技术学报，2020，2（3）：293-300.

王飞跃. 平行系统方法与复杂系统的管理和控制 [J]. 控制与决策，2004，19（5）：485-489.

王峰，周宜红，赵春菊，等. 基于混合粒子群算法的特高拱坝不同材料热学参数反演分析 [J]. 清华大学学报（自然科学版），2021，61（7）：747-755.

王浩. 振动压实理论及其参数 [J]. 建筑机械，1985（1）：16-19.

王吉平. 基于 GPRS 的工程机械远程监控系统 [D]. 西安：长安大学，2008.

王建. 大坝安全监控集成智能专家系统关键技术研究 [D]. 南京：河海大学，2002.

王建江，陆述远. 碾压混凝土浇筑层的温度计算 [J]. 武汉水利电力大学学报，1996（1）：35-40.

王磊，陈运明，刘孝明，等. 基于压路机的车载式路基压实度无损检测技术研究 [J]. 施工技术，2013，42（5）：82-85.

王莉. 基于地面振动信号对振动压实频率的研究 [D]. 西安：长安大学，2009.

王龙宝，赵杰. 基于物联网的水利施工机械远程智能监控系统研究 [J]. 水利经济，2012，30（1）：31-35.

王庆林. 经典控制理论的发展过程 [J]. 自动化博览，1996（5）：22-25.

王泉，杨晓晓，王超，等. 3 种大坝安全监控智能模型的比较 [J]. 大坝与安全，2014（6）：44-47.

王瑞英，朱等民，郭炎椿. 智能灌浆技术在乌东德水电站帷幕灌浆中的应用 [J]. 人民长江，2020，51（S2）：200-202.

王少伟，顾冲时，包腾飞. 基于 MSC. Marc 的高混凝土坝非线性时效变形量化的程序实现 [J]. 中国科学：技术科学，2018（4）：12.

王顺晃，舒迪前. 智能控制系统及其应用 [M]. 北京：机械工业出版社，2005.

王喜文. 工业 4.0、互联网＋、中国制造 2025 中国制造业转型升级的未来方向 [J]. 国家治理，2015（23）：8.

王永，史存林，张千里，等. 铁路路基填料最优振动压实模式判断准则研究

[J]. 铁道建筑, 2018, 58 (4): 95-97.

王永庆. 人工智能原理与方法 [M]. 西安: 西安交通大学出版社, 1998.

王玉璟. 空间插值算法的研究及其在空气质量监测中的应用 [D]. 开封: 河南大学, 2010.

王长生, 马福恒, 何心望, 等. 基于物联网的燕山水库大坝智能巡检系统 [J]. 水利水运工程学报, 2014 (2): 48-53.

王志军, 宋士学, 蒋裕丰, 等. 机器学习算法在大坝安全监控系统中的集成方法 [J]. 水电自动化与大坝监测, 2008 (3): 53-55.

危辉, 潘云鹤. 从知识表示到表示: 人工智能认识论上的进步 [J]. 计算机研究与发展, 2000 (7): 819-825.

魏龄, 邵建龙, 周敏, 等. 大坝浸润线智能监测分析系统 [J]. 水利水电技术, 2014, 45 (4): 134-136.

魏万山, 孙德炳, 张学昊. 白鹤滩拱坝横缝接缝灌浆施工工艺 [J]. 中国水利, 2019 (18): 39-41.

魏永强, 宋子龙, 王祥. 基于物联网模式的水库大坝安全监测智能机系统设计 [J]. 水利水电技术, 2015, 46 (10): 38-42.

文伏波. 葛洲坝枢纽工程简介 [J]. 水力发电, 1984 (12): 18-20.

吴爱祥, 古德生. 振动作用下散体内外摩擦特性的研究 [J]. 中南矿冶学院学报, 1993 (4): 459-465.

吴浩, 王乾坤, 陈沁, 等. 基于GPS/GIS集成大坝碾压施工监控平台研究 [J]. 武汉理工大学学报, 2009, 31 (15): 45-48.

吴楠. 浅谈数字大岗山的建设与实践 [J]. 四川水力发电, 2019, 38 (2): 97-99.

吴泉源, 刘江宁. 人工智能与专家系统 [M]. 长沙: 国防科技大学出版社, 1995.

吴彤. 自组织方法论研究 [M]. 北京: 清华大学出版社, 2001.

吴中如, 顾冲时, 胡群革, 等. 综论大坝安全综合评价专家系统 [J]. 水电能源科学, 2000, 018 (2): 1-5.

吴中如. 水工建筑物安全监控理论及其应用 [M]. 北京: 高等教育出版社, 2003.

吴忠明. 基于ADAM模块和组态王的水库大坝智能监控系统设计 [J]. 科技风, 2010 (5): 210.

夏劲, 郭红卫. 国内外城市智能交通系统的发展概况与趋势及其启示 [J]. 科技进步与对策, 2003, 20 (1): 176-179.

夏润海, 王开颜. 机器学习与智能决策支持系统 [J]. 潍坊学院学报, 2003 (2): 57-59.

向弘，杨梅，郑爱武，等. 数字黄登·大坝施工管理信息化系统的研发与应用
［C］//水电可持续发展与碾压混凝土坝建设的技术进展：中国大坝协会 2015
学术年会论文集，2015：70 - 77.

徐宝善，许天锁，蒲金文. 三峡工程三期碾压混凝土围堰快速施工与数字化现场
全过程监理［Z］. 百色：2003118 - 126.

徐光辉. 路基系统形成过程动态监控技术［D］. 成都：西南交通大学，2005.

徐建江，陈文夫，谭尧升，等. 特高拱坝混凝土运输智能化关键技术与应用
［J］. 清华大学学报（自然科学版），2021，61（7）：768 - 776.

徐建荣，何明杰，张伟狄，等. 白鹤滩水电站特高拱坝设计关键技术研究［J］.
中国水利，2019（18）：36 - 38.

徐玉杰. 土石坝施工质量控制技术［M］. 郑州：黄河水利出版社，2008.

徐志娅. ABB 智能火焰检测系统在大坝发电有限责任公司的应用［J］. 宁夏电
力，2007（6）：56 - 57.

薛宏涛，叶媛媛，沈林成，等. 多智能体系统体系结构及协调机制研究综述
［J］. 机器人，2001（1）：85 - 90.

薛荣辉. 智能控制理论及应用综述［J］. 现代信息科技，2019，3（22）：
176 - 178.

闫滨. 大坝安全监控及评价的智能神经网络模型研究［D］. 大连：大连理工大
学，2006.

闫浩，张吉雄，张升，等. 散体充填材料压实力学特性的宏细观研究［J］. 煤炭
学报，2017，42（2）：413 - 420.

严世榕，闻邦椿. 考虑塑性变形的振动压路机非线性动力学仿真［J］. 筑路机械
与施工机械化，1999（4）：13 - 16.

颜东福. 连续压实过程控制系统在涔天河水库扩建工程堆石坝填筑中的运用
［J］. 湖南水利水电，2015（4）：30 - 32.

杨斌. 高填方渠道填筑碾压质量实时监控与压实度预测模型研究［D］. 天津：
天津大学，2012.

杨东来. 振荡轮与热沥青混合料相互作用动力学过程的研究［D］. 西安：长安
大学，2005.

杨杰，方俊，胡德秀，等. 偏最小二乘法回归在水利工程安全监测中的应用
［J］. 农业工程学报，2007，23（3）：136 - 140.

杨杰，吴中如，顾冲时. 大坝变形监测的 BP 网络模型与预报研究［J］. 西安理
工大学学报，2001（1）：25 - 29.

杨敏威，张雄. 火溪河和涪江上游梯级电站大坝群监测智能系统［J］. 水电与新
能源，2014（3）：62 - 63.

杨宁，李静，周绍武，等. 高拱坝混凝土振捣智能控制技术研究与应用 [J]. 中国农村水利水电，2018 (8)：176-178.

杨宁，刘毅，乔雨，等. 大体积混凝土仓面智能喷雾控制模型 [J]. 清华大学学报（自然科学版），2021，61 (7)：724-729.

杨善林，倪志伟. 机器学习与智能决策支持系统 [M]. 北京：科学出版社，2004.

杨忠加，周宜红，胡超，等. 基于高拱坝坝体生长特征的缆机调度仿真研究 [J]. 水电能源科学，2018，36 (5)：158-162.

姚於康. 国外设施农业智能化发展现状、基本经验及其借鉴 [J]. 江苏农业科学，2011 (1)：3-5.

佚名. "混凝土生产输送计算机综合监控系统"的应用 [J]. 中国三峡，2000 (11)：40-42.

佚名. 《智慧水利总体方案》及《水利业务需求分析报告》通过水利部审查 [J]. 水利技术监督，2019 (4)：268.

尹炳栋. 石油化工智能化生产技术及其应用 [J]. 工业，2016 (7)：287.

于子忠，黄增刚. 智能压实过程控制系统在水利水电工程中的试验性应用研究 [J]. 水利水电技术，2012，43 (12)：44-47.

于子忠. 智能过程控制技术在大坝填筑中的应用 [J]. 中国水利，2015 (20)：70-72.

余功栓. 人工智能技术在大坝安全分析中的应用 [D]. 杭州：浙江大学，2004.

余小戈，王晓旭，林钧岫，等. 智能现场仪表在水库大坝自动化系统中应用 [J]. 大连理工大学学报，2002 (2)：138-143.

余洋，崔博，周龙. 碾压施工质量实时监控系统在南水北调中线工程（新郑南段）的应用 [J]. 水利水电技术，2013，44 (11)：73-75.

袁亚湘，孙文瑜. 最优化理论与方法 [M]. 北京：科学出版社，1997.

袁勇，王飞跃. 区块链技术发展现状与展望 [J]. 自动化学报，2016，42 (4)：481-494.

张本秋，王淼，张学宝. 碾压式土石坝施工的质量控制要点 [J]. 水利科技与经济，2007，13 (7)：512.

张超然，樊启祥. 特高拱坝智能化建设技术创新和实践：300m 级溪洛渡拱坝智能化建设 [M]. 北京：清华大学出版社，2019.

张楚汉，王光纶，金峰. 水工建筑物 [M]. 北京：清华大学出版社，2011.

张国辉，卢学岩. 碾压式土石坝压实质量控制中若干问题的浅析 [J]. 吉林水利，2008 (10)：5-8.

张国新，李松辉，刘毅，等. 大体积混凝土防裂智能监控系统 [J]. 水利水电科技进展，2015，35 (5)：83-88.

张国新，刘毅，李松辉，等."九三一"温度控制模式的研究与实践［J］.水力发电学报，2014，33（2）：179-184.

张国新，刘毅，李松辉，等.混凝土坝温控防裂智能监控系统及其工程应用［J］.水利水电技术，2014，45（1）：96-102.

张国新，刘毅，刘有志，等.高混凝土坝温控防裂研究进展［J］.水利学报，2018，49（9）：1068-1078.

张国新，刘有志，刘毅.特高拱坝温度控制与防裂研究进展［J］.水利学报，2016，47（3）：382-389.

张建平.BIM在工程施工中的应用［J］.中国建设信息，2012（20）：18-21.

张建云，杨正华，蒋金平.我国水库大坝病险及溃决规律分析［J］.中国科学（技术科学），2017，47（12）：1313-1320.

张磊，张国新，刘毅，等.数字黄登大坝混凝土温控智能监控系统的开发和应用［J］.水利水电技术，2019，50（6）：108-114.

张磊，张国新.SAPTIS：结构多场仿真与非线性分析软件开发及应用（之三）［J］.水利水电技术，2014，45（1）：52-55.

张娜.大坝安全三维动态全视景智能管理方法研究［D］.哈尔滨：哈尔滨工程大学，2019.

张青哲.土基振动压实系统模型与参数研究［D］.西安：长安大学，2010.

张庆龙，安再展，刘天云，等.土石坝压实的智能控制理论［J］.水力发电学报，2020，39（7）：34-40.

张庆龙，刘天云，李庆斌，等.基于闭环反馈控制和RTK-GPS的自动碾压系统［J］.水力发电学报，2018，37（5）：151-160.

张庆龙，马睿，胡昱，等.大体积混凝土结构温度应力智能控制理论［J］.水力发电学报，2021，40（5）：11-21.

张曙.工业4.0和智能制造［J］.机械设计与制造工程，2014，43（8）：5.

张勇.溪洛渡水电站三维施工总布置设计研究［J］.水电站设计，2002（4）：61-68.

赵红霞，李峰.水利工程施工质量的影响因素及控制措施［J］.河南水利与南水北调，2013（24）：42-43.

赵明华，曾广冼，刘江波.填石料的振动压实变形特性及压实机理试验研究［J］.铁道科学与工程学报，2006（4）：41-45.

赵志仁，徐锐.国内外大坝安全监测技术发展现状与展望［J］.水电自动化与大坝监测，2010，34（5）：52-57.

郑森，顾冲时，邵晨飞.基于图像处理技术的大坝监测数据粗差识别［J］.南水北调与水利科技（中英文），2020，18（5）：123-129.

郑守仁. 三峡大坝混凝土设计及温控防裂技术突破 [J]. 水利水电科技进展，2009，29（5）：46 - 53.

郑书河，林述温. 模式可调智能振动压路机动力学特性的建模与仿真 [J]. 福建农林大学学报（自然科学版），2011，40（6）：657 - 663.

郑云涛. 智能大坝安全监测中分布式光纤传感技术的应用分析 [J]. 智能城市，2018，4（2）：164 - 165.

郑子祥，张秀丽. 土石坝事故与预防 [J]. 大坝与安全，2019（3）：1 - 6.

中华人民共和国住房和城乡建设部，中华人民共和国国家发展和改革委员会，中华人民共和国科学技术部，等. 住房和城乡建设部等部门关于推动智能建造与建筑工业化协同发展的指导意见 [J]. 江苏建材，2020（5）：1 - 3.

钟登华，关涛，任炳昱. 基于改进重抽样法的高拱坝施工进度仿真研究 [J]. 水利学报，2016，47（4）：473 - 482.

钟登华，刘东海，郑家祥. 基于 GIS 的混凝土坝施工三维动态可视化仿真研究 [J]. 系统工程理论与实践，2003（5）：125 - 130.

钟登华，刘宁，崔博. 基于数字监控的高心墙堆石坝施工场内交通仿真研究 [J]. 水力发电学报，2012，31（6）：223 - 230.

钟登华，任炳昱，宋文帅，等. 高拱坝建设进度与质量智能控制关键技术及其应用研究 [J]. 水利水电技术，2019，50（8）：8 - 17.

钟登华，时梦楠，崔博，等. 大坝智能建设研究进展 [J]. 水利学报，2019，50（1）：38 - 52.

钟登华，王飞，吴斌平，等. 从数字大坝到智慧大坝 [J]. 水力发电学报，2015，34（10）：1 - 13.

钟登华，刘东海，郑家祥. 基于 GIS 的水电工程施工动态可视化仿真方法及其应用 [J]. 水利学报，2003，34（7）：101 - 106.

钟桂良，徐建江，乔雨，等. 混凝土振捣质量智能监控关键技术研究与应用 [J]. 水利水电技术，2020，51（S2）：422 - 426.

周昌雄，周传磷. 优化振动压路机工作参数 [J]. 筑路机械与施工机械化，2000（3）：3 - 5.

周丹. 无线传感网络在大坝安全监测中的应用研究 [D]. 武汉：武汉理工大学，2008.

周浩. 水泥稳定碎石材料振动压实效应研究 [D]. 西安：长安大学，2013.

周厚贵，舒光胜. 三峡工程大坝后期冷却通水最佳结束时机研究 [J]. 河海大学学报（自然科学版），2002，30（2）：101 - 104.

周厚贵. PERT 网络软件的工程应用与展望 [J]. 施工企业管理，1995（7）：39 - 40.

周建平，杜效鹄，周兴波．"十四五"水电开发形势分析、预测与对策措施［J］．水电与抽水蓄能，2021，7（1）：1-5．

周建平，王浩，陈祖煜，等．特高坝及其梯级水库群设计安全标准研究Ⅰ：理论基础和等级标准［J］．水利学报，2015，46（5）：505-514．

周绍武，林鹏，李庆斌，等．大坝移动式实时多点温度采集装置CN201210299661．X［P］．2012-12-19．

周伟，常晓林，解凌飞，等．模拟高拱坝施工期横缝工作性态的接触-接缝复合单元［J］．岩石力学与工程学报，2006，25（z2）：3809-3815．

周耀．三峡大坝升船机地震智能控制及螺栓节点刚度研究［D］．武汉：武汉理工大学，2004．

朱伯芳，吴龙珅，杨萍，等．混凝土坝后期水管冷却的规划［J］．水利水电技术，2008（7）：27-31．

朱伯芳，吴龙珅，张国新，等．混凝土坝初期水管冷却方式研究［J］．水力发电，2010，36（3）：31-35．

朱伯芳，许平．碾压混凝土重力坝的温度应力与温度控制［Z］．百色：2003173-179．

朱伯芳，张国新，贾金生，等．混凝土坝的数字监控——提高大坝监控水平的新途径［J］．水力发电学报，2009，28（1）：130-136．

朱伯芳．不稳定温度场数值分析的分区异步长解法［J］．水利学报，1995（8）：46-52．

朱伯芳．大体积混凝土温度应力与温度控制［M］．北京：中国电力出版社，1999．

朱伯芳．混凝土坝的数字监控［J］．水利水电技术，2008（2）：15-18．

朱伯芳．重力坝的劈头裂缝［J］．水力发电学报，1997（4）：86-94．

朱伯芳，许平．加强混凝土坝面保护尽快结束"无坝不裂"的历史［J］．水力发电，2004（3）：25-28．

朱进烽，徐思琛，徐刚．基于智能识别技术的大坝监测传感器［J］．大坝与安全，2013（1）：21-24．

朱振泱，张国新，刘毅，等．智能喷雾技术研发［Z］．郑州：2018．

诸静．模糊控制原理与应用及其现状［J］．电工技术杂志，1993（3）：18-22．

庄存波，刘检华，熊辉，等．产品数字孪生体的内涵、体系结构及其发展趋势［J］．计算机集成制造系统，2017，23（4）：753-768．

左正，胡昱，段云岭，等．考虑双层异质水管的大体积混凝土施工期温度场仿真［J］．清华大学学报（自然科学版），2012，52（2）：186-189，228．

左正，胡昱，李庆斌，等．大体积混凝土温度应力耦合直观化仿真计算系统［J］．计算力学学报，2013，30（S1）：1-6．

左正，胡昱，李庆斌. 含水管混凝土温度场分析方法进展 [J]. 水力发电学报，2018，37（7）：74 - 90.

AHMADI S H，SEDGHAMIZ A. Application and evaluation of kriging and cokriging methods on groundwater depth mapping [J]. Environ Monit Assess，2008，138（1 - 3）：357 - 368.

ALEXANDER S. Creep，shrinkage and cracking of restrained concrete at early age 7 [Z]. London：The Concrete Society，2006：40，38.

ALEXM. MEYSTEL，JAMESS. ALBUS. Intelligent systems ：architecture，design，and control [M]. Beijing：Publishing House of Electronics Industry，2003.

AL - MANASEER A，ZAYED R. Tensile Creep of Concrete at Early Age [J]. ACI materials journal，2018，115（5）.

AM ANDREW. Level Set Methods and Fast Marching Methods：Evolving Interfaces in Computational Geometry，Fluid Mechanics，Computer Vision，and Materials Science（2nd edition）[J]. Kybernetes，2000，29（2）：239 - 248.

AN Z，LIU T，ZHANG Z，et al. Dynamic optimization of compaction process for rockfill materials [J]. Automation in Construction，2020，110：103038.

ANDEREGG R，KAUFMANN K. Intelligent Compaction with Vibratory Rollers：Feedback Control Systems in Automatic Compaction and Compaction Control [J]. Transportation Research Record Journal of the Transportation Research Board，2004，1868：124 - 134.

ATTIOGBE E K，Weiss W J，See H T. A look at the stress rate versus time of cracking relationship observed in the restrained ring test [C] // First International Rilem Symposium on Advances in Concrete Through Science and Engineering，Evanston，Illinois：RILEM Publications SARL，2004.

AZHAR S. Building Information Modeling（BIM）：Trends，Benefits，Risks，and Challenges for the AEC Industry [J]. Leadership and Management in Engineering，2011，11（3）：241 - 252.

BARR B，HOSEINIAN S B，BEYGI M A. Shrinkage of concrete stored in natural environments [J]. Cement & concrete composites，2003，25（1）：19 - 29.

BARRETT P R，FOADIAN H，JAMES R J，et al. Thermal - Structural Analysis Methods for RCC Dams [C] // Roller Compacted Concrete III. ASCE，2015.

BEAINY F，COMMURI S，ZAMAN M，et al. Viscoelastic - Plastic Model of Asphalt - Roller Interaction [J]. International journal of geomechanics，2013，

13 (5): 581 - 594.

BJØNTEGAARD Ø, SELLEVOLD E J. The temperature - stress testing machine (TSTM): capabilities and limitations [C] // First International Rilem Symposium on Advances in Concrete Through Science and Engineering, Evanston, Illinois: RILEM Publications SARL, 2004.

BOND L J, KEPLER W F, DAN M F. Improved assessment of mass concrete dams using acoustic travel time tomography. Part I — theory - ScienceDirect [J]. Construction & Building Materials, 2000, 14 (3): 133 - 146.

BRIFFAUT M, BENBOUDJEMA F, TORRENTI J M, et al. Numerical analysis of the thermal active restrained shrinkage ring test to study the early age behavior of massive concrete structures [J]. Engineering Structures, 2011, 33 (4): 1390 - 1401.

BRYDE D, BROQUETAS M, VOLM J M. The project benefits of Building Information Modelling (BIM) [J]. International journal of project management, 2013, 31 (7): 971 - 980.

CHEN BEI Y X D F. Compaction Quality Evaluation of Asphalt Pavement Based on Intelligent Compaction Technology [J]. Journal of Construction Engineering and Management, 2021.

CHINI A R, MUSZYNSKI L C, ACQUAYE L, et al. Determination of the Maximum Placement and Curing Temperatures in Mass Concrete to Avoid Durability Problems and Def [J]. Chemical Properties, 2003.

CHOUBANE B, TIA M. Analysis and Verification of Thermal - Gradient Effects on Concrete Pavement [J]. Journal of transportation engineering, 1995, 121 (1): 75 - 81.

CHUCKEASTMAN. BIM handbook : a guide to building information modeling for owners, managers, designers, engineer [M]. Wiley, 2011.

COIT D W. Genetic Algorithms and Engineering Design [Z]. Taylor & Francis Group, 1998: 43, 379 - 381.

COMMURI, SESH, MAI, et al. Calibration Procedures for the Intelligent Asphalt Compaction Analyzer [J]. Journal of Testing & Evaluation, 2009.

DARQUENNES A, STAQUET S, Delplancke - Ogletree M, et al. Effect of autogenous deformation on the cracking risk of slag cement concretes [J]. Cement & concrete composites, 2011, 33 (3): 368 - 379.

DE GOLDBERG. Genetic Algorithms In Search, Optimization, and Machine Learning [J]. Ethnographic Praxis in Industry Conference Proceedings, 1988,

9 (2).

DEB K, PRATAP A, AGARWAL S, et al. A fast and elitist multiobjective genetic algorithm: NSGA – II [J]. IEEE transactions on evolutionary computation, 2002, 6 (2): 182 – 197.

DENIES N, CANOU J, ROUX J N, et al. Vibrocompaction properties of dry sand [J]. Canadian geotechnical journal, 2014, 51 (4): 409 – 419.

ERMOLAEV N N, SENIN N V. Shear strength of soil in the presence of vibrations [J]. Soil mechanics and foundation engineering, 1968, 5 (1): 15 –18.

FEI K, LIU H L. Secondary development of ABAQUS and its application to static and dynamic analyses of earth – rockfill dam [J]. Rock and Soil Mechanics, 2010, 31 (3): 881 – 890.

FU K. Learning control systems and intelligent control systems: An intersection of artifical intelligence and automatic control [J]. IEEE transactions on automatic control, 1971, 16 (1): 70 – 72.

FULLER A T. Optimization of Non – linear Control Systems with Random Inputs? [J]. International Journal of Electronics, 1960, 9 (1): 65 – 80.

Gallant S I . Neural Network Learning and Expert System [M]. The MIT Press Cambridge, Massachusetts, 1993.

GALLIVAN V L , CHANG G K , XU Q , et al. Validation of Intelligent Compaction Measurement Systems for Practical Implementation [C] // Transportation Research Board Meeting. 2011.

GIUNTA M, ANGELA PISANO A. One – Dimensional Visco – Elastoplastic Constitutive Model for Asphalt Concrete [J]. Multidiscipline modeling in materials and structures, 2006, 2 (2): 247 – 264.

GLOVER F. Future paths for integer programming and links to artificial intelligence [J]. Computers & Operations Research, 1986, 13 (5): 533 – 549.

GRAHAM W. Control operations in advanced aerospace systems [J]. IEEE Control Systems Magazine, 1987, 7 (1): 3 – 8.

HANDY R L. From practice to theory in soil compaction [J]. Coarse Grained Soils, 1900 (5082): 77 – 79.

IGARASHI S, BENTUR A, KOVLER K. Autogenous shrinkage and induced restraining stresses in high – strength concretes [J]. Cement and concrete research, 2000, 30 (11): 1701 – 1707.

ISHIKAWA M. Thermal stress analysis of a concrete dam [J]. Computers & Structures, 1991, 40 (2): 347 – 352.

JIANG Y, YIN S, Li K, et al. Industrial applications of digital twins [J]. Philosophical transactions of the Royal Society of London. Series A: Mathematical, physical, and engineering sciences, 2021, 379 (2207): 20200360.

KASSEM E, LIU W, SCULLION T, et al. Development of compaction monitoring system for asphalt pavements [J]. Construction & building materials, 2015, 96: 334 – 345.

KELLER E G. Resonance theory of series non – linear control circuits [J]. Journal of the Franklin Institute, 2008, 225 (5): 561 – 577.

KHILOBOK V G, KOVALENKO V I. Effect of different factors on the validity of determinations made for the compactability characteristics of cohesive soils [J]. Soil Mechanics and Foundation Engineering, 1977, 14 (6): 388 –392.

KIM J K, KIM K H, YANG J K. Thermal analysis of hydration heat in concrete structures with pipe – cooling system [J]. Computers & structures, 2001, 79 (2): 163 – 171.

KLAUSEN A E, KANSTAD T, BJØNTEGAARD Ø, et al. Updated Temperature – Stress Testing Machine (TSTM): Introductory Tests, Calculations, Verification, and Investigation of Variable Fly Ash Content [C] // 10th International Conference on Mechanics and Physics of Creep, Shrinkage, and Durability of Concrete and Concrete Structures, CONCREEP 2015, Vienna, Austria: American Society of Civil Engineers (ASCE), 2015.

KOENDERS E. A mini – TSTM for measuring paste deformations at early ages [C] // International Rilem Conference Onchanges of Hardening Concrete: Testing & Mitigation. 2006.

KOHARA K. 34 – Neural Networks for Economic Forecasting Problems [J]. Expert Systems, 2002: 1175 – 1197.

LARSSON, S., NORDFELT, et al. Soil compaction by vibratory roller with variable frequency [J]. Geotechnique, 2017.

LASALLE J P, LEONDES C T. Advances in Control Systems, Theory and Applications [J]. Mathematics of Computation, 1966, 20 (93): 186.

LEE E A. Cyber Physical Systems: Design Challenges [C] // 2008 11th IEEE International Symposium on Object and Component – Oriented Real – Time Distributed Computing (ISORC). IEEE, 2008.

LIGTENBERG A, WACHOWICZ M, BREGT A K, et al. A design and application of a multi – agent system for simulation of multi – actor spatial planning

［J］. J Environ Manage, 2004, 72 (1 - 2): 43 - 55.

LITTLE E W R. Instruments for process control ［J］. Journal of scientific instruments, 1966, 43 (8): 498 - 499.

LIU D, LI Z, LIAN Z. Compaction quality assessment of earth - rock dam materials using roller - integrated compaction monitoring technology ［J］. Automation in Construction, 2014, 44 (aug.): 234 - 246.

LIU D, MIN L, SHUAI L. Real - Time Quality Monitoring and Control of Highway Compaction ［J］. Automation in Construction, 2016, 62: 114 - 123.

Logenthiran T, Srinivasan D, Khambadkone A M, et al. Multiagent System for Real - Time Operation of a Microgrid in Real - Time Digital Simulator ［J］. IEEE Transactions On Smart Grid, 2012, 3 (2): 925 - 933.

MA B G, ZHANG P J, XU C J, et al. Analysis of Hydration Heat and Crack - resistance of High Micro - slag in Mass Concrete ［J］. Journal of Wuhan University of Technology, 2003.

MANGOLD M. Methods for experimental determination of thermal stresses and crack sensitivity in the laboratory. Rilem Report, 1998: 26 - 39.

MCAFEE A, BRYNJOLFSSON E. Big data: the management revolution ［J］. Harv Bus Rev, 2012, 90 (10): 60 - 66, 68, 128.

MCCULLOCH W S, PITTS W. A logical calculus of the ideas immanent in nervous activity. 1943 ［J］. Bull Math Biol, 1990, 52 (1 - 2): 99 - 115, 73 - 97.

MCCULLOCH W S, PITTS W. A Logical Calculus of the Ideas Immanent in Nervous Activity ［J］. biol math biophys, 1943.

MEDITCH J. Self Organizing Control of Stochastic Systems ［J］. Automatic Control IEEE Transactions on, 1977, 25 (2): 339 - 340.

Meehan C L, Cacciola D V, Tehrani F S, et al. Assessing soil compaction using continuous compaction control and location - specific in situ tests ［J］. Automation in Construction, 2017, 73: 31 - 44.

MELL P, GRANCE T. The NIST definition of cloud computing ［J］. Communications of the ACM, 2011, 53 (6): 50.

MELL P, GRANCE T. The NIST Definition of Cloud Computing ［Z］. New York: Association for Computing Machinery, 2010: 53, 50.

MEYSTEL A M, ALBUS J S. Intelligent Systems : Architecture, Design, and Control / A. M. Meystel, J. S. Albus ［J］. 2002.

MIRZABOZORG H, GHAEMIAN M. Non - linear behavior of mass concrete in three - dimensional problems using a smeared crack approach ［J］. Earthquake engineering & structural dynamics, 2005, 34 (3): 247 – 269.

MOONEY M A, RINEHART R V. Field Monitoring of Roller Vibration during Compaction of Subgrade Soil [J]. Journal of Geotechnical & Geoenvironmental Engineering, 2007, 133 (3): 257 – 265.

MOONEY M A, RINEHART R V. In Situ Soil Response to Vibratory Loading and Its Relationship to Roller – Measured Soil Stiffness [J]. Journal of Geotechnical & Geoenvironmental Engineering, 2009, 135 (8): 1022 – 1031.

MORABITO I G. The Internet of Things: A survey [J]. Computer Networks, 2010.

NAGY A. Simulation of thermal stress in reinforced concrete at early ages with a simplified model [J]. Materials and structures, 1997, 30 (3): 167 – 173.

NIE Z H, JIAO T, WANG X, et al. Assessment of Compaction Quality Based on Two Index Parameters from Roller – Integrated Compaction Measurements [J]. Journal of Testing and Evaluation, 2017, 46 (1): 20150512.

NOVAK P. Hydraulic structures [J]. Hydrotechnical Construction, 2006, 3 (10): 961.

PIETZSCH D, POPPY W. Simulation of soil compaction with vibratory rollers [J]. Journal of Terramechanics, 1992, 29 (6): 585 – 597.

PISTROL J, VILLWOCK S, VÖLKEL W, et al. Continuous Compaction Control (CCC) with Oscillating Rollers [J]. Procedia engineering, 2016, 143: 514 – 521.

RAHMAN F, HOSSAIN M, HUNT M M, et al. Soil Stiffness Evaluation for Compaction Control of Cohesionless Embankments [J]. Geotechnical Testing Journal, 2008, 31 (5): 442 – 451.

RAPHAEL J M, CLOUGH R W. CONSTRUCTION STRESSES IN DWOR-SHAK DAM [J]. construction stresses in dworshak dam, 1965.

RIDING K A, POOLE J L, SCHINDLER A K, et al. Effects of construction time and coarse aggregate on bridge deck cracking [J]. ACI Materials journal, 2009, 106 (5): 448.

RONG C, SHI Q, ZHANG T, et al. New failure criterion models for concrete under multiaxial stress in compression [J]. Construction and building materials, 2018, 161: 432 – 441.

RUSSELL S J, NORVIG P. Artificial Intelligence, A Modern Approach. Second Edition [J]. applied mechanics & materials, 2003.

SARIDIS G N. Intelligent control – operating systems in uncertain environments

[J]. 2006.

SARIDIS G N. Toward the realization of intelligent controls [J]. Proceedings of the IEEE, 1979, 67 (8): 1115 – 1133.

SAWARAGI Y. General Survey of the Theory of Non – linear Control Systems [J]. Journal of the Japan Society of Mechanical Engineers, 1953, 56 (417): 740 – 745.

Scapens R W . Statistical Regression Analysis [M]. Macmillan Education UK, 1991.

SCHMIDHUBER J. Deep learning in neural networks: An overview [J]. Neural Networks, 2015, 61: 85 – 117.

SHEIBANY F , GHAEMIAN M . Thermal Stress Analysis Of Concrete Arch Dams Due To Enviromental Action [C] // Proceedings of the ASME Heat Transfer Division 2004 vol. 1: Aerospace Heat Transfer; Allan Kraus Symposium on Heat Transfer. Sharif University of Technology Department of Civil Engineering, PO Box 11365 – 9313 Tehran, Iran, 2004.

SHEN D, JIANG J, SHEN J, et al. Influence of curing temperature on autogenous shrinkage and cracking resistance of high – performance concrete at an early age [J]. Construction & Building Materials, 2016, 103 (Jan. 30): 67 – 76.

SHEN S H, LU X. Energy based laboratory fatigue failure criteria for asphalt materials [J]. Journal of testing and evaluation, 2011, 39 (3): 313 – 320.

STAQUET S. Design of a revisited TSTM system for testing concrete since setting time under free and restrained conditions [J]. 2012.

Sy – In C. The theory of quality of nonlinear control systems [J]. Journal of applied mathematics and mechanics, 1959, 23 (5): 1387 – 1392.

TASLAGYAN K A, CHAN D H, MORGENSTERN N R. Effect of vibration on the critical state of dry granular soils [J]. Granular matter, 2015, 17 (6): 687 – 702.

TENG Y N, XIE L Y, WEN B C. Study on Vibration Friction Mechanism of Vibration Compaction System [J]. Advanced Materials Research, 2013, 706 – 708 (2): 1594 – 1597.

THOMPSON M J, WHITE D J. Estimating Compaction of Cohesive Soils from Machine Drive Power [J]. Journal of geotechnical and geoenvironmental engineering, 2008, 134 (12): 1771 – 1777.

THURNER H . A New Device For Instant Compaction Control [C] //

Prcoeedings International Conference on Compaction. 1980.

UHLEMANN H J, LEHMANN C, STEINHILPER R. The Digital Twin: Realizing the Cyber – Physical Production System for Industry 4. 0 [J]. Procedia CIRP, 2017, 61: 335 – 340.

VALAVANIS K P, SARIDIS G N. Intelligent Robotic Systems: Theory, Design and Applications [M]. Kluwer Academic, 1992.

VAN BREUGEL K, LOKHORST S J. Stress – based crack criterion as a basis for the prevention of through cracks in concrete structures at early – ages [C] // International RILEM Conference on Early Age Cracking in Cementitious Systems – EAC'01, Haifa, Israel: RILEM Publications SARL, 2003.

VECCHIO F J, SATO J A. Thermal gradient effects in reinforced concrete frame structures [J]. Aci Structural Journal, 1990.

VENNAPUSA P K R, WHITE D J, MORRIS M D. Geostatistical Analysis for Spatially Referenced Roller – Integrated Compaction Measurements [J]. Journal of geotechnical and geoenvironmental engineering, 2010, 136 (6): 813 – 822.

WANG H O, TANAKA K, GRIFFIN M F. An approach to fuzzy control of nonlinear systems: stability and design issues [J]. IEEE transactions on fuzzy systems, 1996, 4 (1): 14 – 23.

WEI Y, LIANG S, GUO W, et al. Stress prediction in very early – age concrete subject to restraint under varying temperature histories [J]. Cement & concrete composites, 2017, 83: 45 – 56.

WHITE D A, SOFGE D A. Handbook of Intelligent Control: Neural [J]. Neural Networks, 1994, 7 (5): 851 – 852.

WHITE D J, THOMPSON M J. Relationships between In Situ and Roller – Integrated Compaction Measurements for Granular Soils [J]. Journal of geotechnical and geoenvironmental engineering, 2008, 134 (12): 1763 – 1770.

WHITE D J, VENNAPUSA P K R, GIESELMAN H H, et al. Field Assessment and Specification Review for Roller – Integrated Compaction Monitoring Technologies [J]. Advances in civil engineering, 2011, 2011: 1 – 15.

XU Q, CHANG G K. Evaluation of intelligent compaction for asphalt materials [J]. Automation in construction, 2013, 30: 104 – 112.

XUEHUI A, LI Z, ZUGUANG L, et al. Dataset and benchmark for detecting moving objects in construction sites [J]. Automation in Construction, 2021, 122: 103482.

Yablochnikov Eugeny I C A V T. Development of an industrial cyber – physical platform for small series production using digital twins. [J]. 2021.

YEON J H, CHOI S, WON M C. In situ measurement of coefficient of thermal expansion in hardening concrete and its effect on thermal stress development [J]. Construction & building materials, 2013, 38: 306 – 315.

YUEMING Z, ZHIQING X U, JINREN H E, et al. A calculation method for solving temperature field of mass concrete with cooling pipes [J]. Journal of Yangtze River Scientific Research Institute, 2003, 1839 (1): 677 – 682.

ZHANG Q, AN Z, LIU T, et al. Intelligent rolling compaction system for earth –rock dams [J]. Automation in construction, 2020, 116: 103246.

ZHANG Q, LIU T, LI Q. Roller – Integrated Acoustic Wave Detection Technique for Rockfill Materials [J]. Applied sciences, 2017, 7 (11): 1118.

ZHANG Q, LIU T, ZHANG Z, et al. Compaction quality assessment of rockfill materials using roller – integrated acoustic wave detection technique [J]. Automation in construction, 2019, 97: 110 – 121.

ZHANG Q, LIU T, ZHANG Z, et al. Unmanned rolling compaction system for rockfill materials [J]. Automation in Construction, 2019, 100: 103 –117.

ZHANG Y , ZHANG J , SHU X Z , et al. Optimization of Intelligent Compactness Control Rule of Vibratory Roller Based on Genetic Algorithm Method [C] // Fifth International Joint Conference on Inc. IEEE Computer Society, 2009.

ZHONG, DENGHUA, CUI, et al. Theoretical research on construction quality real – time monitoring and system integration of core rockfill dam [J]. Science in China (Series E: Technological Sciences), 2009.

ZHU B F. The equivalent heat conduction equation of pipe cooling in mass concrete considering influence of external temperature [J]. Journal of Hydraulic Engineering, 2003.

ZHU B, CAI J. Finite Element Analysis of Effect of Pipe Cooling in Concrete Dams [J]. Journal of Construction Engineering and Management, 1985, 115 (4): 487 – 498.

ZHU H, HU Y, LI Q, et al. Restrained cracking failure behavior of concrete due to temperature and shrinkage [J]. Construction & building materials, 2020, 244: 118318.

ZHU H, HU Y, MA R, et al. Concrete thermal failure criteria, test method, and mechanism: A review [J]. Construction & building materials, 2021, 283: 122762.

ZHU H, LI Q, HU Y, et al. Double Feedback Control Method for Determining Early – Age Restrained Creep of Concrete Using a Temperature Stress Testing Machine [J]. Materials (Basel), 2018, 11 (7).

ZHU Z, LIU M, QIANG S, et al. Algorithm to simulate concrete temperature control cooling pipe boundary based on heat flux integration [J]. Transactions of the Chinese Society of Agricultural Engineering, 2016, 32 (9): 83 – 89.

ZUO Z, HU Y, LI Q, et al. Data Mining of the Thermal Performance of Cool – Pipes in Massive Concrete via In Situ Monitoring [J]. Mathematical Problems in Engineering. 2014, 2014: 1 – 15.